中国海洋经济高质量发展理论和实践探索

刘 堃 姜祖岩 张 平 编著

中国海洋大学出版社

·青岛·

图书在版编目(CIP)数据

中国海洋经济高质量发展理论与实践探索 / 刘堃,
姜祖岩,张平编著. —青岛:中国海洋大学出版社,
2023.11

ISBN 978-7-5670-3653-6

Ⅰ.①中··· Ⅱ.①刘··· ②姜··· ③张··· Ⅲ.①海洋经
济—经济发展—研究—中国 Ⅳ.①P74

中国国家版本馆 CIP 数据核字(2023)第 177980 号

出版发行	中国海洋大学出版社	
社　　址	青岛市香港东路 23 号	**邮政编码** 266071
出 版 人	刘文菁	
网　　址	http://pub.ouc.edu.cn	
电子信箱	cbsebs@ouc.edu.cn	
订购电话	0532—82032573(传真)	
责任编辑	邹伟真	**电　　话** 0532—85902533
印　　制	青岛泰兴印刷有限公司	
版　　次	2023 年 11 月第 1 版	
印　　次	2023 年 11 月第 1 次印刷	
成品尺寸	170 mm×240 mm	
印　　张	16.75	
字　　数	308 千	
印　　数	1~600	
定　　价	120.00 元	

发现印装质量问题,请致电 0532—83831618,由印刷厂负责调换。

前　言

习近平总书记在党的二十大报告中指出,"发展海洋经济,保护海洋生态环境,加快建设海洋强国"①。这意味着建设海洋强国已成为中国特色社会主义事业的重要组成部分,经略海洋迎来前所未有的战略机遇。在全球蓝色经济大发展的背景下,海洋经济已然成为我国国民经济的强劲增长点。新形势下,海洋经济高质量发展既面临着新的机遇和挑战,也面对新的目标和任务。如何在推动海洋经济高质量发展过程中准确把握新的发展阶段,深入贯彻新的发展理念、服务构建新的发展格局值得深入研究。

本书分为理论篇、实践篇两篇。其中,理论篇包括我国海洋经济高质量发展的理论研究、全球海洋中心城市指标体系构建及应用研究、发达国家海洋经济发展的经验及对我国海洋经济高质量发展的启示、我国海洋产业"走出去"发展路径研究等四个章节;实践篇包括"十四五"时期促进海洋经济高质量发展的思路与措施研究、我国海上风电产业发展分析、我国陆海统筹体制机制跟踪研究、广东海洋经济管理定位研究、深圳建设全国海洋经济高质量发展引领区路径和举措研究等五个章节。

本书是我们集体智慧和研究成果的结晶,也是在各位师友、家人的支持和鼓励下得以完成的。本书受到政府部门和相关单位的资助,在此一并表示感谢。同时,我们参考了大量的文献,在此向各位作者表示衷心的感谢。由于我们的水平有限,加之海洋经济涉及门类多、范围广,书稿中难免有不足之处,恳请各位关心海洋事业的朋友多批评指正,多提出宝贵意见。"继往开来谋新篇,同心同力向未来。"让我们共同为推动海洋经济高质量发展、加快海洋强国建设贡献力量,书写经略海洋新篇章!

---

① 习近平:《高举中国特色社会主义伟大旗帜　为全面建设社会主义现代化国家而团结奋斗——在中国共产党第二十次全国代表大会上的报告》,2022 年 10 月 16 日,http://www.gov.cn/xinwen/2022-10/25/content_5721685.htm,2023 年 1 月 18 日。

目　　录

一、理论篇

二、实践篇

一、理论篇

第一章 我国海洋经济高质量发展的理论研究

发展海洋经济,建设海洋强国,打造海洋高质量发展战略要地是新时代我国海洋开发的重大战略目标。海洋经济高质量发展是我国海洋经济转型提升的核心任务,也是我国海洋强国建设的重要内容,其战略意义不言自明。但什么是高质量发展? 如何理解海洋经济高质量发展内涵? 海洋经济高质量发展的标准、路径、模式又如何? 我国海洋经济高质量发展面临哪些问题和挑战? 亟须哪些理念和体制机制突破来推动海洋经济高质量发展? 这些都是推进海洋经济高质量发展所必须面对和解决的问题。

本书从我国海洋经济高质量发展内涵入手,结合国际海洋经济发展的现状与趋势分析,以及我国海洋强国建设与海洋产业发展现实,对我国海洋经济高质量发展,特别是海洋经济新动能培育所面临的问题与挑战进行全面深入的剖析,明确我国海洋经济高质量发展定位、模式与路径,从而推动我国海洋经济又快又好地发展,加快打造海洋高质量发展战略要地。

一、海洋经济高质量发展内涵

(一)发展背景

海洋经济高质量发展是我国经济高质量发展的重要内容,其内涵丰富、意义深远,是新时期海洋新发展理念的具体体现。加快推动传统海洋产业转型升级,培育海洋经济新动能,推动海洋经济高质量发展的关键是坚持创新驱动发展,坚持发展绿色经济,坚持走开放发展之路,培育壮大特色海洋产业,努力形成陆海资源、产业、空间互动协调发展的新格局。[①] 2017 年 10 月,党的十九大报告提出:"我国经济已由高速增长阶段转向高质量发展阶段,正处在转变发展方式、优化经济结构、转换增长动力的攻关期,建设现代化经济体系是跨越关口

[①] 杨朝光:《推动海洋经济高质量发展》,《人民日报》2018 年 7 月 1 日,第 5 版。

的迫切要求和我国发展的战略目标。必须坚持质量第一、效益优先,以供给侧结构性改革为主线,推动经济发展质量变革、效率变革、动力变革,提高全要素生产率,着力加快建设实体经济、科技创新、现代金融、人力资源协同发展的产业体系,着力构建市场机制有效、微观主体有活力、宏观调控有度的经济体制,不断增强我国经济创新力和竞争力。"海洋经济作为我国沿海地区经济发展新的增长点,是推动区域经济实现高质量发展的重要支撑。2018 年 3 月 8 日,习近平在参加十三届全国人大一次会议山东代表团审议时强调:"海洋是高质量发展战略要地。要加快建设世界一流的海洋港口、完善的现代海洋产业体系、绿色可持续的海洋生态环境,为海洋强国建设作出贡献。"[1]这不仅对山东海洋经济高质量发展提出了具体的要求,也为我国海洋经济高质量发展指明了方向。

　　2019 年初,国家海洋局王宏局长在博鳌亚洲论坛年会上对海洋经济高质量发展进行了解读,认为海洋经济高质量发展:一是以海洋领域供给侧结构性改革来构建和完善现代海洋产业体系,涉及海洋渔业等传统海洋产业的提质增效,海洋旅游业等海洋服务业的做大做强,海洋生物医药和可再生能源等新兴产业的加快发展;二是通过节约集约利用海洋资源,加强海洋生态保护与修复,优化海洋经济空间布局,促进海洋经济的蓝色增长和绿色发展;三是通过科技创新引领海洋经济的高质量发展,突破关键技术,开发有竞争力的优势产品,进一步培养壮大龙头骨干企业。[2] 从海洋产业发展、资源利用与生态保护、科技创新新引领三个方面对海洋经济高质量发展进行了论述,这是对海洋经济高质量发展的首个官方界定。随后,王宏又对我国海洋经济高质量发展存在的问题和需要处理好的七大关系进行了说明,进一步明确了海洋经济高质量发展的内涵。[3]

　　我国海洋经济发展历史悠久,但对于发展质量而言,不同的发展阶段有不同的要求。20 世纪中后期,海洋经济发展以海洋资源利用为主,产业类型相对单一,重点关注海洋资源的利用程度和产业发展规模,体现了当时对海洋资源利用的迫切需求。1986 年,辽宁省率先提出建设"海上辽宁",拉开了我国海洋经济大发展的序幕。随后,山东的"海上山东"战略、浙江的"海洋经济大省"、河北的"环渤海"战略、江苏的"海上苏东"、福建的"海上田园"、海南的"海洋大省"

---

[1]　人民网:《习近平谈建设海洋强国》,2018 年 8 月 13 日,http://politics.people.com.cn/n1/2018/0813/c1001-30225727.html? tdsourcetag=s_pctim_aiomsg,2023 年 1 月 18 日。

[2]　王安涛:《中国政府高度重视海洋经济高质量发展》,《中国海洋报》2019 年 3 月 29 日,第 1 版。

[3]　王宏:《着力推进海洋经济高质量发展》,《学习时报》2019 年 11 月 22 日,A7 版。

和广西的"蓝色计划"等省级海洋经济发展战略相继出台,标志着我国海洋经济发展进入了快车道。①

进入21世纪以来,沿海地区经济深入发展,国内以海洋渔业、滨海旅游、港口航运等传统海洋产业为核心的海洋经济进入高速发展阶段,海洋经济对地方经济发展的贡献水平显著提高。海洋产业规模的快速提升,对近海海洋资源与环境的压力也在快速增加,海洋生态环境退化、海洋资源难以为继的问题日益凸显,这给我国海洋经济持续快速发展带来了严峻的挑战。在确保海洋资源与环境持续健康的前提下,推动海洋产业又快又好地发展是新时期海洋经济高质量发展的基本要求。为此,中央及地方政府相继出台了一系列的政策措施来引导海洋产业转型提升,推动海洋经济又快又好地发展。

2011年开始,山东半岛蓝色经济区、广东海洋经济综合试验区、浙江海洋经济发展示范区等省级海洋经济综合发展试验区相继启动,对国内海洋经济发展提出了新的要求。随后,以青岛西海岸新区、浙江舟山新区等为代表的国家级海洋经济新区,威海市、厦门市等16个海洋经济发展示范区以及山东青岛、深圳大鹏新区等24个国家级海洋生态文明建设示范区相继获批,意在重点培育和壮大海洋生物医药、海水综合利用、海水种苗繁育等海洋新兴产业,以求加快构建现代海洋产业体系,提升我国海洋经济发展质量水平。2018年底,山东威海、江苏连云港等10个地级市和天津临港新区等4个海洋特色产业园区获批建设国家级海洋经济发展示范区,力求通过构建海洋产业集聚载体或平台,引导海洋产业集聚发展,培育壮大海洋经济发展新动能,促进海洋产业转型升级,推动海洋创新链、产业链、资金链和政策链的融合,实现海洋经济的高质量发展,带动区域国民经济和社会的可持续发展。

近年来,山东、广东、浙江等省又相继启动了海洋(经济)强省建设,推动海洋经济大省向海洋经济强省的转型,全面加大了对海洋科技创新、海洋特色产业园区及海洋生态环境保护的投入,海洋经济发展进入资源、环境与产业协调发展阶段。深圳、上海的全球海洋中心城市建设以及青岛的国际海洋名城建设等则在全球背景下提出了新的海洋经济发展目标,全面推进对外开放,提升国际市场竞争力正在成为新时期海洋经济高质量发展的重要特征。

(二)内涵解析

经济发展是通过不断的技术经济组织和社会经济制度创新,使经济总福利

---

① 韩增林、王茂军、张学霞:《中国海洋产业发展的地区差距变动及空间集聚分析》,《地理研究》2003年第3期,第289~296页。

在经济总规模持续扩张的过程中得以不断改善。具体内容包括经济社会结构转变、经济社会质量改善以及国民经济量的增长和扩张等。一般认为,经济发展包含 4 个层面的要求,即经济增长、结构变迁、福利改善和环境与经济可持续发展。[①]

经济发展质量,取决于不同发展阶段对经济发展的不同要求。进入工业化阶段,全要素生产率是衡量经济发展质量的一个重要指标,包括资源利用率、劳动生产率、技术贡献率及环境优良率等。现阶段,提高全要素生产率的根本在于使原有的依赖于自然、劳动力资源和资本投资为主的发展方式,向人力资本积累和技术创新驱动的增长方式转型,这就要求经济结构升级和发展动力转换。[②]

高质量发展的核心是高质量增长。从已有研究文献来看,对经济增长质量的概念界定主要存在两类观点:一类观点是从狭义上来定义经济增长质量,将经济增长质量理解为经济增长的效率;另一类观点则是从广义上来界定经济增长质量,认为经济增长质量是相对于经济增长数量而言的,属于一种规范性的价值判断。对于经济增长质量的解读,刘树成(2007)认为提高经济增长质量是指不断提高经济增长态势的稳定性,不断提高经济增长方式的可持续性,不断提高经济增长结构的协调性,不断提高经济增长效益的和谐性。[③] 任保平和钞小静(2012)则认为经济增长质量是数量增长的必然结果,没有一定的经济增长数量,不可能谈及经济增长质量,经济增长质量体现了增长的有效性。

自然资源的有效利用和生态环境的有效保护是经济可持续增长的前提,而创新是提高经济增长质量的关键。从高速增长转向高质量发展,不仅仅是经济增长方式和路径转变,而且也是体制改革和机制转换过程。高速增长转向高质量发展的实现,必须基于新发展理念进行新的制度安排,特别是要进行供给侧结构性改革。[④]

海洋经济作为沿海地区国民经济的重要组成部分,其高质量发展具有类似的内涵和属性特征,同样具有数量与质量的双重要求。海洋经济发展质量是一个国家或地区海洋经济增长能力和运行效果的综合反映,具体要求包括海洋经济结构优化升级、科技创新支撑、资源集约利用、生态环境的可持续性以及其自身运行的稳定等。数量与质量的均衡推动了海洋经济的高质量发展,但现实世界中,海洋经济高质量发展具有时代性和目的性。不同的发展阶段对于海洋经

---

① 见智库百科,https://wiki.mbalib.com/wiki/,2023 年 1 月 18 日。
② 陈昌兵:《新时代我国经济高质量发展动力转换研究》,《上海经济研究》2018 年第 5 期,第 16~24 页。
③ 刘树成:《论又好又快发展》,《经济研究》2007 年第 6 期,第 4~13 页。
④ 任保平、钞小静:《从数量型增长向质量型增长转变的政治经济学分析》,《经济学家》2012 年第 11期,第 46~51 页。

济高质量发展有着不同的认知和要求,其内涵和标准需要融入新的发展理念,满足新的时代发展需要。

基于我国海洋经济发展现实,对于海洋经济高质量发展的界定与测度可以考虑从两个视角入手,一是目标导向,二是问题导向。对于目标导向而言,凡是有利于实现海洋发展基本目标的发展可以归结为高质量发展。现阶段海洋经济发展基本目标是转换海洋经济发展模式,完善现代海洋产业体系,推动海洋产业与资源环境协调发展,助推海洋强国建设;对于问题导向而言,则有助于解决基本问题的海洋经济发展模式与路径属于高质量发展。现阶段,我国海洋经济发展面临的主要问题包括科技创新不足、开发方式粗放、资源环境矛盾突出、同质化竞争以及公共服务不足等。因此,强化海洋科技创新引领,优化海洋产业空间集聚格局,推动海洋产业绿色发展,提高海洋经济管理与服务能力是当前海洋经济高质量发展的基本导向。

鉴于此,在全球蓝色经济大发展背景下,我国海洋经济高质量发展建立在海洋产业持续发展基础上,是以科技创新为动力、以生态环境安全为保障、以开放合作和陆海统筹为表征的发展,体现了海洋经济发展对海洋产业增长、海洋科技创新和海洋生态环境保护多层面的需求。加快推进海洋领域供给侧改革,构建完善现代海洋产业体系,优化海洋产业空间布局,提升海洋资源利用效率,促进海洋产业绿色发展,增强海洋产业创新能力与智慧化水平,推动海洋经济与生态环境的协调发展是新时期海洋经济高质量发展的基本表征和发展定位。

二、国内海洋经济高质量发展现状与问题分析

(一)我国海洋经济发展现状

1. 全国海洋经济发展概况[①]

据初步核算,2022 年全国海洋生产总值 94 628 亿元,比上年增长 1.9%,占国内生产总值的比重为 7.8%。其中,海洋第一产业增加值 4 345 亿元,第二产业增加值 34 565 亿元,第三产业增加值 55 718 亿元,分别占海洋生产总值的4.6%、36.5%和58.9%。2022 年,15 个海洋产业增加值 38 542 亿元,比上年下降0.5%。海洋传统产业中,受装备技术进步、产业结构调整和升级以及跨海桥

[①] 本小节数据来源自然资源部海洋战略规划与经济司:《2022 年中国海洋经济统计公报》,中华人民共和国自然资源部官网,2023 年 4 月 13 日,http://gi.mnr.gov.cn/202304/t20230413_2781419.html,2023 年 4 月 14 日登录。

梁、海底隧道、沿海港口、海上油气等多项重大工程有序推进的影响,海洋油气业、海洋船舶工业、海洋工程建筑业、海洋交通运输业以及海洋矿业均实现了5%以上的较快发展,其中海洋矿业增速达9.8%居于首位,海洋船舶工业以9.6%的增速紧随其后。而随着海洋渔业转型升级深入推进,智能、绿色和深远海养殖稳步发展,海洋水产品稳产保供水平进一步提升,海洋渔业、海洋水产品加工业实现平稳发展。受宏观经济放缓、化工产品需求疲软影响,海洋化工产品产量有所下降,海洋化工业全年实现增加值约4 400亿元,比上年下降2.8%。海洋新兴产业中,海洋电力业、海洋药物和生物制品业、海水淡化产业等继续保持较快增长势头。其中,海洋电力业2022年实现增加值395亿元,较上年增长20.9%,位列海洋新兴产业增速第一,海上风电保持快速增长态势,截至2022年末海上风电累计并网容量比上年同期增长19.9%,潮流能、波浪能的应用与研发不断推进。随着海洋药物临床试验稳步推进、海洋生物制品生产规模不断扩大,海洋药物和生物制品业全年实现增加值746亿元,较上年增长7.1%。有赖于海水淡化关键技术研发取得新突破、海水淡化工程规模进一步扩大,海水淡化与综合利用业全年实现增加值329亿元,比上年增长3.6%。受疫情影响,海洋旅游业下降幅度较大,该产业全年实现增加值13 109亿元,较上年下降10.3%。

近10年来,我国海洋产业结构不断优化,新兴产业和新业态快速成长。一方面,滨海旅游业占比从28.1%增加到47.8%,海洋经济主导地位稳固。海洋工程建筑业占比从3.4%增加到5.7%,海洋生物医药业从0.5%增加到1.2%,海洋电力业从0.07%增加到0.5%,海洋矿业从0.07%增加到0.2%,增速明显;另一方面,海洋交通运输业从31.5%下降到19.4%,海洋渔业从18.1%下降到14.3%,海洋油气业从7.1%下降到4.4%,海洋船舶工业从6.2%下降到3.0%,海盐业占比从0.5%下降到0.1%,未来产业发展面临更大挑战。

2. 地方推进海洋经济高质量发展做法

(1)广东

广东海洋经济总量连续24年居全国首位,海洋经济持续稳定增长。2018年海洋生产总值达1.93万亿元,增速9%,高于同期地区生产总值,占全省生产总值比重19.9%,海洋经济已成为广东经济发展的重要增长极(图1-1)。滨海旅游业、海洋交通运输业、海洋化工业、海洋油气业、海洋工程建筑业、海洋渔业为广东海洋经济发展的支柱产业。其中,海洋油气业、海洋化工业和海洋电力业等产业增速较快,增速分别为23.3%、13.0%、12.5%。

图 1-1　广东省海洋经济发展变化

广东推动海洋经济高质量发展的经验主要归纳为以下几方面。

一是积极培育新动能,加速旧动能转换。在搭建海洋创新平台方面,2018年省财政支持海洋创新专项 48 个,全省共建成涉海涉渔科研机构 24 个,启动南方海洋科学与工程广东省实验室建设;联合中央驻粤相关单位和省内海洋龙头企业成立全国首家省级海洋创新联盟——广东海洋创新联盟。在推动传统渔业转型方面,开展鲜活水产品产销对接试点,推动京粤两地食药监、渔业部门签署水产品产销对接监管合作框架协议,建立全国首个跨部门、跨省区加强水产品质量安全联合监管机制。

二是加快结构优化,构建现代海洋产业体系。出台《广东省六大海洋产业三年实施方案》,加快海洋电子、海上风电、海工装备、海洋生物、天然气水合物、海洋公共服务等六大海洋产业发展。开发海洋经济调查成果,编制《广东省海洋经济地图》,谋划各阶段、各地区海洋经济发展格局。广东全省 14 个沿海地级以上市,从区域上分为珠三角海洋经济优化发展区、粤东海洋经济重点发展区和粤西海洋经济重点发展区。海洋经济的区域发展布局与已上升为国家战略的粤港澳大湾区建设,以及广东省"一核一带一区"的区域发展新格局高度契合。前海、南沙、横琴三大自贸区全部位于珠三角沿海城市,粤东、粤西地区则具备显著的海洋资源和生态优势。

三是加强海洋环保,打造绿色可持续的海洋生态环境。出台了广东省严格保护岸段名录,制订加强滨海湿地保护严格管控围填海实施方案,启动大亚湾等重点海域总量控制工作。编制《广东省美丽海湾建设总体规划(2019—2035年)》,率先启动美丽海湾建设,开展"蓝色海湾"综合整治行动。

四是完善政策体系,为海洋经济高质量发展提供有效保障。2017 年联合国家海洋局颁布全国首个省级海岸带综合保护与利用总体规划——《广东省海岸带综合保护与利用总体规划》和《广东省沿海经济带综合发展规划（2017—2030年）》，提出建设一批海岸带综合示范区。目前，汕头华侨试验区、东莞滨海湾新区、湛江海东新区3个海岸带综合示范区试点已取得成效，并继续启动包括潮州、揭阳等5市海岸带综合示范区建设，力争2022年在广东省8大湾区建成一批各具特色的海岸带综合示范区，并探索全省开展湾长制。

五是夯实海洋综合服务保障。组织编制海洋经济、现代渔业、科技兴海、生态文明系列规划，发布全国首个市场化无居民海岛使用权价值评估省级地方标准。建成全国首个以"精细化"预报为目标的地方海洋专题预报室、惠州大亚湾国家海洋减灾综合示范区。率先建设领海基点海岛监视监测系统。

（2）上海

上海海洋经济总量持续保持平稳增长，海洋生产总值从2014年的6 217亿元增长至2018年的9 183亿元，占全市GDP的28.1%，占全国海洋生产总值的11.0%，连续多年位居全国前列。目前上海已基本建立"两核三带多点"（临港海洋产业发展核、长兴海洋产业发展核、杭州湾北岸产业带、长江口南岸产业带、崇明生态旅游带、北外滩、陆家嘴航运服务业等多点）的海洋产业空间布局。其中，临港、长兴两大海洋产业"发展核"成效显著；海洋交通运输和航运服务、海洋船舶和高端装备制造、海洋旅游业等现代服务业和先进制造业核心优势明显；海洋生物医药、海洋可再生能源利用等新兴产业持续培育壮大。

《上海市海洋"十三五"规划》明确了上海海洋经济发展的四大基本原则，主要包括坚持开放带动、产业升级；坚持科技引领、创新驱动；坚持生态优先、持续发展；坚持陆海统筹、区域联动。指明海洋经济发展重点主要集中于突出海洋产业转型升级、突出海洋科技创新驱动发展、突出海洋生态文明建设、突出海洋综合管理能力提升。

当前，上海积极推进长三角海洋经济高质量一体化发展，探索创建全球海洋中心城市，深化浦东新区和崇明区长兴岛两个国家级海洋经济示范区建设，力促海洋经济高质量发展。

一是强化海洋特色园区合作。上海市浦东新区、宁波市、南通市、舟山市共同签署《长三角区域海洋产业园区（基地）战略合作》协议，上海临港海洋高新技术产业化基地、宁波梅山海洋战略性新兴产业示范基地、江苏省通州湾江海联动开发示范区、舟山群岛新区海洋产业集聚区、彩虹鱼（舟山）海洋战略性新兴产业示范园等四地的5个涉海园区开展广泛合作，将共同建立跨区域且能够运筹涉海类人才、科技、金融、项目、市场等广泛资源紧密合作的协同平台，努力实现区域间海洋产业的协同发展。

二是加快推进崇明海洋经济发展示范区建设。以开展海工装备产业发展模式和海洋产业投融资体制创新为发展目标,重点完成以下任务:①积极服务以军工第一造船基地为代表的先进海洋装备制造区建设;②积极服务以先进船舶海洋工程与港口机械装备制造为方向的创新示范工作;③推动以海洋产业与航天技术为重点的科创基地建设;④推动以渔业供应链金融体系为特色的横沙渔港综合营运服务发展模式建设;⑤促进以工业旅游和全岛旅游资源整合为内涵的海洋文化旅游圈建设。

三是全面打造浦东海洋经济创新发展示范城市。浦东临港地区作为主要承载区,已经成为海洋经济高质量发展高地,引领带动深远海高端装备、海洋生物药物等领域的创新突破和集聚孵化。其主要举措包括以下内容。①建设上海自贸区新片区,聚焦特殊经济功能,更加突出开放的深化、功能的强化、布局的优化、动力的转化,探索制度创新变革。②建设上海海洋经济开发性金融综合金融服务平台,形成海洋经济开发性金融项目库,充分发挥开发性金融对海洋经济的中长期投融资优势、综合金融服务优势和资金引导作用,并探索建立"海洋创投基金",不断完善中小微项目统贷功能、重大项目直贷功能,增强金融对海洋高质量发展的支持力度。③精准对接金融、科技与产业,积极打造金融科技的孵化器和加速器,建设金融科技的产业生态区,激发创新活力。为充分发挥金融服务实体经济的能力,浦东将设立 50 亿元的科创母基金,聚焦做大做强浦东的重点优势产业,包括"中国芯""创新药""智能造"等。④宝山区积极发展邮轮全产业链,带动邮轮港向邮轮城发展。持续引进全球最新、最大、最豪华旗舰型邮轮,推动邮轮经济向上下游延伸。上游加快推进上海国际邮轮产业园建设,与中船集团、芬坎蒂尼探索共同出资设立平台型管理公司,打造豪华邮轮产业向上游延伸的重要平台。中游吸引邮轮总部型企业入驻,中船计划在宝山设立邮轮全球运营、邮轮船票直销、培训三大中心。下游打造上海邮轮服务品牌,改革创新制度集成突破。

(3)浙江

早在 20 世纪 90 年代,浙江就出台了海洋大省建设规划纲要。2005 年,浙江出台了《浙江海洋经济强省建设规划纲要》。2011 年,国务院批复《浙江海洋经济发展示范区规划》,拉开了浙江海洋经济大发展的序幕。为加快推进海洋经济发展示范区建设,浙江于 2013 年 7 月出台了《浙江省海洋经济发展 822 行动计划》,重点扶持海洋工程装备与高端船舶制造、港航物流服务、临港先进制造、滨海旅游、海水淡化与综合利用、海洋医药与生物制品、海洋清洁能源及现代海洋渔业八大现代海洋产业,并培育 20 个左右的海洋特色产业基地,计划每年滚动实施 200 个左右的重大建设项目。

2017 年,浙江十四次党代会提出积极实施"5211"海洋强省行动。统筹推进浙江海洋经济发展示范区、舟山群岛新区、舟山江海联运服务中心、中国(浙江)自由贸易试验区和义甬舟开放大通道建设,海洋强省与国际强港建设,并同步出台了《关于加快建设海洋强省国际强港的若干意见》。2017 年 2 月,浙江出台《关于进一步加强海洋综合管理推进海洋生态文明建设的意见》,按照综合统筹、协调管控的思路,从强化海洋生态环境治理、优化海洋资源配置、加强海洋防灾减灾、夯实海洋基础支撑等方面入手,率先开展海岸线资源分等定级、自然岸线与生态岸线"占补平衡"、海洋资源环境承载力监测预警机制和海洋空间资源市场化配置等制度建设。同年 3 月,《浙江省海洋生态建设示范区创建实施方案》印发,以沿海县(市、区)一级为创建单位开展创建工作,开展全域创建。

目前,浙江在全国率先全域推进海洋生态建设示范区培育创建,形成了以"一条红线四大规划(生态红线、海洋功能区划、海洋主体功能区划、海岸线保护与利用规划、海岛保护规划)"为核心的海洋资源保护与开发管控机制。全面推行"湾(滩)长制",浙江被列为全国唯一的省级试点。到 2017 年底,全省明确各级湾(滩)长 1 968 个,其中市级 9 个、县级 97 个,形成了市、县、镇、村 4 级组织体系。

浙江推动海洋经济高质量发展主要有以下做法。

一是将区域协调发展作为浙江陆海统筹的前提。始终坚持海陆统筹布局,统筹发展海陆产业、统筹建设海陆基础设施、统筹治理海陆环境、统筹配置海陆生产要素,打破海陆分割,构建"一核两翼三圈九区多岛"的海洋经济总体发展格局。

二是将产业统筹作为浙江陆海统筹的核心。充分利用海港、海湾、海岛等"三海"资源,大力发展区域特色海洋产业,把海陆资源的开发、海陆产业的发展有机联系起来。要坚持抓龙头、铸链条,集中力量实施一批带动力强的海洋产业项目,加快构建现代海洋产业体系。要大力发展大湾区经济,实现陆海经济一体化发展。

三是将生态文明建设作为浙江陆海统筹发展的基础。多策并举,多管齐下,一要加强陆源和海域污染控制,突出抓好重点行业、重点企业的污染源治理;二要统筹推进杭州湾、象山港、三门湾、台州湾、乐清湾、瓯江口等湾区生态环境综合治理,加大海洋生态环保投入,将近海海域生态补偿纳入流域生态保护的生态补偿范围。

四是将完善海洋创新体系作为浙江陆海统筹发展的保证。在涉海人才培养和海洋科技创新力量培育上双向发力。一方面大力推进浙江涉海高校学科专业建设,做大做强浙江大学、宁波大学、浙江海洋大学等涉海高等院校实力,并与国家海洋局合作共建浙江省海洋科学院,推进智慧海洋工程试点省建设。另一方面加快构建新型海洋科技自主创新体系,引导和支持创新要素向涉海企业集聚,营造有利于海洋科技成果快速转化和产业化的政策和体制环境,高效推进海洋科技成果转化。

(4)江苏

江苏坚持"陆海统筹、江海联动、集约开发、生态优先"的原则,从推动传统海洋产业升级、打造战略性新兴产业、强化海洋资源环境保护等方面,积极推动海洋经济高质量发展。

一是优化海洋产业结构,构建现代海洋产业体系。2018 年,江苏海洋生产总值 7 818.8 亿元,占全省 GDP 的 8.2%。从海洋产业构成看,主要海洋产业、海洋科研教育管理服务业、海洋相关产业增加值占海洋生产总值的比重分别为 37.9%、21.3%和 40.8%;其中,海洋科研教育管理服务业增速最快,为 13.7%。主要海洋产业包括海洋交通运输业、海洋船舶工业、海洋旅游业和海洋渔业,其增加值占主要海洋产业增加值的比重分别为 37.9%、22.5%、17.7%和 11.6%。

以供给侧结构性改革为主线,全面构建现代渔业产业体系、生产体系、经营体系,尽快建立起节约集聚、环境友好型渔业高质量发展模式。以乡村振兴战略为总抓手,着力打造富有鱼米之乡特征的沿海规模渔业产业带、沿江特色高效渔业示范带、太湖流域现代渔业先导区、淮河流域生态渔业拓展区、都市圈休闲渔业集聚区的"2+3"(二带三区)现代渔业发展新格局,整合提升海洋船舶工业,推动船舶行业去产能,开展高技术新型船舶的研发建造,鼓励和支持龙头企业规模化专业化发展。

加快建立以市场需求为导向的科研立项和成果评价机制,促进科研成果研发与产业实际需求紧密衔接,打通成果转化的"最后一公里"。2017 年江苏智慧海洋产业联盟成立,于 2018 年 2 月进行项目签约,创新了智慧海洋产学研结合体系,以更加有效地解决江苏海洋经济及智慧海洋产业发展中的共性问题和关键性、前沿性技术难题,促进科技成果向现实生产力转化,推动江苏智慧海洋产业转型升级、快速发展。

大力发展海洋工程装备制造业,推动海洋工程总承包和专业化服务,提高海工装备总装集成能力;积极推进海洋生物制品、海洋生物材料、海洋药物研发及产业化,打造完整的产业链条;积极发展海洋可再生能源,优化沿海风电开发布局,发展深水远岸风电,加快开发利用潮汐能、波浪能等海洋新能源。

二是强化海洋利用空间调控,促进区域协同发展。在海洋经济区域空间发展方面,江苏加大沿海各市的协同发展。沿海地区南通、盐城和连云港海洋生产总值占全省比重为51.3%。南通市海洋经济规模最大,海洋生产总值2 080亿元。南通市凭借上海"北大门"的地缘优势,积极实施江海联动、陆海统筹、产城融合,着力构建"三港三城三基地"市域发展新格局,建成扬子江城市群重要节点城市和沿海经济带的强引擎。

盐城既处在沿海经济带,同时个别县区还兼划入江淮生态经济区,两个功能区叠加给盐城提出新的发展要求。盐城市通过深入实施新一轮沿海开放开发行动计划,组织编制现代海洋经济功能区规划,加快建设沿海绿色产业带、城镇带、风光带和港口群"三带一群",稳步推进沿海经济高质量发展。主要发展方向如下。①发展"大生态",依托国家级珍禽自然保护区和大丰麋鹿国家级自然保护区两大保护区湿地,力争用3年时间建设沿海百万亩生态防护林,建设森林"绿色银行"。②发展"大上海",积极融入上海的产业链、创新链和要素链,依托大丰港发展上海飞地经济,形成沪苏联动产业集聚区,打造北上海临港智能制造城。③发展"大海洋",发展现代海洋经济,发展临港经济,争取成为国家级海洋经济示范区。④"大开发"格局,抢抓"一带一路"倡议,成为海上丝绸之路的一个重要的节点城市。⑤积极发展新能源产业,形成竞争特色。盐城风力发电已进入国家规划,全部开发后可以带动1 500亿元的投入,新能源装备产业具有巨大的发展空间。

连云港海洋经济规模相对较小,海洋生产总值744.8亿元。连云港海洋渔业基础较好、海洋旅游潜力较大、港口功能较强,万吨级以上的码头共有70多个,吞吐量2.3亿吨,同时正在加快建设30万吨级航道。连云港主要通过推进"科技兴海"和智慧海洋建设,彰显特色优势:①大力加快推动传统海洋产业转型升级,培育壮大新兴海洋产业,进一步加强海洋资源和生态环境保护;②更加注重陆海统筹,坚持港口、产业、城镇联动发展,完善沿海交通物流基础设施建设,着力推进重大涉海工程项目,不断优化沿海发展格局;③通过做强港口物流业、现代海洋渔业、海洋旅游业、临港工业等海洋优势支柱产业,加强要素的集聚;④加大创新力度,重点培育发展海洋生物、海洋高端装备制造、海水综合利用、海洋文化产业、海洋高端服务业等海洋战略性新兴产业。

三是实施海洋生态保护,夯实绿色发展基础。2018年7月,江苏出台《江苏省海洋主体功能区规划》,作为科学开发海洋空间的行动纲领,充分发挥主体功能区战略在海洋空间保护中的基础性制度作用。发展目标到 2020 年,全省形成主体功能定位清晰的海洋空间格局,经济布局集中、资源利用更高效,基本实现沿海人口分布与经济布局、资源环境相互协调,海洋与陆地协调一致,可持续发展能力得到全面提升。海洋开发强度控制在 0.76% 以内,其中,优化开发区域海洋开发强度控制在 0.78% 以内,重点开发区域海洋开发强度控制在 2.76% 以内,限制开发区域海洋开发强度控制在 0.28% 以内,禁止开发区域占规划海域面积不低于 6.29%,近岸海域水质优良(一类、二类)比例不低于 41%,江苏全省大陆自然岸线保有率不低于 37%。

(5)福建

2018 年福建海洋生产总值达 10 095 亿元,首次突破万亿元,海洋经济规模居全国第 3 位,占全省地区生产总值的 28.2%。2018 年 11 月福建出台《关于进一步加快建设海洋强省的意见》,提出以科学开发利用海峡、海湾、海岛、海岸资源为重点,打造海洋经济高质量发展实践区,到 2025 年建成海洋强省。

福建出台《关于进一步加快建设海洋强省的意见》,全面推进海洋经济发展,着力推进湾区经济发展,壮大临海工业,培育海洋新兴产业。建成全国一流的现代化枢纽港、物流服务基地、大宗商品储运加工基地等,建设海丝路核心区,实施海上互联互通,深度拓展闽台合作。突出海洋生态保护,建设海洋生态屏障。福建促进海洋高质量发展的举措主要有以下几个。

一是以项目为支撑,推进海洋产业园区建设。重点发展闽台(福州)蓝色经济产业园、厦门海沧海洋生物产业园区、石狮海洋生物科技园、诏安金都海洋生物产业园等一批海洋特色产业园区;推动"蛟龙号"装备·科普基地、海峡蓝色经济试验区发展规划展示馆建设。充分发挥厦门南方海洋双创基地产业集聚和孵化引导作用,打造国内首个海洋"众创空间"。

二是积极培育壮大海洋新兴产业。重点推进福州、厦门、漳州海洋生物制品研发生产基地建设。推进宁德霞浦、长乐、福清、平潭、莆田南日岛和平海湾等海上风电项目。推动福建海风装备制造基地等一批海洋工程装备制造关键技术产业化示范工程,大力推进福建深远海养殖装备等海洋工程装备产业,打造宁德、福州、泉州、厦门、漳州等海洋工程装备业基地。

三是优化提升传统海洋渔业。开展渔业健康养殖示范创建活动,推广标准化池塘、深水网箱、工厂化养殖和封闭式循环水养殖等生态养殖模式;开展"水乡渔村"和第三批"福建渔业品牌"评选,办好厦门国际休闲渔业博览会等活动;推动惠安崇武、东山大澳、霞浦三沙等渔港经济区开工建设。培育闽南、闽中、闽东三大水产加工产业集聚区,打造 12 个年产值 20 亿元以上水产品加工产业集群。大力发展远洋渔业,推进印尼项目渔场改造及改场生产,规划布局东南亚、非洲、南太平洋等地区远洋渔业基地。

四是突出海洋开放发展,加快建设海上丝绸之路核心区。推动海丝核心区建设走深走实,实施丝路海运、丝路飞翔等七大标志性工程。支持平潭开放开发,加快建设国际旅游岛。2018年以来,与"海上丝绸之路"沿线国家和地区贸易额增长11%以上。

五是突出海洋生态保护,加快推动海洋可持续发展。深入落实"河长制",加强水源地保护,加强海洋污染防治,确保主要流域水质稳中有升、小流域3类以上水质比例达90%左右。开展海洋资源价值实现等生态产品市场化改革试点,完善碳排放权、排污权、用能权等环境资源有偿使用制度。

六是统筹推进智慧海洋工程,构筑海洋科技创新基地。出台并落实《"智慧海洋"工程建设方案》,推动福建省海洋科技、数字经济和装备发展。实施"数字海洋",建设海洋大数据中心,形成分类分级的海洋与渔业数据管理体系。福建省海洋与渔业局、集美大学与南威软件集团共建智慧海洋平台,充分利用三方在政策、产业、技术、资本、人才等方面的优势,致力于推动福建省智慧海洋工程建设。

七是聚焦海洋领域重点改革突破。探索建立全省跨部门、跨区域的海洋综合管理协调机制。依托福建自贸试验区建设,启动"中国(福建)海洋产权交易中心",积极探索开展福建海域采砂临时用海、填海造地、工业用海等海洋产权交易和二级流转业务,全面推进海洋资源市场化配置。

(6)山东

山东作为国内海洋经济发展的领军者,海洋经济发展更是日新月异。自蓝色经济区战略实施以来,全省海洋空间配置效率显著优化,海洋服务保障能力大幅提高,近海生态环境质量明显改善,海洋生态文明制度体系加快形成。2011—2017年,全省海洋生产总值年均增长10.6%,相关海洋产业年均增长约9.6%(图1-2)。其中,海洋化工、海洋生物医药、滨海旅游、海洋电力等海洋产业增加值年均增长超过15%,海洋生物医药业年均增长达到18.2%,其他主要海洋产业中,除海洋油气业、海洋船舶工业及海盐业受到国内外资源及市场环境的影响出现下滑外,海洋交通运输、海洋渔业及海洋工程建筑业等主要海洋产业也都保持了较高增速,海洋经济已成为拉动全省经济发展的重要引擎。

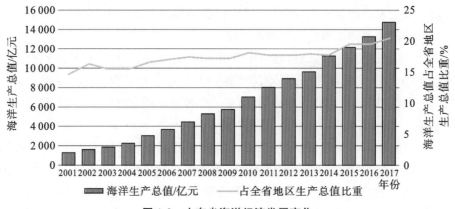

图 1-2　山东省海洋经济发展变化

山东推进海洋经济高质量发展的主要做法包括以下几方面。

一是注重海洋产业集聚发展,优化提升海洋特色园区布局。以青岛、烟台为核心,以威海、潍坊、日照、东营、滨州为节点的区域海洋产业集聚发展格局初步形成。地方特色产业集群快速发展,形成了青-烟-威的滨海旅游、青-烟-日的港口运输、青岛的海洋高新技术产业、烟台的海工装备制造、威海的远洋渔业与水产品加工、潍坊的盐化工及东营的海洋石油化工等产业链集聚特色鲜明的海洋产业集群。成功获批威海、日照两个国家海洋经济发展示范区。

二是注重海洋科技创新,海洋创新能力稳步提升。以济南、青岛、烟台等为中心的山东半岛国家自主创新示范区建设全面推进。青岛、烟台、威海三市被确定为国家级海洋高技术产业基地,先后建成青岛海洋科学与技术试点国家实验室、山东大学青岛校区等一批科技创新载体,现有约 50 家国家级海洋科技创新平台,参与深海空间站、透明海洋、深海钻探等一批国家重大科技工程。引进和培育壮大武船重工、中集来福士、明月海藻、东方海洋、双瑞科技等一批创新型海洋企业,形成以企业为主体的海洋产业技术创新体系。发布实施《关于做好人才支撑新旧动能转换工作的意见》,将海洋经济发展纳入泰山人才工程支持范围,积极培养引进海洋类高层次专家和团队。积极申报国家"千人计划"外专项目,组织实施"外专双百计划",引进重点龙头企业急需的高端专业人才团队。同时开展博士后创新项目专项资金资助,以培养"高、精、尖、缺"专业人才。以中国海洋人才市场(山东)为平台,构建国家级海洋专业人才市场。以青岛为主体,东营、烟台、潍坊、威海、日照、滨州等为分市场,共同打造集聚人才、服务示范、产学研对接、成果孵化、产业带动、信息共享、辐射发展的区域性人才流动服务平台。创新人才市场运行机制,打造专业化、网络化、国际化的海洋人才综合服务体系。

三是积极融入"一带一路"建设，加大对外开放。加快装备制造业新旧动能转换，培育了一批具有国际竞争力的海洋工程装备、涉海石油装备等制造业领域的骨干企业，并加大对东南亚、西亚、俄罗斯等新兴市场开拓力度。相继举办中国·青岛海洋经济发展国际高峰论坛、东亚海洋合作平台青岛论坛，组织海工装备企业参加东营石油装备展、印尼机械展等，促进全省涉海产品的出口。规划建立了威海国际海洋商品交易中心，打造大宗海洋商品交易平台。全面加强与东盟各国等"一带一路"沿线国家在海洋产业领域的交流，引导涉海企业参与全球产能合作。蓬莱京鲁渔业、荣成市海洋渔业、青岛鲁海丰等一批渔业龙头企业成功"走出去"，开展远洋捕捞、水产加工、海水养殖育苗等境外生产。中国—上海合作组织地方经贸合作示范区、威海中韩自贸地方经济合作示范区等一批国际经贸合作产业园区建设加快推进，吸引了一批境外涉海企业落户山东。

四是提高海洋综合管理能力，改善海洋生态环境质量。成立省委海洋发展委员会和省海洋局，全面优化海洋管理职能，理顺海洋规划、海域利用、海洋产业发展及海洋生态环境保护管理机制。以陆海"多规合一"改革为手段，协调海域利用和海洋环境保护矛盾，优化海洋空间开发利用与保护格局。初步建立基于生态系统的地方海洋综合管理模式，探索实行"河长制""湾长制""滩长制"等陆海一体环境管理模式。试点推行重点生态功能区补偿机制，建立完善海洋资源有偿使用和海洋生态损害补偿机制，将生态环境损害纳入海域海岛资源使用价格形成机制。探索实行海域使用金征收标准动态调整机制，适时调整海域使用金征收标准。推进海洋产权市场化交易，探索实施了岸线、滩涂、海岛、海域等有关海洋产权的挂牌交易。青岛、烟台、日照、威海入选国家"蓝色海湾整治行动"城市，蓝色海湾综合整治工程加快推进，确立了"治湾先治河、治河先治污"模式，胶州湾、丁字湾、莱州湾等生态环境整治工程取得良好成效。强化近岸海域污染防治，实施排污总量控制制度。编制完成省级养殖水域滩涂规划初稿，科学划定养殖区、限养区、禁养区。实施近岸海域养殖污染治理工程。开展陆域直排海污染排查和整治，实施排污许可制度，严格防控陆源污染物入海。实行省、市、县三级海洋环境监测分级管理制度，全面推进"智慧海洋"建设和"平安海区"行动，构建近岸海域集浮标监测、岸基监测、海床基监测及传统监测于一体的立体海洋监测网络体系，建立海洋环境实时在线监测数据共享合作机制。

(二)海洋经济高质量发展评估

1.指标体系构建

借鉴国内外经济高质量发展评估经验，海洋经济高质量发展评估指标选择应陆海统筹,兼顾经济、科技、环保及民生等多领域指标,结合创新、协调、绿色、开放、共享五大发展理念,从海洋科技创新的引领性、海洋经济增长的稳定性、海洋产业发展的带动性、海洋生态环境的可持续性、海洋空间利用的协调性以及海洋经贸的开放性等层面入手,来科学确定海洋经济高质量发展评价指标体系。

考虑到国内海洋经济发展统计数据的现实属性和突出海洋经济发展的主体性,海洋经济高质量发展评估可考虑以下三方面指标。

一是海洋经济发展指标。包括海洋开发强度、海洋经济结构和海洋产业发展 3 个一级指标和海洋生产总值占比、海洋服务业占比、战略性海洋新兴产业增加值占比、沿海港口货物吞吐量、海洋水产品进出口总额等 16 个二级指标(表 1-1)。

表 1-1　海洋经济发展指标构成

指标类别	一级指标	二级指标
经济 基础	海洋 开发 强度	海洋生产总值占地方生产总值比重
		海洋生产总值增速
		人均海洋生产总值/(万元/人)
		单位岸线海洋生产总值/(万元/千米)
	海洋 经济 结构	海洋渔盐业占比
		海洋服务业占比
		战略性海洋新兴产业增加值占比
		海洋科技教育管理服务业占比
	海洋 产业 发展	沿海港口货物吞吐量/(亿吨/年)
		沿海港口集装箱吞吐量/(万 TEU/年)
		滨海旅游入境游客占比
		海洋工业增加值率
		海水养殖占渔业总产值比重
		远洋渔业总产量/万吨
		海洋水产品进出口总额/亿元
		海洋油气总产值/亿元

　　二是海洋创新发展指标。包括科技投入和科技产出两个一级指标和涉海研发总投入、海洋科技人员总量、涉海专利申请量及海洋技术市场成交量等8个二级指标(表1-2)。

表 1-2　海洋创新发展指标构成

指标类别	一级指标	二级指标
创新 发展	科技 投入	涉海研发投入总量/万元
		涉海研发经费投入强度
		海洋科技人员总量/人
		涉海高新技术企业数量/家
	科技 产出	涉海专利申请量/件
		国际专利申请量/件
		单位海洋生产总值专利申请量/(件/亿元)
		海洋技术市场成交量/亿元

　　三是海洋绿色发展指标。包括海洋环境质量和海洋生态保护两个一级指标,近岸海水水质达标率、近海赤潮发生规模、国家级海洋保护区面积、国家级海洋牧场数量等8个二级指标(表1-3)。

表 1-3　海洋绿色发展指标构成

指标类别	一级指标	二级指标
绿色 发展	海洋 环境 质量	入海废水排放优良率
		近岸海水水质达标率
		海水增养殖区环境质量优良率
		近海赤潮发生规模/(次·面积)
	海洋 生态 保护	国家级海洋保护区面积/平方千米
		沿海湿地总面积/平方千米
		国家级海洋牧场数量/个
		海洋环境治理总投入/万元

　　在具体评估操作中,构建一个现实的评估指标体系,需要兼顾评价指标的科学性和指标数据采集的可操作性。考虑到国内海洋经济统计的局限性和涉

海数据的可获取性,本书在评估中,剔除了前面选择的评价指标中部分数据缺失或缺乏权威统计数据的指标,如海洋渔盐业占比、战略性海洋新兴产业增加值占比、海洋工业增加值率、海水增养殖区环境质量优良率等 6 个指标,并以部分综合数据来替代涉海数据,如海洋原油产量替代了海洋油气业增加值,高新技术企业代替涉海高新技术企业等,形成了由三大类 7 个一级指标和 26 个二级指标组成的海洋经济高质量发展评价指标体系(表 1-4)。

表 1-4 海洋经济高质量发展评价指标体系

指标类别	一级指标	二级指标
A1 经济发展	B1 开发强度	C1 海洋生产总值占地方生产总值比重
		C2 海洋生产总值增速
		C3 人均海洋生产总值/(万元/人)
		C4 单位岸线海洋生产总值/(万元/千米)
	B2 经济结构	C5 海洋服务业占比
		C6 海洋科技教育管理服务业占比
	B3 产业发展	C7 沿海港口吞吐量/万吨
		C8 沿海港口集装箱吞吐量/万标准箱
		C9 滨海旅游入境游客占比
		C10 海水养殖占渔业总产值比重
		C11 远洋渔业产量/万吨
		C12 海洋水产品进出口总额/万美元
		C13 风能发电量/万千瓦
		C14 海洋原油产量/万吨
A2 创新发展	B4 科技投入	C15 R&D 总经费支出/万元
		C16 涉海研发投入强度
		C17 海洋科技人员总量/人
		C18 高新技术企业数量/家
	B5 科技产出	C19 涉海专利总申请数量/件
		C20 单位海洋生产总值专利申请量/(件/亿元)
		C21 技术市场成交量/亿元
		C22 PCT 专利申请数量/件

（续表）

指标类别	一级指标	二级指标
A3 绿色发展	B6 环境质量	C23 近岸海水水质达标率
	B7 生态保护	C24 国家级海洋保护区数量/个
		C25 沿海湿地总面积/ha²
		C26 国家级海洋牧场数量/个

2. 海洋经济高质量发展指数

海洋经济高质量发展指数是对经济发展、创新发展、绿色发展三大类、26 个指标的综合评估得分。具体测算以 2010 年为基期，并设定当年的海洋经济高质量发展指数平均水平为 100，沿海各省市区数据与之相比较得出各省市区的 2016 年海洋经济高质量发展指数。之所以选择以上两个年份，是因为本书大部分指标数据来源于《中国海洋统计年鉴》，最新的年鉴数据更新至 2016 年底。换言之，2016 年是最能代表当前海洋经济发展状况的年份。另外，为尽可能地拉大时间区间跨度，以避免相邻年份指标差异不明显的问题。经反复比对发现，2010 年以前的年鉴在统计门类、统计口径等方面跟最新的年鉴差别较大，其数据缺乏与其他年份数据的可比性。因此，在保证本书各项指标数据可用的前提下，将 2010 年作为海洋经济高质量发展指数构建的基础年份。

由于本评价研究采用的评估指标体系包含 3 个类别、7 个一级指标、26 个二级指标，且各个指标间的单位和量纲不同，数值间也存在较大差异，如果是采用逐一比对的方法，不仅操作过程繁复，而且容易造成"只见树木不见森林"的问题。如果对原始数据执行标准化处理，虽然可以消除度量标准上的差异，但又无法体现出指标的年际变化。鉴于此，本书采用"海洋经济高质量发展指数"来测度 2010 年和 2016 年的沿海 11 省市区海洋经济高质量发展水平，具体操作步骤如下。

一是确定海洋经济高质量发展基数。以 2010 年为基准期，汇总中国沿海 11 个省市区（不含台港澳地区）原始数据，并计算每一项指标的平均值，得到的 26 个平均值即为海洋经济高质量发展基数，其计算公式为

$$\bar{x}_j = \sum_{j=1}^{n} x_j / n$$

二是测算海洋经济高质量发展水平。将汇总后的 2016 年沿海 11 省市区（不含台港澳地区）的 286 个原始数据按照 26 项指标类别分别除以各自对应的

26 个平均值,新得到的 286 个数值乘以 100 后,即为 2016 年时各地各项指标达到基数(设为 100)的倍数,计算公式为

$$x_{ij} = 100 x_j^i / \bar{x}_j$$

三是设置评价指标权重。采用德尔菲法对评价指标体系中的"经济发展""科技发展"和"绿色发展"大类分别赋以 0.4、0.4 和 0.2 的权重。其中,对经济发展类中的"开发强度""经济结构"和"产业发展"3 个一级指标分别赋予 0.1、0.1 和 0.2 的权重,对其二级指标进行均等权重赋分,这样,除经济结构下的两个二级指标各自赋予 0.05 的权重外,其他二级指标均赋予 0.025 的权重。剩余的两大类别,因二级指标数量较少,均进行均等权重赋分,即每个二级指标均赋予 0.05 的权重。

四是计算海洋经济高质量发展指数。将倍数乘以各自对应的权重,把新得到的 286 个数值按地域分为 11 组,将每组的 26 个数值相加,最后得到的结果即为沿海 11 省市区各自的海洋经济高质量发展指数得分,其计算公式为

$$I_x = \sum\nolimits_{j=1}^{n} x_{ij} w \,。$$

3.海洋经济高质量发展综合评估

海洋经济高质量发展综合评估是从沿海 11 个省市区(不含台港澳地区)的"横向"维度比较入手,力求全面描述沿海地区海洋经济发展质量水平。由于本书不单是对沿海各地的海洋经济发展质量水平进行排名,更要找出制约海洋经济高质量发展的关键因素,以便对症下药,得出有效提升海洋经济发展质量的可行之策。因此,本书在对众多的统计分析方法进行初步筛选后,锁定了主要的几个。其中,相对成熟且具有代表性的是主成分分析法。该方法由美国统计学大师霍特林于 1933 年首先提出,其核心是利用降维思想,通过保留低阶主成分,忽略高阶主成分而求解的一种多元统计分析手段。它可以在减少数据集维数的同时,保持其对方差贡献最大的特征,特别适合于分析复杂数据。但是,主成分分析法对因子旋转后的累计方差贡献率有明确的要求。一般而言,所解释的累计方差贡献率不能低于 80%,当累计方差贡献率处于 85%~95% 区间时效果较好。所以,在确定选择这一测度方法之前,分别以 2010 和 2016 年两年的指标数据对其进行了适用性分析。结果显示,这两年的累计方差贡献率分别达到了 96.42% 和 96.18%,这意味着,主成分分析法可以完美地适用于本评估研究。

利用主成分分析法对海洋经济高质量发展水平进行测算的主要步骤如下。

一是对原始数据进行标准化处理。为了便于分析,排除指标间因单位和量纲不同带来的影响,首先选用 SPSS 软件默认的 Z-score 法对原始变量进行标准

化处理,并将标准化变量记为 Z(变量)。

二是执行变量相关性检验。通过计算相关关系系数矩阵判定各变量间的相关性,当关系系数矩阵中大部分相关系数值大于 0.3 时,表示检验通过,可进行下一步分析。

三是提取主成分。抽取特征值大于 1 的特征根,并通过计算初始特征值的方差、方差贡献率、累计方差贡献率初步确定主成分个数。然后,通过累计方差率和碎石图检验并最终确定主成分个数。

四是计算主成分在各线性组合中的系数。通过因子载荷矩阵转换成主成分分析中所需要的标准化正交向量,从而得到成分得分系数矩阵。该步骤计算方法为:载荷数/对应主成分特征值的平方根。

五是计算各指标在综合得分模型中的系数。各指标得分系数乘以相应的方差贡献率,再以其和除以累计方差百分比,计算方法为:(A 指标在第一主成分线性组合中的系数×第一主成分方差＋A 指标在第二主成分线性组合中的系数×第二主成分方差＋…A 指标在第二主成分线性组合中的系数×最后一个主成分方差)/所有主成分方差之和。

六是确定各指标权重。将各指标在综合得分模型中的系数进行归一化处理,计算方法为:A 指标权重＝A 指标综合模型得分系数/各指标综合系数之和。

七是计算综合评价得分。以加权算术法计算各地区全部指标的综合得分,计算方法为:A 指标标准化得分×对应权重＋B 指标标准化得分×对应权重＋……＋Z 指标标准化得分×对应权重。

4. 海洋经济高质量发展评估结果

海洋经济高质量发展指数评价。首先对沿海 11 省市(不含台港澳地区)海洋经济高质量发展各项指标指数进行了计算,结果显示:除天津、河北、辽宁三地在指标 C2(海洋生产总值增速)出现负值外,其他地区各项指标均为非负值,呈增长状态。

在计算的全部 286 个指数中,数值大于 100 的有 139 个,大于 200 的有 57 个,大于 500 的有 17 个,大于 1 000 的有 5 个,大于 2 000 的有 2 个,说明这 6 年来我国海洋经济发展势头迅猛。按本书所选取的评价指标,一个地区指数值大于 100 的指标占比越高,则意味着其海洋经济发展质量水平越高。从计算结果来看,在全部 26 个指标中,广东省有 21 个指标的计算结果大于 100,占比高达 81%;其次是山东省,有 20 个指标大于 100,占比为 77%。与之形成鲜明对比的是,广西、河北、海南三省指标值大于 100 的占比较低,分别只有 19%、23%、和 27%,远远落后于其他沿海省市(表 1-5)。

表 1-5 中国沿海地区(不含台港澳地区)海洋经济高质量发展指数测算

	天津	河北	辽宁	上海	江苏	浙江	福建	山东	广东	广西	海南
C1	124.61	34.19	82.71	146.12	46.87	77.19	153.28	107.52	109.17	37.49	156.59
C2	−77.96	−27.77	−23.66	45.52	36.16	42.24	57.10	30.21	46.17	46.74	63.10
C3	290.51	29.95	85.58	345.92	92.65	132.36	231.62	149.74	162.87	29.05	140.66
C4	486.37	75.25	29.10	650.60	127.38	54.71	39.22	73.49	87.21	14.43	11.68
C5	117.94	127.30	112.28	142.53	94.88	125.56	124.04	110.98	125.34	106.63	124.91
C6	61.94	39.48	108.91	198.76	124.57	156.56	95.30	131.37	196.72	72.15	156.56
C7	107.29	185.53	212.53	125.65	54.68	222.54	98.95	278.38	290.40	39.74	31.94
C8	121.50	25.52	157.31	310.69	41.00	197.64	120.49	209.94	426.24	14.98	13.81
C9	89.96	22.66	33.32	114.95	33.32	53.31	129.94	38.65	483.12	12.66	119.61
C10	39.94	147.92	174.77	0.00	4.83	71.66	178.37	179.54	128.02	112.81	94.03
C11	16.37	58.95	353.66	154.75	24.90	513.35	359.79	655.94	55.93	7.10	0.00
C12	14.05	20.72	262.90	79.88	26.37	124.16	381.08	409.86	265.41	27.65	28.05
C13	63.09	0.00	3.51	712.74	2 818.00	0.00	165.92	35.05	3.51	0.00	0.00
C14	682.75	42.42	12.83	8.53	0.00	0.00	0.00	72.96	386.03	0.00	0.00
C15	110.95	79.18	76.96	216.68	418.54	233.47	93.81	323.39	420.25	24.31	4.48
C16	143.17	18.92	290.84	207.96	38.50	43.05	91.23	89.62	98.06	28.09	79.09
C17	116.79	31.97	116.48	144.65	82.79	98.97	70.36	190.83	245.52	23.28	14.72
C18	28.35	33.67	24.47	52.72	266.34	138.04	45.64	117.40	349.48	16.92	2.77
C19	66.75	2.71	189.94	193.73	84.66	130.78	30.93	240.40	719.59	14.11	5.43
C20	67.13	5.54	231.50	105.62	52.14	80.65	15.73	73.66	183.36	45.89	19.21
C21	437.32	46.69	255.77	618.02	503.00	156.98	34.20	313.32	599.96	26.90	2.72
C22	18.09	13.59	24.59	184.42	379.83	143.51	64.19	165.38	2 786.82	5.56	1.89
C23	56.89	131.37	142.30	0.00	116.51	48.69	123.51	160.41	134.79	163.32	170.83
C24	78.57	39.29	589.29	78.57	117.86	353.57	432.14	1 807.14	432.14	157.14	157.14
C25	32.97	105.05	155.57	51.82	314.84	123.81	97.15	193.79	195.56	84.13	35.69
C26	55.00	605.00	1 045.00	55.00	110.00	330.00	55.00	1 760.00	605.00	110.00	0.00

说明:本表所计算的各项指标指数基准时期为 2010 年。

　　通过加权汇总得出沿海省市区的海洋经济高质量发展指数,结果显示:
2016 年,广东省海洋经济高质量发展指数高达 416,是 2010 年全国平均水平的
4 倍多,2016 年全国平均水平的 2 倍多,具有绝对领先优势;山东省海洋经济高
质量发展指数也达到 340,是当年全国平均水平的近 2 倍,排名位居全国次席;
江苏、辽宁和上海市得分超过全国平均水平,但与广东、山东两强存在明显差
距;浙江、天津、福建紧随其后,河北、海南和广西落后较多,说明其海洋经济高
质量发展水平明显落后于其他沿海省市(表 1-6)。

表 1-6　全国(不含台港澳地区)海洋经济高质量发展指数(2016 年)

排名	地区	指数得分	排名	地区	指数得分
1	广东	416	7	天津	119
2	山东	340	8	福建	117
3	江苏	218	9	河北	79
4	辽宁	203	10	海南	55
5	上海	180	11	广西	52
6	浙江	145			

说明:本表所计算的综合指数基准时期为 2010 年。

　　海洋经济高质量发展综合评估。海洋经济高质量发展综合评估主要利用
主成分分析法对我国沿海 11 个省市区在 2010 年与 2016 年两个年度的海洋经
济高质量发展的主要驱动因素及其综合得分进行比较分析,结果如下。

　　(1)2010 年数据分析

　　对原始数据进行标准化处理,然后进行主成分分析,抽取特征值大于 1 的
特征根,同时进行因子旋转。结果显示:无论是初始特征值还是旋转后的特征
值,当主成分个数为 7 时,累计贡献率为 96.424%,说明此时所有变量的共同度
较高,各变量的信息丢失量较少,原有变量的总方差均能很好地被解释(表 1-7)。

表 1-7　主成分分析解释的总方差(2010 年)

成分	初始特征值			提取平方和载入			旋转平方和载入		
	合计	方差的%	累积%	合计	方差的%	累积%	合计	方差的%	累积%
1	7.569	29.111	29.111	7.569	29.111	29.111	4.534	17.439	17.439
2	6.323	24.318	53.429	6.323	24.318	53.429	4.457	17.141	34.580
3	3.650	14.037	67.467	3.650	14.037	67.467	3.678	14.146	48.727
4	2.928	11.260	78.727	2.928	11.260	78.727	3.510	13.500	62.227

（续表）

成分	初始特征值			提取平方和载入			旋转平方和载入		
	合计	方差的%	累积%	合计	方差的%	累积%	合计	方差的%	累积%
5	2.167	8.335	87.062	2.167	8.335	87.062	3.248	12.491	74.718
6	1.269	4.880	91.942	1.269	4.880	91.942	2.843	10.935	85.653
7	1.165	4.482	96.424	1.165	4.482	96.424	2.800	10.771	96.424
8	0.485	1.867	98.291						

通过碎石图可以看出，陡坡从第 8 个主成分开始趋缓，这进一步说明了提取前 7 个主成分是合理的（图 1-3）。为了使因子更易于解释，选取旋转后的结果作为主成分的选取结果，并利用所提取的 7 个主成分对 26 个指标进行了重新组合。依据旋转后的载荷矩阵，整理得出具体的 7 个主成分基本构成指标（表 1-8）。

表 1-8　旋转组成分矩阵（2010 年）

主成分	包含指标			
1	C2	C16	C3	C4
2	C22	C9	C8	C18
3	C13	C15	C25	C17
4	C11	C12	C26	C7
5	C20	C19	C21	
6	C5	C14	C2	C6
7	C23	C24	C10	

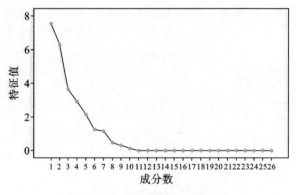

图 1-3　主成分碎石图（2010 年）

计算各项指标综合得分,结果显示:2010 年,广东、山东两个海洋大省和上海市引领全国海洋经济高质量发展,其得分要远远高于其他沿海地区,作为珠三角、环渤海和长三角三大海洋经济区的龙头,其综合得分比较接近,但与第二、三集团拉开了较大距离;辽宁、福建、海南、天津、江苏和浙江位于第二集团,尽管其综合得分有正有负,但相对差距不大;广西、河北 2 省的综合得分不理想,与其他地区差距明显,属于第三集团(表 1-9)。

表 1-9　全国(不含台港澳地区)海洋经济高质量发展综合排名(2010 年)

地区	综合得分	排名	地区	综合得分	排名
广东	0.775	1	天津	−0.134	7
山东	0.699	2	江苏	−0.234	8
上海	0.542	3	浙江	−0.302	9
辽宁	0.117	4	河北	−0.711	10
福建	0.115	5	广西	−0.740	11
海南	−0.126	6			

(2)2016 年数据分析

2016 年数据分析结果显示:无论是初始特征值还是旋转平方和载入,当主成分个数为 7 时,累计贡献率为 96.178%,表明此时所有变量的共同度较高,各变量的信息丢失量较少,原有变量的总方差均能很好地被解释(表 1-10)。同时,主成分碎石图显示:虽然第 4 个和第 6 个主成分有变缓的趋势,但陡坡整体平缓是从第 8 个主成分开始的,这进一步说明了之前提取前 7 个主成分是合理的(图 1-4)。

表 1-10　主成分分析解释的总方差(2016 年)

成分	初始特征值			提取平方和载入			旋转平方和载入		
	合计	方差的%	累积%	合计	方差的%	累积%	合计	方差的%	累积%
1	8.477	32.605	32.605	8.477	32.605	32.605	6.799	26.149	26.149
2	5.432	20.891	53.497	5.432	20.891	53.497	4.694	18.054	44.203
3	4.048	15.571	69.068	4.048	15.571	69.068	3.971	15.272	59.475
4	2.458	9.454	78.522	2.458	9.454	78.522	3.245	12.483	71.958

(续表)

成分	初始特征值			提取平方和载入			旋转平方和载入		
	合计	方差的%	累积%	合计	方差的%	累积%	合计	方差的%	累积%
5	2.263	8.704	87.225	2.263	8.704	87.225	2.195	8.441	80.399
6	1.232	4.739	91.965	1.232	4.739	91.965	2.093	8.050	88.449
7	1.096	4.214	96.178	1.096	4.214	96.178	2.010	7.729	96.178
8	0.452	1.737	97.915						

同样采用具有 Kaiser 标准化的正交旋解法,以旋转后的结果作为主成分的选取结果,依据载荷矩阵,对所提取的 7 个主成分各自包含的指标进行整理得出 7 个主成分的基本构成指标(表 1-11)。

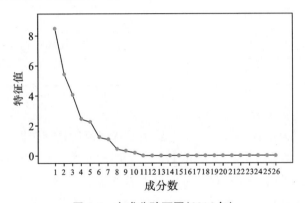

图 1-4　主成分碎石图(2016 年)

表 1-11　旋转组成分矩阵(2016 年)

主成分	包含指标						
1	C22	C19	C9	C18	C8	C17	C15
2	C11	C24	C26	C12	C7		
3	C23	C4	C10	C3			
4	C13	C25	C5				
5	C2	C14	C6				
6	C1						
7	C16	C20					

　　主成分分析结果发现:第 1 主成分能够解释全部指标 32.605％的信息,是海洋经济高质量发展评价体系中贡献率最大的,它包含 C22(PCT 专利申请量)、C19(涉海专利数量)、C9(入境游客占比)、C18(海洋高新技术企业数量)、C8(集装箱吞吐量)、C17(海洋科技人员数量)和 C15(涉海经费)共 7 个指标;第 2 主成分解释全部指标 20.891％的信息,在 7 个主成分中贡献率排名第二,它包含 C11(远洋渔业产量)、C24(国家级海洋保护区数量)、C26(国家级海洋牧场数量)、C12(水产品进出口总额)和 C7(港口吞吐量)5 个指标;第 3 主成分可以解释全部指标 15.571％的信息,包含 C23(近岸水质达标率)、C4(单位岸线海洋生产总值)、C10(海水养殖在渔业中占比)和 C3(人均海洋生产总值)4 个指标。

　　最后的综合得分显示:2016 年,广东、上海和山东仍居高全国前三位,位列海洋经济高质量发展第一集团,但上海进步神速,超过山东位列第二位,与广东的差距也明显缩小。江苏、浙江两省海洋经济发展势头迅猛,已赶超辽宁、福建、海南和天津三省一市,跻身第二集团前列,但与广东、上海和山东三强仍存在明显差距。天津、海南排名下滑,综合得分差距拉大,存在滑落第三集团的可能。广西、河北依旧排名垫底,且综合得分进一步下降,相对差距有越拉越大的趋势(表 1-12)。

表 1-12　全国(不含台港澳地区)海洋经济高质量发展综合排名(2016 年)

地区	综合得分	排名	地区	综合得分	排名
广东	0.842	1	福建	−0.046	7
上海	0.787	2	天津	−0.452	8
山东	0.742	3	海南	−0.549	9
江苏	0.291	4	广西	−0.894	10
浙江	0.219	5	河北	−0.965	11
辽宁	0.026	6			

(三)海洋经济高质量发展存在问题

1.海洋产业发展参差不齐

　　国内主要海洋产业发展规模差异巨大,缺乏整体协调发展,传统产业层次低,存在大而不强的问题。滨海旅游业一枝独秀,但产业主体与海洋缺乏有效关联,真正以邮轮、游艇和海上休闲度假为核心的海上旅游开发进展缓慢,尚未形成有效的国际市场竞争力。尽管海洋交通运输业和海洋渔业具有相当规模,领跑国际行业市场,是多数沿海省市的海洋主导产业类群,但产业价值链明显偏低,总量占比持续萎缩,存在明显的产能过剩问题,包括港口吞吐能力、捕捞能力、养殖空间,未来进一步发展面临严峻的结构提升和空间拓展压力。船舶制造、海洋油气业受到国际贸易和全球能源市场价格的波动影响,相当一个阶段可能处在下降周期,产业发展出现明显的负增长,在国际市场竞争中处在明显劣势。海洋生物医药、海洋新能源、海洋新材料等海洋新兴产业发展则受限于技术与市场化发展,多年来产业化进展缓慢,难以实现规模化发展,短期内难以成为区域经济发展的新动能。

2. 区域海洋经济发展失衡

沿海省市区海洋产业发展存在明显的规模和层次差异,资源利用效率和海域开发强度差距较大。从海洋经济规模来看,广东、山东两强领跑,海南省和广西壮族自治区落后较大;但从单位岸线海洋生产总值贡献来看,上海、天津优势明显,广东、山东两个海洋大省仅处在中游水平。对沿海省市区的综合评估发现:2016年,广东省海洋经济高质量发展指数高达416,是当年全国平均水平的2倍多,具有绝对领先优势。山东省海洋经济高质量发展指数也达到340,接近当年全国平均水平的2倍。江苏、辽宁和上海得分超过全国平均水平,但与广东、山东两强存在明显差距。浙江、天津、福建相对落后,低于全国平均水平,而河北、海南和广西则差距明显,海洋经济高质量发展存在明显的区域失衡问题。陆海联动发展存在明显不足,陆海产业空间布局、涉海基础设施建设、陆海资源配置缺乏统筹,土地和海域使用衔接不畅。不同地区间海洋产业链、资金链、技术链缺乏整体协调,国家利益与地方利益还存在诸多冲突。

3. 海洋经济发展同质竞争

在国际蓝色经济发展背景下,沿海各地争相出台海洋经济发展促进政策,把海洋产业作为地方经济转型的重要增长点。港口物流、船舶制造、海水养殖、滨海旅游业是主要的海洋产业投资热点,但受到海洋资源与空间的制约,国内传统海洋产业发展大多已进入成熟期,高强度、同质化的区域投资导致严重的能力过剩和资源环境压力,形成港口吞吐能力过剩、船舶制造产能浪费、捕捞强度过高以及高密度大规模的近岸养殖等问题,导致严重的资源浪费与市场恶性竞争。近年来,广东、福建、山东、江苏等地对海上风电、海洋生物医药产业的竞争性投资正在重复传统海洋产业发展的老路,形势不容乐观。此外,我国沿海地区海洋生产总值贡献占比已远远超出欧美发达国家水平,主要海洋产业发展规模明显高于其他国家,与欧美国家的产业同质化竞争日趋明显,海洋产业链能级进一步提升面临更大挑战。

4. 近海资源环境矛盾突出

海岸带与近海海域海洋资源与空间大规模、高强度的开发利用导致了严重的生态环境压力,对近海海域生态环境,特别是重点河口、海湾、湿地及近海生态系统造成了不可逆转的损害,导致海洋资源环境对海洋经济发展的约束加剧。近年来,尽管中央及地方政策采取各种防治措施,但陆源污染物排放、海上开发活动、围填海活动造成的海洋生态环境与海洋灾害问题依然突出。渤海碧海行动计划实施 10 多年来,渤海沿岸海域环境质量并未得到明显改善,且局部海域出现恶化,环保部不得不启动新一轮的渤海环境治理行动。一刀切式的围填海治理行动取得了初步成效,但造成大规模无序围填海活动的动因依然存在,并未从根本上解决问题。运动式养殖治理行动遭到养殖企业及养殖户的强烈抵制,对我国海水养殖业健康发展造成一定冲击。海洋渔业补贴政策,特别是远洋渔业补贴政策面临较大的国际与国内压力,前景不容乐观。

5. 海洋科技创新引领不足

科技创新不足制约了海洋经济高质量发展。传统海洋产业结构调整面临强大的技术壁垒,传统产业链高端技术多掌握在欧美发达国家企业手中,国内多数企业研发投入不足,关键技术自给率低,重点技术装备国产化水平不高,缺乏高端产业链竞争技术创新能力。涉海企业创新主体能力欠缺,产学研合作机制亟待创新,涉海科技创新成果转化率低,难以有效支撑新产品、新技术和新业态的突破。中央与地方配套创新政策协同不足,研发项目低水平重复、盲目引进问题突出,导致海洋科技原始创新投入及高端创新成果不足,未形成有利于自主创业健康发展的政策环境。与海洋经济发展密切相关的基础领域研究水平不够高,在深水、绿色、安全、环保等海洋高技术领域的研究水平与国际相比尚有一定差距。

三、我国海洋经济高质量发展定位与路径设计

(一)目标定位

1. 发展思路

海洋经济发展历史悠久,渔盐之利、舟楫之便自古有之,但相对于陆地产业,海洋产业发展进程相对滞后。目前,全球海洋经济发展仍以资源开发利用为主,相对成熟的海洋产业类群包括海洋渔业、滨海旅游、海洋交通运输、海洋油气开发等资源依赖型产业,其产业链能级和产业拓展空间相对于陆地产业的

消费型和服务型产业发展滞后。因此,海洋经济高质量发展应重点拓展海洋产业发展空间,优化提升海洋产业链能级。国际海洋开发经验表明:不同的时代和发展阶段对于海洋经济高质量发展有着不同的认知和要求。现阶段,全球蓝色经济发展大背景下,海洋经济高质量发展建立在海洋产业持续健康发展基础上。优化提升海洋产业链发展能级,推动区域海洋经济与环境协同发展是我国海洋经济高质量发展的核心和关键。

基于目标导向,我国海洋经济高质量发展基本思路可考虑如下。

坚持蓝色经济发展理念,以陆地产业发展为标尺,统筹陆海经济发展,以规模效益为基础,质量效率为导向,以传统海洋产业提升为核心,新兴海洋产业培育为重点,全面推动海洋产业转型发展,优化升级海洋产业结构,拓展延伸海洋产业链条,开拓新的海洋产业发展空间,引导海洋产业绿色化和生态化发展,协调海洋资源开发与海洋生态环境保护的矛盾,推动全国海洋经济高质量发展,最终实现海洋强国建设目标。

2. 发展原则

现阶段,为体现新的时代要求和海洋强国建设导向,我国海洋经济高质量发展应坚持三大基本原则。

一是体现新的发展理念。把党的十八大提出的"创新、协调、绿色、开放、共享"五大发展理念融入海洋经高质量发展目标定位,坚持海洋产业发展与海洋资源环境的协调发展,树立可持续的蓝色经济发展理念,共同打造全球海洋命运共同体。

二是坚持科技创新支撑。充分发挥新一代信息技术优势,全面推进智慧海洋建设,提升海洋装备制造、海洋人工智能与海洋大数据创新能力,以技术创新推动深海大洋矿产、生物资源及海洋能源开发,引导传统海洋产业建立绿色、环保和节能减排技术创新支撑体系。

三是满足新的民生需求。坚持民生导向,拓展新的发展空间,满足社会不断增长的高品质生活需求。全面重视海岸带及近海生态环境保护,积极开发海上休闲、邮轮游艇、海滨康养等海洋旅游市场,提升绿色海产品、海洋功能食品、海洋生物药物等供给能力,优化海岛与滨海社区空间发展格局,拓展海洋民生及海洋权益空间。

3. 功能定位

以海洋强国建设为目标,以沿海地区民生需求为导向,加快推进国家海洋经济体制改革,加快完善现代海洋产业体系,优化区域海洋产业空间布局,提升海洋资源利用效率,推进海洋生态文明建设,构建蓝色经济发展模式,实现沿海地区海洋经济的协调与均衡发展是新时期我国海洋经济高质量发展的基本定位。

目前,我国海洋经济高质量发展应着眼于战略和战术两个层面。

一是战略层面,以海洋经济可持续性塑造和海洋强国建设为核心,确定国家海洋经济高质量发展的宏观定位。按照现阶段的国家海洋经济发展规划,要打造海洋强国,核心任务是推动海洋经济高质量发展。从海洋经济可持续发展视角来看,海洋经济高质量发展定位应瞄准国家海洋强国目标,规划建设国际知名的陆海航运物流服务中心、国际领先的海洋水产食品生产中心、国际一流的海洋装备制造基地和海洋新兴产业培育基地,重点围绕国际航运枢纽、国家海洋经济发展示范区、国家海洋生态文明建设示范区以及国家自贸试验港区建设,打造能引领国际蓝色经济发展导向和国内海洋产业持续健康发展的海洋经济强国,为国际海洋经济高质量发展提供经验借鉴。

二是战术层面,以海洋资源利用效率、涉海企业生产效益、涉海就业人员福利和海洋环境承载力的有效提升和维护为重点,确定国家海洋经济高质量发展的中微观定位。海洋经济高质量发展离不开海洋产业的高质量发展,与涉海企业竞争力和涉海就业福利密切相关。对于海洋产业的高质量发展而言,不同的海洋产业类群、不同的产业链层次和发展阶段有不同的要求和标准。对于资源依赖型海洋产业而言,资源利用效率和环境影响水平是决定其高质量发展的重要指标。高质量的海洋产业发展不仅要求减少资源的浪费,降低污染物排放以及对生态环境的破坏,更要求具有较高的投入产出率和较低的碳排放水平。对于涉海企业竞争力而言,企业生产效率、盈利水平、产业链定位、技术创新能力及市场占有率等都是决定其高质量发展的指标,但从行业整体发展角度来看,海洋特色产业园区建设、产业集群发展水平及产业链配套能力也是决定一个海洋产业发展质量的重要指标。因此,从战术层面而言,海洋经济高质量发展定位要以提质增效为中心,以绿色环保为前提,以企业竞争力为目标,以就业者福利为支撑,以产业链集聚为表征的现代区域陆海一体化经济发展体系。

(二)模式选择

海洋自然环境与地方经济基础的差异决定了海洋经济高质量发展模式的多样化和非统一性,不同国家、不同地区和不同发展阶段对于海洋经济高质量发展模式存在不同的选择。现阶段,我国海洋经济高质量发展可以选择的模式多元,既可以单一模式发展,也可以多种模式并存,具体取决于地方海洋经济高质量发展定位和现实选择。

1. 综合发展模式

一是科技创新驱动模式。科技创新是驱动海洋资源开发利用的技术保障。相对于陆地,独特的海洋自然环境对于海洋资源开发具有更高的技术要求,海洋产业发展水平与行业技术创新能力紧密相关。技术的突破驱动海洋资源开发向更远、更深的海域拓展,海洋装备的提升决定了海洋生产的效率和能力。海洋捕捞、海水养殖、船舶制造、海上航运等传统海洋产业的提升离不开技术与装备的创新,海洋油气开发、海洋生物医药、海洋新能源等新兴海洋产业的培育和壮大更是建立在海洋科技突破的基础上。完善的海洋科技创新体系、现代化的海洋科技创新平台网络、市场化的海洋新兴产业基地建设是驱动海洋新技术、新产品及新产业发展的核心动力。

二是区域协同发展模式。海域的联通性和产业的关联性决定了海洋经济的高质量发展的区域协调与均衡发展。地方保护、区域自闭、各自为战将加剧地方海洋经济发展的同质化和低水平重复,不仅造成地方海洋优势资源的浪费、局部海域生态环境的恶化,而且影响地方海洋经济高质量发展水平,最终损害整个国家的海洋经济发展质量。国家顶层设计、政策规划引导、产业协同发展、区域特色定位、产业链错位互补可以更好地发挥地方要素,规避公共资源开发与保护悖论,推动区域海洋经济协调均衡发展。

三是绿色生态促进模式。健康的海域生态系统和优良的海洋环境质量是确保海洋经济高质量发展的基础,也是海洋经济高质量发展的重要表征。坚持生态优先,在保证海洋环境质量的前提下推动海洋经济高质量发展是我国现阶段海洋生态文明建设的基本导向。全面推进海洋产业绿色发展,以可持续捕捞、绿色航运、生态养殖、生态旅游等为目标,以节能减排技术、循环经济发展为支撑,以海洋保护区建设、海洋生态修复和环境治理为辅助,探索具有中国特色的海洋生态文明建设模式,以健康的海域生态环境促进国家海洋经济高质量发展。

四是开放共享引领模式。开放性是海洋经济发展的基本属性,没有开放就没有海洋经济的高质量发展。海域空间的开放性、海洋资源的开放性和海洋贸易的开放性共同决定了海洋经济的开放性,多数海洋产业发展建立在开放基础上,国际开放与共享是引领港口航运服务、国际海洋旅游、海洋生物产业、海洋矿产开发以及海洋新能源产业发展的核心要素。以开放促发展,以共享促合作,共建国际合作平台,共促国际资本流动,共享海洋贸易成果,共创全球治理机制是我国海洋经济高质量发展需要构建的重要发展模式。

2. 产业发展模式

海洋产业发展模式多样,适用于不同的海洋产业类群和产业发展阶段,选择适宜的海洋产业发展模式是推动海洋经济高质量发展的重要前提。常见的海洋产业发展模式包括以下几种。

一是产业集聚发展。引导产业集聚发展，打造特色产业集群，推动海洋特色产业园区建设是国内外最为常见的海洋产业发展模式，也是国际上最多采用的产业发展模式。拓展海洋产业发展链条，完善产业配套体系，构建现代海洋产业体系离不开海洋特色产业园区建设。海洋特色园区为海洋产业集聚提升和产业链拓展创造了优良的条件和发展氛围，特别是对于海洋制造业而言，包括船舶制造、海工装备、海洋化工、航运物流等产业，园区提供了一个招商引资、企业培育、人才培养及科技创新的载体和平台，是推动我国海洋产业高质量发展的重要空间载体。

二是产业融合发展。产业融合发展是培育新动能，提升产业链能级，孕育发展新空间的重要路径，也是引导海洋经济高质量发展的重要模式。以新技术、新产品、新业态等培育为重点，加快推动海洋渔业、滨海旅游、航运物流、装备制造、海盐及盐化工等海洋产业的融合发展，将人工智能、大数据、物联网和区块链等技术融入传统海洋产业发展链条，培育海洋牧场、邮轮旅游、海洋新材料、海洋环保等海洋新业态，打造国家自由贸易试验区、军民融合示范区、上合地方经贸合作先行区、国家海洋经济发展示范区等新型产业融合发展载体，为我国海洋经济高质量发展提供产业融合发展平台，以产业融合发展促进海洋新技术、新产品、新业态的培育和提升。

三是产业错位发展。海洋经济高质量发展不仅体现在产业链能级和创新能力的提升，也体现在产业结构的优化和市场竞争力的改善。突出海洋经济发展主体，明确海洋主导产业的支柱产业，扶持培育海洋新兴产业和未来产业，以政策或规制引导海洋产业错位发展，是实现海洋产业结构优化和区域海洋产业协调发展的重要保证。发挥资源优势，突出地方特色，合理配置产业生产要素，科学界定产业发展定位是确保海洋经济高质量发展的基本选择。

四是产业联动发展。海洋产业联动包括陆海产业联动、海洋一二三产业联动、资源利用产业与装备制造产业联动、产业发展与资源环境联动。联动发展模式多样、机制多变、空间多维，是海洋产业链拓展、行业部门协调与产业市场可持续发展的基本属性，如港产城一体发展、上下游产业链优化、三产融合发展、资源开发与环境保护协调都离不开产业联动发展。创新海洋产业联动发展机制，建立海洋产业联动发展模式是推动我国海洋经济高质量发展的关键环节和重要突破口。

(三)路径设计

1.路径选择

按照传统经济发展理论,经济发展具有周期性。对于一个具体的产业而言,其生命周期分为投入、增长、稳定、停滞或衰退 4 个阶段,不同的阶段对于产业发展具有不同的要求。海洋产业也不例外,特别是针对资源支撑型和市场引导型的海洋产业而言,如果没有科学合理的产业政策或市场策略,其产业发展进程可能会发生扭曲,会出现投入周期长、增长缓慢、稳定难以持续、很快出现停滞或衰退、难以实现持续增长等单一或多种问题,最终影响海洋产业的发展成效与发展质量。同时,及时调整产业发展定位与管理策略,在尚未或刚刚出现停滞或衰退苗头时,优化产业发展定位和发展路径,实现产业的二次增长或持续稳定增长是海洋产业实现高质量增长路径设计的关键。这与全面了解国际产业发展动态、深入把握产业发展脉络,打破传统产业发展路径依赖,创新产业发展路径紧密相关。

海洋经济是不同的海洋产业开发活动的合集,不同的海洋产业发展存在不同的路径。高质量的增长不仅对海洋产业路径安排具有差异化的要求,同时需要对路径进行不断的创新设计和优化调整。对于海洋经济发展整体而言,海洋经济高质量发展路径安排需要具有一定的前瞻性和协调性,不仅需要从战略高度对海洋经济发展进行科学预判,同时需要统筹兼顾陆海产业协调、海洋产业间的协调以及海洋产业与生态环境间的协调发展。

基于海洋经济发展的核心要素和发展趋势,国际海洋经济发展正在经历从生产型向服务型的转变。海洋经济发展初期,海洋资源与空间主要作为生产要素,且海洋产业以直接粗放式利用海洋资源与空间为基本属性。随着海洋开发的深入和技术创新的突破,海洋资源与空间开始作为一种消费对象而非生产对象,包括滨海旅游、海工装备制造、海洋新材料、海洋工程建筑、海洋科教管理等生活与生产服务型产业应运而生,成为海洋经济发展的主体。同时,海洋资源开发利用的广度和深度也在拓展,多产业融合发展、资源开发与环境协调发展成为海洋经济高质量发展路径的重要导向。

结合国内海洋经济发展实际,我国海洋经济高质量发展演化路径可以分为以下 3 个层次。

海洋产业 1.0。海洋经济发展初期,海洋产业类型单一,主要以粗放式的海洋生物与矿产资源开发为主,如海洋捕捞与海盐业,海洋经济主要以海洋产业规模化发展为特征,追求产业规模和短期经济收益,技术含量不高,产业发展粗放,带动力不强,资源环境压力不大,属于海洋经济高质量发展初级阶段。

海洋经济 2.0。随着海洋开发的深入,海洋产业呈现多元化发展,产业类群逐渐增加,出现了海洋旅游、海水养殖、海洋油气、海洋新材料等新的海洋产业类群,区域海洋产业发展差异加大。本阶段以海洋产业多元化和差异化发展为特征,海洋开发投入加大,海洋产业开发空间与强度逐步扩大,海洋产业发展整体规模快速提升,对地方经济发展的贡献快速增加,但海洋资源环境压力压在日益提升,属于海洋经济高质量发展中级阶段。

蓝色经济 3.0。高强度、大规模的海洋产业开发活动给海洋资源与环境带来巨大的压力,局部海域出现海洋资源衰退、枯竭,海洋生态环境质量持续下滑,生态系统健康难以维持,对海洋产业绿色发展提出了新的要求。同时,随着海洋资源与空间利用深度和广度的拓展,对海洋技术研发提出了更高的要求,提高海洋资源利用效率、开拓新的海洋资源类型成为新时期海洋经济高质量发展新的要求,传统产业比重下降,新兴产业快速发展,海洋产业结构趋于稳定。本阶段以产业与资源环境的协调发展为特征,海洋产业开发技术要求高,海洋资源开发与保护能力不断提升,陆海产业融合发展逐步深入,可持续发展成为海洋产业政策引导的主流方向,海洋经济发展辐射带动能力提升,海洋资源环境逐步实现可持续发展,海洋经济高质量发展进入高级阶段。

2.阶段安排

(1)阶段一:海洋经济向蓝色经济转型阶段(2020—2025 年)

解放思想,创新发展理念,转变片面追求经济效益和发展规模的政策导向,充分发挥海洋产业的引领和开放作用,把海域环境质量和生态效益纳入海洋经济发展评价体系,全面推进海洋经济与资源环境的协调发展,实现海洋产业的可持续健康发展。积极压缩海洋捕捞、海盐业等资源依赖型产业规模,优化调整滨海旅游、海水养殖、海洋交通运输等海洋主导产业结构,积极拓展水产品加工、船舶制造、海洋工程建筑等海洋工业产业链,大力发展海洋循环经济,推动海洋产业绿色化、生态化和低碳化发展,全面推进国家蓝色经济示范区和海洋经济高质量发展先行区建设。

(2)阶段二:蓝色经济快速增长阶段(2026—2035 年)

完善现代海洋产业体系,提升海水养殖、海洋化工、船舶制造等产业智能化水平,全面提升港口物流、滨海旅游、水产品加工等产业的生态化和绿色化发展水平,航运服务、海洋科技服务及海洋环境治理产业领跑全国。以邮轮游艇旅游为主体的海洋旅游实现规模化发展,海岛度假、海上休闲旅游取得突破,成为滨海旅游发展的主体。蓝色药库建设取得显著进展,海洋生物新材料、海洋功能产品实现产业化发展。海洋仪器仪表、海水淡化、海洋新能源利用、海洋环保等海洋新兴产业实现市场规模化发展,天然气水合物、深海矿产开发取得突破,海洋新兴产业对海洋经济贡献超过 30%,海洋绿色生态产业占比超过 50%,基本实现海洋经济与海洋资源环境的协调均衡发展。

(3)阶段三:蓝色经济发展成熟阶段(2036—2050 年)

以海洋服务业为核心的现代海洋产业体系基本成型。海洋捕捞、海水养殖、水产品加工、海盐及盐化工等传统主导海洋产业占比大幅降低,基本形成以海洋旅游为主的滨海旅游业、以港航服务为主的海洋交通运输业、以海洋环境治理和生态修复为重点的海洋工程建筑业、以海洋金属和高分子材料为导向的海洋化工业,以高端装备制造为核心的船舶海工制造业,以海洋牧场和海洋生物制品为重点的海洋水产产业体系。深海牧场、海上电厂、海上城市、深海矿场等实现产业化发展,智能化、信息化、无人化、服务化等成为海洋产业发展的主流特征,海洋资源与空间利用全面进入蓝色经济发展高峰时代。

第二章　全球海洋中心城市指标体系
构建及应用研究

　　城市是社会、经济和文化要素集聚与发展的重要载体,也是推动国际经贸、科技与人文交流的重要门户。随着 21 世纪——海洋新世纪的到来,海洋城市在全球城市发展中的地位日益凸显。2017 年 5 月,《全国海洋经济发展"十三五"规划》中提出:要推进深圳、上海等城市建设全球海洋中心城市,并在投融资、服务贸易、商务旅游等方面进一步提升对外开放水平和国际影响力,打造成为"21 世纪海上丝绸之路"的排头兵和主力军,这开启了我国全球海洋中心城市建设的新航程。全球海洋中心城市建设对于加快我国海洋领域的对外开放、深度参与全球海洋治理和海洋经贸合作意义重大,但全球海洋中心城市是一个新的发展概念,其功能定位和发展路径尚未明确,也缺乏充分的国际经验借鉴,需要在未来的发展中不断探索和实践。

　　目前,深圳市和上海市都在积极开展全球海洋中心城市建设工作。深圳市已审议通过了《关于勇当海洋强国尖兵　加快建设全球海洋中心城市的决定》,并编制完成全球海洋中心城市建设实施方案,择机发布。全球海洋中心城市究竟是什么? 与传统的海洋强市概念有何差别? 如何定位? 发展路径如何? 建设重点是什么? 这些问题都还有待明确。现有的基本认知无非是借鉴全球城市和国家中心城市等概念,再机械地叠加海洋特色,也没有明确的建设评价指标,难以形成基本的理论共识。因此,如何合理界定和评估全球海洋中心城市对于全球海洋中心城市建设具有重大现实需求,需要深入的研究和探讨。

　　本书拟通过全面梳理世界中心城市发展脉络,借鉴全球中心城市、全球航运中心城市、全球金融中心城市等中心城市概念及其评价指标体系,对全球海洋中心城市概念及其功能属性进行了界定,初步构建了全球海洋中心城市评估框架及指标体系,并对国内外典型城市进行了评估分析,提出了我国海洋中心城市建设评估及未来发展建议,供有关职能部门决策参考。

一、国际中心城市发展演变

　　城市地理学很早就发现,城市会因自身规模大小的限制与所处网络格局的差异,与其他城市形成一个遵循位序——规模法则(Rank-size Rule)的城市等级体系。中心城市作为城市等级体系中的重要节点,往往成为较强的集聚扩散、服务和创新功能的区域经济中心。[①] 随着经济全球化、信息网络化的发展,经济活动能够实现在地域上的高度分离和全球范围内的高度整合,中心城市开始融入全球城市网络体系。城市排序不再只看城市发展规模,更多地体现在城市对资本、技术、人力等生产要素的控制与配置能力上。在这个城市网络体系中,位于最高层级的城市称为全球中心城市,其次为国家中心城市,随后是区域中心城市。这类城市一方面在全球网络体系中拥有关键的地位,另一方面又在区域内具有核心功能。全球化、网络化与城市化相互渗透,共同构成了信息时代城市空间最为重要的发展动力,这不仅推动产生更多的世界级、国家级和地区级中心城市,也在不断地改变着具有优势地位的传统中心城市的功能,专业型的全球及区域中心城市也在不断演变,形成新的全球城市发展格局,如全球航运中心城市、全球金融中心城市,成为全球中心城市更为突出的特色和专长。因此,在中心城市发展研究中,应充分考虑全球中心城市发展的新规律、新特征与新因素,从全球化、网络化及专业化的角度重新认识全球城市发展体系。

(一)全球城市发展

历史经验告诉我们,全球城市是在城市化及城市发展的基础上逐步演化出来的一种高级形态。因此,研究全球城市的发展,首先要置于城市化的历史过程之中,使其具有历史演进的延续性。20世纪60年代以来,随着国际劳动分工的逐步形成,经济全球化进程加快,跨国公司的不断渗透和信息技术革命的发生,对城市发展产生了重大影响。城市在全球经济中所扮演的角色日益重要,城市之间的经济网络开始主宰全球经济命脉,并涌现出若干在空间权力上跨越国家范围、在全球经济中发挥指挥和控制作用的世界性城市。[②] 随着时代的发展,全球化、网络化和本地化不断地推动着世界城市向全球城市网络体系演进,且在全球经济发展、区域经济发展中不断发挥着越来越重要的作用。

早在18世纪后叶,德国诗人歌德就将罗马和巴黎称为世界城市(World City)。1915年,苏格兰人格迪斯(Patrick Geddes)把当时欧洲重要的商业城市看作是世界城市,认为世界城市是世界上最重要的商务活动中心。20世纪60年代,跨国公司迅猛发展,在全球范围内带动了资金、技术、劳务、商品的流动,贸易中心及金融中心城市成为最早的世界城市。一个城市拥有的跨国公司数

---

① 吴永保等:《做强中心城市,促进中部崛起》,《青岛科技大学学报(社科版)》2007年第4期,第1~7页。

② 谢守红、宁越敏:《世界城市研究综述》,《地理科学进展》2004年第5期,第56~60页。

量也成为衡量一个城市位次的重要指标,纽约、伦敦、巴黎、波恩、东京等大城市相继成为世界城市。1966 年,英国人霍尔(Peter Hall)从全球性国际大都市的角度出发,将世界城市界定为对全球或大多数国家产生经济、政治、文化影响的国际一流的大都市。显而易见,早期人们对世界城市的认知,依然是从城市规模、城市功能的角度出发,对于城市等级与性质的认可。

1981 年,美国经济学家科恩(Robert Cohen)对世界城市体系进行了研究,首次提出了"全球城市(Global City)"的概念,认为全球城市是新的国际劳动分工的协调与控制中心,并运用"跨国指数"和"跨国银行指数"对部分城市在经济全球化中的作用进行了评估,认为只有纽约、伦敦和东京才属于全球城市。[①]1986 年,美国城市规划师弗里德曼(John Friedmann)从新的国际劳动分工角度出发,提出了世界城市等级体系与世界城市假说,认为世界城市是全球经济系统的中枢或组织节点,具有控制和引导世界经济发展的战略性功能,把世界城市特征概括为主要金融中心、跨国公司总部、国家化组织、商业服务的高速增长、重要的制造中心及主要交通枢纽,并首次对纽约、伦敦等城市进行了层级划分。[②]

进入 20 世纪 90 年代,信息技术革命深入发展,逐步打破了城市在地域空间上的发展限制,地区中心城市开始突破空间界限整合到全球城市体系中。1991 年,美国社会学家萨森(Saskia Sassen)对"全球城市"概念进行了全面分析,全球城市不仅是全球协调的节点,更重要的是全球生产控制中心,具有发达的金融和商业服务功能,是跨国公司的主要集聚地和向世界市场销售生产性服务的主要集散地。同时,萨森还将生产性服务业的国际化程度、集中度和强度作为划分全球城市等级的标准,并把纽约、伦敦、东京定义为全球城市体系中最顶端的全球城市。[③]

随着经济全球化发展及跨国公司的壮大,位于发展中国家的全球城市成为关注的热点。1995 年,英国地理学者泰勒(Peter Taylor)提出了"世界城市网络(World City Network)"的概念,强调城市间的网络与合作关系,构建了一个由枢纽层、节点层、次节点层城市相互联结的城市网络体系,而世界城市则是这一网络体系中的全球服务中心。泰勒认为,不同的世界经济体系会产生不同的世界城市,世界城市在不同历史阶段所起的作用是不断变化的。随着全球化的深

---

① 李平华、于波:《经济全球化中的世界城市体系与上海城市发展方向》,《南京财经大学学报》2006 年第 6 期,第 14～19 页。

② Friedmann J., "The world city hypothesis", *Development & Change*, vol. 17, no. 1, 1986, pp. 69-83.

③ 于涛等:《国际化城市解读:概念、理论与研究进展》,《规划师》2011 年第 2 期,第 27～32 页。

入,世界城市在全球事务中的作用会不断增强,其未来发展活力有赖于它在全球舞台上的表现及其联通全球的能力。[①] 2001 年,美国城市地理学者斯科特(Allen Scott)提出了"全球城区(Global City Regions)"的概念,来诠释社会和劳动分工的空间性,认为产业综合体更容易形成集聚效益,从而在空间范围内逐步产生城市形态。因此,全球中心城市不再以单独个体的单一形式发展,在一定区域内开始向多元化、多中心化发展。[②]

纵观世界城市发展历程,全球城市或世界城市定位经历了从国家港口贸易中心,到全球化发展阶段的国际金融机构、跨国公司总部集聚地和商业服务中心,全球交通与通信枢纽,再到全球资本服务中心的演化,全球中心城市定位更加突出向生产性服务集聚地的转变,专业化生产和金融资本服务取代资本控制和跨国企业集聚成为全球中心城市的核心功能。

(二)国际航运中心

国际航运中心是全球中心城市的专业化体现,其源于早期的港口城市。当今以商业贸易为中心的港口城市出现的历史时期虽然有很多争议,但是最迟在14 世纪,意大利的威尼斯已经成为相对成熟的商业港口城市。当时,参加威尼斯大商人行会的商人们,会在运河的两岸修筑宅邸,将门前的运河作为停船地来停靠自己的船只,利用住宅的院子进行商品交易。[③] 这样的商业贸易方式可以说是近代海运和贸易港口城市的雏形。经过 15—17 世纪初"大航海时代"的地理大发现,欧洲的船队实现了环球航行。他们在世界各地寻找着新的贸易路线和贸易伙伴,发现了许多当时在欧洲不为人知的国家与地区,早期的航运中心也伴随着新航路的开辟而发生变化。如威尼斯在 15 世纪开始成为地中海地区繁华的港口城市之一,但在哥伦布发现美洲大陆后,国际贸易的重心逐步向西转移,位于大西洋沿岸的葡萄牙里斯本、荷兰阿姆斯特丹等港口城市迅速成长,成为新兴的国际航运中心。

国际航运中心的分布和成长变化与世界贸易重心的动态转移有着密切联系。一般认为,从哥伦布发现新大陆到现在的几个世纪中,国际航运中心经历了从"西欧板块"向"西欧板块＋北美板块",再向"西欧板块＋北美板块＋亚洲板块"的空间转移过程,而且这种变化不是简单的板块移动,而是板块间的复合

---

① Knox, P. and Taylor, P., eds., *World Cities in a World System*, Cambridge: Cambridge University Press, 1995.
② Scott, A., eds., *Global City Regions: Trends, Theory, Policy*, New York: Oxford Press, 2001.
③ 高见玄一郎、杨世强:《世界港口史》,《中国港口》2003 年第 6 期,第 42～44 页。

与分化并存的过程(表 2-1)。①

19 世纪末以来,伴随着世界贸易中心从地中海到大西洋、再到太平洋的转移,一些国际航运中心逐渐形成,其分布、转移也出现了由"西欧板块"向"北美板块"再向"东亚板块"递进的趋势。在这一过程中,国际航运中心在功能特征上也发生了相应的变化。

表 2-1　国际航运中心空间地理转移

经济板块的时期	经济重心的移动	新兴的国际航运中心
"西欧板块"时代	16 世纪,随着哥伦布发现美洲,国际贸易和经济发展的中心逐渐由地中海向大西洋移动。	伴随着经贸重心的转移,地中海地区威尼斯的重要港口地位丧失,而葡萄牙里斯本、比利时安特卫普和荷兰阿姆斯特丹逐渐成为重要港口。随着工业革命的完成,伦敦成为欧洲第一大港。
"西欧板块+北美板块"时代	19 世纪,欧洲工业革命相继完成,西欧保持了世界经济重心的地位。同时,新兴的美国也完成了工业革命,大西洋西岸成为世界经贸的另一个重心。	荷兰鹿特丹凭借其优越的地理位置,成为欧洲大陆经济腹地的门户,是"西欧板块"国际航运中心的代表。而纽约港由于东临大西洋,随着内陆伊利运河的开通和铁路的增加,成为"北美板块"航运出入门户。
"西欧板块+北美板块+东亚板块"时代	20 世纪 30 年代以来,随着全球贸易网络的发展,世界经济增长的重心增加了亚洲部分。	欧洲有其强大的经济腹地基础,保持了伦敦、鹿特丹等数个重要国际航运中心的地位。北美西海岸的洛杉矶、长滩、西雅图等城市也随着亚太地区经济发展迅速成长起来。新加坡,中国香港、上海,日本东京、横滨以及韩国釜山等地成为亚洲新的国际航运中心。

对于国际航运中心的功能演变,可以划分为以下 3 个发展阶段。

第一阶段为 19 世纪初到第二次世界大战前。这一时期国际航运中心类型为航运中转型,以货物集散为主,通过提供集散存储场地、运输工具和口岸转运设备、分销渠道来承担货物集散的中转功能。

第二阶段是第二次世界大战后至 20 世纪 80 年代。随着东亚经济的迅速发展,第二代国际航运中心属于加工增值型,通过自由港、自贸区等经济特区形

---

① 贾大山:《海运强国战略》,上海交通大学出版社 2013 年版,第 191 页。

式,吸引原材料、劳动力,实现了原材料就近加工和出口。日本东京、中国香港、新加坡成为第二代国际航运中心的创新者,而纽约、鹿特丹、伦敦等传统港口城市也完成了功能的转型,并继续发挥国际航运中心的职能。

第三阶段始于 20 世纪 80 年代。这一阶段出现了新型的第三代国际航运中心,其类型属于综合资源配置型。特征上在继续保持强大的集散功能基础上,进一步提高了商品的集散效率,集有形商品、资本、信息、技术的集散于一身,而且还集中各种要素组合成全新的产品或服务输向目标市场(伦敦除外)。第三代国际航运中心的出现是由世界经济中生产一体化、资本一体化、技术一体化、信息一体化、市场一体化的趋势和信息革命所致,因此这样的国际航运中心必然又是金融中心和贸易中心,新加坡、中国香港、日本东京在向第三代国际航运中心的转型中走在前列。①

以新加坡为例,从基础条件来看,新加坡的法律比较规范、英语为通用语言、资本市场成熟、金融秩序良好,这些对新加坡发展成船舶登记、海事法律和海事仲裁、海洋金融等以海洋航运服务为特色的中心城市提供了坚实的基础。优越的地理位置,再加上作为传统航运中心的积累,新加坡早已成为亚洲代表性的航运中心城市。伴随着新兴信息技术的发展,新加坡又加快了在海事技术、海洋产业、金融服务、物流集散等方面技术的提升进程,并继续加强枢纽港基础设施建设。这些优越的外部综合基础条件和传统行业产业的积累、更新,使得新加坡顺利成长为以航运中心为特色的全球海洋中心城市。

(三)国际金融中心

国际金融中心重点关注一个城市的金融服务功能,是指某一区域内发挥金融资源集聚与辐射功能作用的中心,是金融机构与金融活动空间上的集聚,也是资本集散地和金融交易的清算地。在现代经济体系中,金融与经济高度融合,尤其是在经济全球化、经济金融化和金融全球化的今天,国际金融中心建设成为区域经济发展的核心任务。从国际金融中心发展的历史来看,从 14 世纪初期萌芽算起,大致有 700 多年的历史。

从国际金融中心的发展历程来看,可以分为以下 5 个阶段。

第一阶段是农业经济时代晚期,国际金融中心萌芽阶段。最早国际金融中心的出现和大规模远程贸易的实现有关。14 世纪中叶,意大利南部的佛罗伦萨和北部的布鲁日成为欧洲著名的金融中心,其主要功能是交易结算。

第二阶段是商业革命时代,国际金融中心的初步发展。15 世纪到工业革命

---

① 《国际航运中心的发展历史与启示》,《世界海运》2010 年第 3 期,第 13～15 页。

前夕,欧洲海上霸权及海外殖民地的发展,使得国际贸易空前发展起来,形成了西欧国家作为世界经济体系核心的雏形。16世纪的安特卫普、17世纪的阿姆斯特丹作为国际贸易中心,形成了最初的国际金融中心。到18世纪初,伦敦作为金融中心开始逐步发展起来。这一阶段,金融中心的形成是随着商贸中心的发展而发展起来的,商品交易为金融活动带来了活力,借贷、融资等活动成为金融中心的重要功能。

第三阶段为工业化早期,国际金融中心的形成。大体时间为1750—1913年,大规模工厂化生产取代个体手工生产,工业革命带来经济的两次飞跃。到20世纪初,以欧美资本主义列强为主导的资本主义世界体系最终建立起来。从1850年到1913年,伦敦在国际金融领域具有独霸地位。整个19世纪,伦敦具有全球金融体系主导权,直到一战结束才相对有所削弱。这一时期金融中心的发展与国家实力密切相关,金融活动进入黄金发展时期,金融体系初步形成。

第四阶段为工业化成熟期,国际金融中心由成熟走向分化。该阶段主要指1914—1973年,从第一次世界大战爆发到布雷顿森林体系崩溃。各国逐步放弃了黄金本位的货币发行制度,黄金非货币化发展。美国成为资本主义世界经济体系的主导者,形成了以美元为中心的国际货币体系——布雷顿森林体系。随着美国的崛起,纽约成为世界金融中心,同时在离岸金融迅速发展的背景下,其他国际金融中心出现多元化发展趋势。伦敦借助"欧洲货币"再次活跃起来,成为重要的外汇交易中心。离岸金融中心的发展,破除了金融中心必须依附经济中心和贸易中心的发展范式。20世纪60年代,新加坡独立后决心发展亚洲离岸金融中心,政府利用区位优势及政策优势锐意将新加坡打造成为一个新的国际金融中心。

第五阶段为后工业化时期,国际金融中心多元化格局形成。从1973年至今,世界进入了完全信用货币时代,金融自由化推动着金融全球化发展,传统金融也逐渐向现代金融转变。这一阶段,伦敦在推进金融发展和监管改革方面取得突破,奠定了其世界金融中心的地位。纽约也在不断加强其在全球金融体系中的国际金融中心地位。20世纪80年代,日本东京在政府主导下,东京金融市场成为与纽约、伦敦并列的三大国际金融市场之一。同时,区域性国际金融中心也不断涌现,包括法兰克福、香港、新加坡都成为公认的区域性国际金融中心。这一时期,金融中心不仅仅作为金融活动的集聚地存在,金融活动的辐射作用还有助于推动区域经济的发展。①

---

① 余秀荣:《国际金融中心历史变迁与功能演进研究》,辽宁大学博士学位论文,2009年5月。

从国际金融中心的演变历程来看,国际金融中心的变迁主要和市场需求、科技进步及市场环境有关,这3个因素也成为推动国际金融中心形成与发展的重要因素。国际金融中心的形成可以看做是金融产业集聚动态发展的结果,金融产业集聚随着量的增加和质的增长,必然沿循着金融业产生发展—地区金融中心—全国金融中心—国际金融中心的动态发展过程。在这个过程中,市场需求是促进金融产业发展的重要因素。但是,金融集聚并不构成金融中心形成的必要条件。因此在单纯的市场需求条件下,形成国际金融中心需要漫长的发展过程与历史机遇。科技进步是国际金融中心变迁的一个关键外生变量,它既通过功能演进内因起着间接的推动作用,又通过与金融相互作用,直接推动金融中心功能的演进。市场环境的变化也是一个重要的外因,市场不确定性的加强,推动国际金融中心满足环境的需要而不断提升自身功能。这两个因素为打破国际金融中心固有的发展过程,提供了可能性,为打造国际金融中心提供了可行性。

从国际金融中心演进路径来看,对应国际金融中心形成的重要因素,目前国际金融中心的形成主要有以下3种模式。

一是市场主导型,遵循经济增长—产业集聚—金融制度形成—金融机构集聚的发展路径。二是金融机构自我组织型,遵循经济增长—金融自我组织发展—金融制度—企业集聚的路径。三是政府推动型,遵循金融制度变革—金融市场发生变化—金融机构集聚—经济增长的路径。市场主导型属于需求诱致的渐进式金融中心形成路径,经济发展促进金融资源的集聚,然后在经济发达的中心城市形成了国际金融中心。从国际金融中心的发展史来看,传统的国际金融中心主要是依赖市场的主导和推动。金融机构自我组织型也属于需求诱致的渐进式金融中心形成路径,由于金融产业的高回报性,当金融服务供给不足时,就会吸引金融服务、金融机构、金融人才和金融信息等金融资源的聚集,而金融集聚的规模效应和聚集效应进一步促进金融资源的集中,从而形成了金融中心,并由量变、质变,最终形成国际金融中心。政府推动型属于政府主导的强制性金融中心形成路径,最主要的表现是金融集聚并不主要依赖当地经济的发展水平,而是依赖于政府制定宽松的金融税收、灵活的管理等,通过优惠政策吸引金融机构的入驻,从而吸引金融资源的聚集。

二、全球海洋中心城市的提出

(一)概念内涵

当前的国际化城市研究中,全球中心城市相关概念呈现多元化发展态势,包括全球城市/世界城市（Global City/World City）、全球强市（Global Power City）、全球金融中心、全球航运中心、全球贸易中心等。其中，与全球海洋中心城市密切相关的概念是全球航运中心、全球海洋科技中心及全球海洋文化中心等。现阶段，对于全球航运中心的研究已经相对深入，相关的评估指标和标准体系也基本成熟，但对于全球海洋科技中心、全球海洋文化中心等概念则缺乏明确的共识。张春宇参照"世界航运之都（The Leading Maritime Capitals of the World）"的概念，从航运、科技、金融及全球治理角度提出了全球海洋中心城市的概念[①]，但主体仍局限于国际航运中心范畴，并未能给出一个清晰的全球海洋中心城市概念内涵、功能定位和评价标准和指标体系。

　　基于中心城市概念，全球海洋中心城市可以理解为全球城市、中心城市和海洋城市的交集，既具有全球城市的国际影响力和对外开放度，中心城市的区域规模效应和辐射带动力，同时也具有海洋城市的特有属性。从狭义上理解，全球海洋中心城市可以看作是具有海洋属性的全球中心城市，不仅具有全球中心城市的区域影响力与国际地位，也具有鲜明的海洋特色，包括海洋航运、海洋旅游、海洋科技研发、海洋制造业中心等国际化特征；从广义上理解，全球海洋中心城市可以参照全球金融中心、国际航运中心等具有单一属性国际影响力的全球城市概念，界定为在一个或多个海洋经济、文化、科技、治理等领域具备国际影响力和带动力的区域中心城市，如全球航运中心、全球海洋科技城、全球滨海文化旅游中心、全球海洋贸易中心等特色海洋中心城市。

　　按照上述理解，全球海洋中心城市既可以是具备全球城市地位，同时拥有一定的海洋特色的城市，也可以是具备突出的海洋产业、科技或文化全球领先地位，但城市总体发展水平尚达不到全球中心城市标准的区域性中心城市。从狭义的理解出发，现实中的全球中心城市，除了巴黎、北京等少数内陆城市外，包括英国伦敦、美国纽约、日本东京、新加坡、中国香港及上海等都属于海滨城市，也大多具备突出的海上航运、海洋科技及涉海服务能力，已经可以视为全球海洋中心城市。其他不具备全球中心城市或区域中心城市地位的海滨城市，尽管其可能具有国际领先的海洋产业或科技等优势，但受到全球城市排名的制约，未来成为全球海洋中心城市的可能性很小，这也导致了建立在全球中心城市基础上的全球海洋中心城市概念的现实意义不大。因此，广义上理解的全球海洋中心城市概念似乎更能反映人们的一般认知，也更符合海洋中心城市发展的现实需要。

---

① 张春宇：《如何打造"全球海洋中心城市"》，《中国远洋海运》2017 年第 7 期，第 52～53 页。

(二)属性特点

按照不同的概念界定,全球海洋中心城市具有不同的属性特点,从而导致了不同的功能定位和城市能级,并形成功能互补、协调发展的海洋城市网络体系。英国拉夫堡大学世界城市研究小组(Globalization and World City, GaWC)把世界城市网络体系特化为各单元相互联结的网络,全球城市通过广泛的连通性和大规模资源要素流动,引导和控制着世界经济发展,而网络联通性的强弱和各种流配置能力决定着城市的地位和能级。[①] 联系性较弱的城市,会在其所在地区形成区域性的城市地位与职能;联系性较强的城市,则会形成全球性的城市地位与职能。

基于上述认知,全球海洋中心城市可以看作全球海洋开发系统的中枢或世界海洋城市网络体系中的组织节点。由于不同的海洋中心城市定位,全球海洋中心城市在全球城市体系中的作用和地位是不同的。具备全球中心城市属性的海洋中心城市具有全球城市的国际地位和能级,是全球海洋发展网络的中枢;而具备独特的专项优势的全球海洋中心城市则是全球海洋发展网络的节点,同时具备区域性城市的地位和全球性海洋城市的职能。

作为世界城市网络的重要节点和全球海洋发展网络的核心,全球海洋中心城市具有超越城市地域边界,跨地区或跨国的国际影响力,不仅需要具备基本的城市经济、社会、文化、科技基础支撑能力,同时也兼具海洋经贸、海洋科技、海洋文化、全球治理等方面的专项或多项全球影响力和竞争力。全球海洋中心城市可以是具备一定城市规模的全球海洋科技中心城市、全球海洋航运中心城市、全球海洋文化旅游城市,也可以是具备一定国际影响力的海洋治理或综合海洋开发能力的全球中心城市,但无论其概念如何界定,城市功能单一还是综合,其在海洋领域的全球或区域影响力是必须具备的,尽管这种影响力可以是综合性的,也可以是单一性的。

以海洋资源持续利用和海洋生态系统健康作为前提,以海洋科技创新和对外开放为手段,以海洋国际经贸合作和文化交流为基础,充分体现一个城市的海洋核心竞争力,形成具有自身特色、具有国际竞争力、吸引力和影响力的海洋产业体系和城市服务网络是全球海洋中心城市建设的基本任务。

(三)基本特征

按照前文所述,全球海洋中心城市对世界海洋科技、文化、经贸及全球海洋

---

① 王颖等:《上海城市发展远景展望与评价指标体系研究》,《科学发展》2016 年第 6 期,第 101～113 页。

治理具有广泛的影响力和控制力,表现为对全球海洋战略性资源、海洋战略性产业、战略性海上通道具有一定的控制权和使用权。

从现实发展来看,全球海洋中心城市的基本特征可以总结为以下四个方面。

一是雄厚的城市经济发展基础。一般是区域性的经济中心,经济实力雄厚,城市国际化程度较高,具有一定的人口规模和城市基础设施,拥有等级合理、联系紧密、腹地广阔的城市群或都市带。

二是高度集聚的专业化国际服务机构。国际组织、跨国公司总部、跨国银行和非银行金融机构、广告、会计、法律服务等各种专业服务组织,国际商贸交流活跃,是国际资本、技术、信息和人才等高端要素全球性流动的集聚与输出中心,具有完善的市场经济体系和优越的工作生活环境。

三是鲜明的海洋科技与产业优势。具有世界一流的海洋科技人才队伍和研发能力,世界领先的海洋产业体系和产业链集群,连通世界的海洋航运物流网络,全球知名的海洋文化和城市品牌,影响世界的全球海洋治理能力。

四是现代化的城市基础设施。拥有国际化的海港、铁路、航空以及高速公路网,便捷的区域交通网络,智慧化、精细化的城市管理和信息处理能力,全方位的海洋监测和海滨休闲娱乐设施,是全球性或区域性的海洋交通枢纽和信息交流中心。

(四)城市定位

全球海洋中心城市承担着全球海洋经贸交流中心、海洋商务服务中心、海洋产业发展中心、海洋金融服务中心、海洋科技创新中心、海洋休闲文化旅游中心以及国际海洋事务协调中心等诸多中心城市职能,具有海洋综合服务、海洋产业集聚、航运物流枢纽、海洋开放合作和海洋人文交流等一种或多种功能,其城市功能定位包括以下内容。

一是全球海洋航运中心。具备区域航运枢纽和物流服务中心功能,拥有现代化的港口基础设施,完善的国际航运服务网络,国际一流的海事法律服务、海事仲裁、商业服务、航运代理、船舶服务、金融保险及人员培训能力。

二是全球海洋产业中心。拥有国际一流的现代海洋产业链条,国际知名的特色海洋产业园区,是国际化的现代渔业、海工装备制造、海洋化工、海洋旅游、海洋油气开发及海洋战略性新兴产业培育基地,具备国际海洋市场竞争力的跨国企业和世界知名涉海品牌产品。

三是国际海洋科技教育中心。具备世界一流的海洋科研机构、大专院校和专业人才队伍,国际化运作的海洋科技创新平台与合作创新网络,国际领先的海洋科技创新成果和产业化转化平台,在一定程度上引领全球海洋科技创新的潮流。

四是国际经贸文化交流中心。具有海洋文化资源和城市品牌优势,国际一流城市经贸合作平台和国际文化交流渠道,是全球贸易节点和文化中心。具有多元化的且有国际影响力的海上体育赛事、海洋科技博览、海洋文化会展、海洋民俗节庆、海洋经贸论坛等涉海文化活动,城市国际美誉度高。

五是海洋综合治理服务中心。面向全球治理,相对完善的海洋管理机制和现代化的海洋公共服务手段,在海洋公共服务、海事管理、海上搜救、海洋防灾减灾、海上执法等领域具有很高的国际开放性,是维护地区海上安全的重要参与者。具有区域海洋监测和信息服务能力,建立海洋环境监测、海洋灾害预报、海洋生态治理和海洋信息服务网络,向地区或全球提供海洋公共服务和信息化产品。

三、国际中心城市评价指标体系借鉴

多年来,针对不同的城市概念,国际学界和政府部门、咨询机构提出了各有侧重的评估方法及评价指标体系,具有代表性的评价指标体系包括全球强市指数(GPCI)、全球化与城市网络评级(GaWC)、全球化城市指数(GCI)、全球商业中心指数(WCoC)、全球城市竞争力指数(GCCI)等城市综合评估体系以及世界航运之都指数(LMCW)、国际航运中心指数(ISCD)、全球金融中心指数(GF-CI)、国际金融中心发展指数(IFCDI)、全球城市创新指数(ICI)、可持续城市指数(SCI)等特色城市评估体系,这些指标体系对全球海洋中心城市建设评估体系的构建和指标选择具有重要的参考价值。

我们选择具有典型代表性的全球中心城市、国际航运中心、国际金融中心及国际创新中心指数评价体系进行比较分析,以求为构建全球海洋中心城市指数提供借鉴。

(一)全球中心城市

1986 年弗里德曼在《世界城市假说》一文中就世界城市提出 5 个重要的选择标准,包括主要金融中心(区域总部在内的跨国公司总部、国际机构)、商业服务中心、重要的制造业中心、主要交通节点和人口集聚中心。他认为,并非所有的标准都适用,但必须同时满足几个标准,才能将一个城市确定为具有特定等

级的世界城市。① 英国拉夫堡大学世界城市研究小组（Globalization and World City，简称 GaWC）利用联锁网络模型（Interlocking Network Model）对世界城市网络体系进行了定量研究，利用生产性服务业企业城市分布，将世界城市划分为 5 个层级。

进入 21 世纪，一些研究机构着力建构全球城市指标体系。其中，较具权威性的包括全球强市指数（Global Power City Index，简称 GPCI）和全球城市指数（Global City Index，简称 GCI），两者均利用综合性判别指标对城市的多元化和综合性特征进行全面评估，以求全面反映一个城市的综合发展水平。

全球强市指数（GPCI）是日本森念纪念财团（Mori Memorial Foundation）研究发布的城市评价体系，自 2008 年首次发布以来，已连续对外发布超过 10 年。该指数从经济发展、科技研发、文化交流、宜居性、生态环境和可通达性 6 个方面出发，对全球 40 个具有代表性的城市进行了评估和综合排名。其城市评估方法同时运用两种排名方式，即特定功能排名和指定角色排名。特定功能排名就是对六大类 26 个小类共 70 个具体指标进行评估（表 2-2），以其平均值作为一个城市的特定功能排名的依据，并利用特定功能排名的总分进行城市综合排名；指定角色排名是指从 5 个指定的角色视角进行分析，包括管理者、研究者、艺术家、访客和居民，在确定每个参与者的核心需求之后，从特定功能排序中使用的 70 个指标中取出该参与者需求相对应的指标，来计算每个参与者的城市得分。全球强市指数评估分析了 10 年间城市能力的变化以及全球城市的优劣势，从而更好地理解其吸引力的来源。②

表 2-2　全球强市指数综合实力评价指标

功能	一级指标	二级指标
经济发展	市场规模	GDP、人均 GDP
	市场吸引力	GDP 增长速度、经济自由度
	经济活力	证券交易所的股票现价总额、世界 500 强企业数
	人力资本	总就业人数、商业服务业就业人数、薪资水平
	经商环境	人力资源保障、人均办公空间
	经商便利度	企业税率、政策水平、经济和商业风险

① Friedmann J.，"The world city hypothesis"，*Development & Change*，vol. 17，no. 1，1986，pp. 69-83.
② 《全球城市实力指数》(GPCI)报告，全球城市综合排名(2017)。

（续表）

功能	一级指标	二级指标
科技研发	学术资源	研究人员数量、世界前 200 大学数
	研发环境	数学和科学研究业绩、科技人员引进准备、研发经费
	研发业绩	专利数量、高等奖励获得数、研究人员之间交流机会
文化交流	文化交流与传播	国际会议举办数、世界级文化活动次数、视听服务贸易额
	文化资源	创造力活动环境、100 km 范围内世界遗产数量等
	文化设施	电影院/音乐厅、博物馆、体育场馆、豪华宾馆客房及宾馆数量
	访客吸引力	购物吸引力、就餐吸引力
	国际交流	外国人居住人口数量、国外游客数量、国际留学生数量
生活居住	就业环境	总失业率、总工作时间、雇员的生活满意度
	生活成本	房租均价、物价水平
	安全保障	每百万人谋杀者数量、经济风险和自然灾害
	幸福感	人均寿命、社会自由/平等/公正度、心理健康风险
	生活便利性	每百万人口医师数量、信息通信技术利用、零售店/餐馆多样性
生态环境	生态	ISO14001 认证企业数、新能源使用、废物再利用百分比
	空气质量	CO_2 排放量、SPM 含量、SO_2 含量、NO_2 含量
	自然环境	河流水质、绿化覆盖率、气温舒适度
可通达性	国际交通网络	拥有直达国际航班的城市数量、国际货物流
	交通基础设施	国内和国际航班乘客到/离数量、跑道数量
	市内交通服务	地铁密度、公共交通准时度和覆盖率、市区到国际机场时间
	交通便捷性	交通便利度、百万人口车祸死亡率、出租车费

资料来源：《全球城市实力指数》(GPCI)报告，全球城市综合排名(2017)。

　　全球城市指数(GCI)设计的目的是探究世界大城市的发展水平、发展规模和综合绩效，以比较不同城市之间的共同点和主要差别。2008 年，美国《外交政策》杂志社联合国际管理咨询公司科尔尼咨询公司和芝加哥全球事务委员会(Chicago Council on Global Affairs)首次发布全球城市指数。其基本认知包括城市是商业与创新的生态系统，世界上最大的、最具有国际影响力的城市是全球一体化发展的中心，也是一个国家发展的发动机。一个中心城市的力量在于其商业网络、市民的才能、政治制度的稳定性以及文化组织的创造力,这有助于形成促进商业繁荣与产生新的商业机会的环境。

全球城市指数评估目前覆盖的城市从初期的 60 个增加到 125 个。2016年,伦敦取代纽约成为全球城市指数表现最好的城市。目前,纽约市依然在商业活动、人力资本两大领域领先全球,而伦敦、巴黎和华盛顿市则分别在文化体验、信息交流和全球治理领域高居榜首。在一些具体的评估指标上,如航空运输、海上运输、财富 500 强企业,我国的香港、上海、北京分别居第一位。

全球城市指数评价指标包括商业活动、人力资本、信息交流、文化体验与全球治理 5 个方面的 27 个指标(表 2-3)。[①]

表 2-3　全球城市指数综合评价指标

一级指标	指标权重	二级指标
商业活动	30%	财富 500 强企业数
		顶级全球服务公司数
		资本市场
		航空运输
		海上运输
		ICCA 国际会议数
人力资本	30%	外籍人口数
		一流大学数
		受大学教育居民数
		国外留学生数
		国际学校数
信息交流	15%	电视覆盖率
		新闻机构数
		宽带覆盖率
		言论自由度
		居民上网率

---

① A. T. Kearney,*Global Cities* 2016. 2017.

（续表）

一级指标	指标权重	二级指标
文化体验	15%	博物馆数
		视觉与行为艺术活动
		体育赛事数
		国际游客数
		餐饮设施数量
		友好城市数
全球治理	10%	使馆与领事馆
		智库数
		国际组织
		国际政治会议
		具有全球影响力的地方机构数

(二)国际航运中心

国际航运中心是指以优质的港口设施、发达的物流体系、关键的地缘区位为基础条件,以高度完善的航运服务为核心驱动,在全球范围内配置航运资源的重要港口城市。[①] 对于某一城市是否具备成为国际航运中心进行评价的指数体系,根据评估机构的评估重点的不同,分项评估结果存在着一定的差异。目前有关国际航运中心城市评价指标体系,以《新华·波罗的海国际航运中心发展指数报告》(*ISCD Index*)和《世界航运之都 2017》(*The Leading Maritime Capitals of the World* 2017)为代表,其评估指标体系具有较高的国际认同度。

《新华·波罗的海国际航运中心城市发展指数报告》是我国新华通讯社联合波罗的海交易所(Baltic Exchange),向全球推出的评价国际航运中心发展状况的综合指数评估报告。该评估指数体系包括 3 个一级指标、18 个二级指标(表 2-4)。其中,一级指标主要从港口条件、航运服务和综合环境 3 个维度,表征国际航运中心城市发展的内在规律;二级指标是基于功能属性对一级指标的具体展开,考虑了真实性与全面性,同时考虑数据可获得性,各层次之间通过指

---

① 中国经济信息社,新华通讯社:《新华·波罗的海国际航运中心发展指数报告(2014)》,中国经济信息社、波罗的海交易所,2014 年版。

标加权后逐级合成。

表 2-4　新华·波罗的海国际航运中心城市发展指数体系

一级指标	二级指标	数据来源	三级指标
港口条件	集装箱吞吐量	新华社	由水路进、出港区范围并经装卸的集装箱量
	干散货吞吐量	新华社	经水路运进、出港区范围,并经过装卸的干散货量
	液散货吞吐量	新华社	经水路运进、出港区范围,并经过装卸的液态散货量
	桥吊数量	德鲁里航运	码头集装箱起重机(桥吊)数量
	集装箱泊位长度	德鲁里航运	指报告期用于停靠船舶,进行集装箱装卸的泊位长度
	港口吃水深度	德鲁里航运	按照最深的集装箱泊位的最深前沿水深统计
航运服务	航运经纪服务	波罗的海交易所	以波罗的海交易所全球航运经纪会员分布情况为主,结合其他因素综合评价
	船舶工程服务	国际船协	船舶工程服务以各港口城市拥有船舶公司数量为主,结合其他因素综合评价
	船舶管理服务	劳埃德	船舶管理服务以《劳埃德船舶日报》网站上公布各港口城市拥有船舶管理公司数量为主
	海事仲裁服务	伦敦、新加坡、纽约仲裁协会	以伦敦、新加坡、纽约 3 个国际性所拥有的仲裁员数据为主,结合其他因素综合评价
	航运保险服务	国际海洋运输保险协会	以各国船舶保费、货运险保费之和,按各港口的货物吞吐量进行分配后得到港口城市航运保险费用
	船舶维修服务	联合国贸发会	船舶维修服务以各港口城市能提供维修服务种类和数量(彻底检修、普通修理、紧急修理等)为主
综合环境	政府透明度	国际透明组织	是关于公开规则、计划、流程和操作,使人们了解为什么、怎么样、是什么并且多少的概念
	政府数字化管理程度	联合国政务发展数据库	指政府在为公众服务时,采用 IT 技术的能力和意愿
	经济自由度	华尔街日报、美国传统基金	指每个人都有控制自己的劳动和财产的基本权利
	关税税率	华尔街日报、美国传统基金	指海关税则规定对课征对象征税时计算税额的比例

（续表）

一级指标	二级指标	数据来源	三级指标
综合环境	营商便利指数	世界银行数据库	对世界银行营商环境项目所涉及的 10 个专题中的国家百分比排名的简单平均值进行排名
	物流绩效指数	世界银行数据库	物流绩效指数的综合分数反映出根据清关程序的效率、贸易和运输质量相关基础设施的质量、安排价格具有竞争力的货运的难易度、物流服务的质量、追踪查询货物的能力以及货物在预定时间内到达收货人的频率所建立的对一个国家的物流的认知。数据来源为物流绩效指数调查

通过对以上各项指标的加权计算，在此基础上整合全球航运专家委员会专业评价意见，以定性与定量相结合的方式获得最终评分。最新评价报告显示，2017 年，排名全球综合实力前 10 位的国际航运中心城市，分别是新加坡、伦敦、中国香港、汉堡、上海、迪拜、纽约、鹿特丹、东京和雅典。据《新华·波罗的海国际航运中心发展指数报告（2022）》显示，2022 年国际航运中心城市排名前 10 依次是：新加坡、伦敦、上海、香港、迪拜、鹿特丹、汉堡、纽约-新泽西、雅典-比雷埃夫斯、宁波舟山。

《世界航运之都 2017》是挪威著名咨询机构梅昂经济顾问公司（Menon Economics）发布的全球航运中心城市综合评估报告。其评估指标体系包括航运中心、海洋金融和法律、海洋科技、港口与物流以及吸引力和竞争力 5 个一级指标，其下再分设客观指标和专家评估两类指标，共计 19 个客观二级指标和 22 个分项专家评估指标（表 2-5）。

表 2-5 世界航运之都评价指标体系

一级指标	二级指标	数据来源	指标含义
港口与物流	集装箱吞吐量	Clarksons	该城市区域内港口的集装箱吞吐量
	货物吞吐量	Clarksons	该城市区域内的货物吞吐量
	港口经营商运量	Menon	总部港口经营商的集装箱吞吐量
	邮轮靠泊量	Orbis	邮轮靠泊量
	航运服务公司数量	Orbis	航运服务公司的数量
	航运服务公司市值	Orbis	航运服务公司的市值

（续表）

一级指标	二级指标	数据来源	指标含义
船舶运输	船舶管理量	Clarksons	该城市管理的船舶规模
	船舶拥有量	Clarksons	该城市注册的船舶规模
	船舶价值	Menon	该城市注册的船舶价值
	航运总部数量	Orbis	总部在该市的航运公司的数量
	航运公司市值	Orbis	总部在该市的航运公司的市值
航运技术	造船能力	Clarksons	该城市造船厂交付的船舶总吨位
	船级社雇员数量	Menon	该城市船级社所雇佣的员工数量
	船级社认证船舶	Clarksons	船级社已认证的船舶的规模
	船舶制造、技术服务及设备厂商市值	Bureau van Dijk	总部设在该城市的造船厂、科技服务、设备生产商的市值
金融与法律	法律专家数量	Who's	该城市拥有的海事法专家人数
	保险费	IUMI	该城市保险公司的航运保费总额
	航运融资	Dealogic	该城市银行发放的航运相关贷款
	航运投资组合	Petrofin Research	该城市金融机构的航运投资组合
	航运上市公司数量	Orbis	航运类上市公司数量
	航运上市公司市值	Orbis	航运类上市公司市值
吸引力和竞争力	营商环境	World Bank	涵盖了多个参数的综合指数
	透明度与腐败	Transparency International	透明国际发布的"腐败感知指数"
	全球创新指数	Cornell University, INSEAD	全球创新指数
	房地产价格	Global Property Guide and Number	市中心的平均房价
	海关负担	World Bank	世界银行的"通关负担指数"

为了使分析结果更具代表性，且使评估可以持续进行，该报告尽可能地选取广泛使用的客观数据和业内著名专家意见来进行评估。其中，分析报告采用客观数据和专家评估相结合的方式，两者各取权重50%，所有的数据都进行标准化处理，以便于横向比较。5个一级指标的权重采用几何平均法，每项占

20％的权重。评估专家团队由来自世界 50 多个国家,超过 260 人的专家(包括船东、高层管理者、教授以及记者等)组成。

(三)国际金融中心

国际金融中心是一个国家金融体系的核心和国际金融的关键组成部分,也是现代经济核心的发力点。随着现代金融体系的不断深化与演进,国际金融中心呈现多元化发展态势,金融中心城市发展呈现明显的层次性,全球性金融中心、区域性金融中心以及国家金融中心纷纷涌现,表现为高度的竞争态势。因此,对于金融中心的评判指标选择和标准设定成为关注的焦点。目前,常见的金融中心评估指数体系包括全球金融中心指数(Global Financial Centers Index,GFCI)和新华·国际金融中心发展指数(IFCD Index)等。

全球金融中心指数与世界经济论坛(WEF)竞争力指数体系和瑞士洛桑国际管理学院(IMD)国际竞争力评价指标体系一脉相承。20 世纪 80 年代,世界经济论坛和瑞士洛桑国际管理学院开始对企业、产业竞争力以及国家和地区竞争力进行研究,并建立了一整套的竞争力评价指标体系。世界经济论坛全球竞争力指数体系包括 3 个一级指标:基础条件、效率提升、创新与商业指标。基础条件指标包括基础设施、经济发展现状和制度完善程度,效率提升指标包括教育培训、金融市场发展规模和技术水平,创新与商业指标包括创新水平和商业发展成熟度。该指数成为体现国家综合竞争实力与经济增长质量的重要指标,也成为评测世界各国竞争力的重要参照。

瑞士洛桑国际管理学院每年发布《世界竞争力年鉴》,其具体评估指标数量达到 314 个,包括 4 个一级指标:经济运行、政府效率、商务效率和基础设施,以此来评价一个国家或地区的竞争能力。在此基础上,2007 年,伦敦金融城对该指标体系进行了调整,编制了全球国际金融中心指数,其评估指标体系包括 5 个一级指标,即人力资源、商业环境、金融体系、基础设施、美誉度和综合因素。① 每个一级指标又包含 4 个二级指标,其中,人力资源指标包括人才的匹配、劳动力市场的灵活度、商业教育、人力资本的发展等;商业环境是指市场监管水平、税率、贪腐程度、经济自由度、商业交易的便利程度等;市场发展程度指标包括了证券化水平、可交易股票和债券的交易量与市场价值、众多金融服务相关企业集聚于某一金融中心产生的聚集效应等;基础设施主要是指建筑和办公地的成本与实用性;总体竞争力则是基于"总体大于部分之和"的理念而创造的城市

---

① Z/Yen 集团、中国(深圳)综合开发研究院、全球金融中心指数 22,2017 年 9 月, http://www.199it.com/archives/632995.html, 2023 年 1 月 18 日。

的总体竞争力水平及城市宜居程度等指标(表 2-6)。在综合竞争力评估时采用了硬性指标和软性指标相结合的方式。

表 2-6 全球金融中心指数(GFCI)评价指标体系

一级指标	二级指标	数据来源
人力资源	智力资本	普华永道
	社会科学、经济管理和法律类毕业生	世界银行
	高等教育比率	世界银行
	签证受限制指数	恒利合伙人公司
	人类发展指数	联合国发展计划
	生活质量调查	美世人力资源咨询公司
	人身安全指数	美世人力资源咨询公司
	国际犯罪受害者调查	联合国毒品与犯罪办公室
	生活质量	普华永道
	世界顶级旅游目的地	欧睿档案
	世界遗产数目	世界经济论坛
	年均降水量	斯皮林最佳城市调查公司
商业环境	商业环境	经济学人信息部
	营商便利指数	世界银行
	操作风险评级	经济学人信息部
	全球服务地点指数	科尔尼咨询公司
	不透明指数	米尔肯研究所
	腐败指数	国际透明度组织
	工资比较指数	瑞士联合银行
	公司税率	普华永道
	雇员有效税率	普华永道
	个人所得税率	经合组织
	总税负(与 GDP 比例)	经合组织
	双边税务信息交换协议	经合组织
	经济自由度指数	美国传统基金会

（续表）

一级指标	二级指标	数据来源
商业环境	世界经济自由度	费雷泽研究所
	银行业国家风险评估	标准普尔
	政治风险指数	独家分析风险咨询公司
	政治不稳定性	经合组织
	城市 GDP 排位	外交政策杂志
市场准入	资本准入指数	米尔肯研究所
	万事达商务中心	万事达信用卡公司
	准入机会指数	SRI 国际公司
	证券化程度	伦敦国际金融服务局
	交易所证券化水平	世界证券交易所联合会
	股票交易额	世界证券交易所联合会
	股票交易量	世界证券交易所联合会
	大盘指数水平	世界证券交易所联合会
	债券交易额	世界证券交易所联合会
	股票期权交易量	世界证券交易所联合会
	股票期货交易量	世界证券交易所联合会
	银行净对外头寸	国际结算银行
	中央银行对外头寸（与 GDP 比例）	国际结算银行
	全球信用排名	机构投资者杂志
基础设施	办公室租用成本	世邦魏理仕
	办公空间成本	高纬物业
	房产数量指南	仲量联行
	全球房地产透明度指数	仲量联行
	电子化整备度评比	经济学人智库
	交通和基础设施资产	普华永道
	城市基础设施	美世人力资源咨询公司
	机场满意度	斯卡特瑞克顾问公司
	地面交通运输网络质量	世界经济论坛
	路面质量	世界经济论坛

（续表）

一级指标	二级指标	数据来源
总体竞争力	全球竞争力评比	洛桑国际管理学院
	全球竞争力指数	世界经济论坛
	全球商业信心	均富国际
	外商直接投资流入	联合国贸易和发展会议
	全球最具创新力国家	经济学人智库
	全球知识产权指数	泰乐信
	零售价格指数	经济学家杂志公司
	世界生活费用调查	美世人力资源咨询公司
	城市品牌指数	安霍尔特
	全球城市指数	科尔尼咨询公司
	国际博览会展览会数目	世界经济论坛
	城市人口密度	市长统计

　　全球金融中心指数基于两组相互独立的数据——特征性指标和金融专业人士的网络问卷调查结果，通过"因素评估模型"进行统计分析和计算，最终得到 77 个金融中心城市的得分与排名。特征性指标和问卷调查数据通过不同的输入集合，利用 SVM 模型对离散的绝对数据具有较强的处理能力，但也能对时间序列数据或连续数据加以处理。SVM 方法的应用使得全球金融中心指数模型能够有效区别每一个特定指标分类以及其他可能分类。在计算过程中对指标进行加权，最终将 SVM 方法对金融中心做出的预测性评价与真实评价重新结合，产生全球各地金融中心的评分。

　　新华·国际金融中心发展指数（IFCD Index）。2010 年，新华通讯社联合芝加哥商业交易所集团指数服务公司，推出新华·国际金融中心发展指数，为国际金融中心城市创新建设提供相对参照。新华·国际金融中心发展指数以创新型"金融中心生态系统"理论为指导，构建了"圈核支点生态响应模型"，即以服务实体经济、实现产业支撑的"成长发展"为"核心"，以金融市场、服务水平、产业支撑为"支点"，以"国家环境"为圈层环境的生态循环系统。[①] 以此设计了三级指标体系，包括 5 个一级指标、15 个二级指标和 46 个三级指标（表 2-7）。

---

① 国家金融信息中心指数研究院、标普·道琼斯指数有限公司：《新华·道琼斯国际金融中心发展指数报告（2014）》，国家金融信息中心指数研究院、标普·道琼斯指数有限公司 2014 年版。

其中，一级指标注重揭示金融中心生态系统内在发展规律，具体包括金融市场、成长发展、产业支撑、服务水平和国家环境。二级指标及基于功能属性对一级指标的方向性层次展开，三级指标是具体的指标层。

表 2-7　新华·国际金融中心发展指数指标体系

一级指标	二级指标	三级指标	数据来源
金融市场	资本市场	股票交易额	世界交易所联合会
		债券交易额	世界交易所联合会
		商品期货交易量	世界交易所联合会
		证券市场国际化程度	世界交易所联合会
	外汇市场	远期外汇交易额占世界的比例	世界交易所联合会
		外汇储备	美国中情局
		汇率波动	世界交易所联合会
	银保市场	大型银行总部数量	福布斯
		保费总额	世界经济论坛
		保险服务	新华社全球信息采集系统
成长发展	市场成长	新上市债券增长率	世界交易所联合会
		上市公司数量增长率	世界交易所联合会
		股票交易额增长率	世界交易所联合会
	经济成长	GDP 5 年平均增长率	世界银行
		国内购买力近三年增速	瑞银集团
		税收和社会保障金额增长率	经济合作与发展组织
	创新成长	科技创新	新华社全球信息采集系统
		近五年政府研发支出年均增长率	经济与合作发展组织
		近五年每百万研发人员增长率	联合国教科文组织
产业支撑	产业关联	外贸进出口总额	世界银行
		全球金融服务供应商能力	中国社会科学院 全球城市竞争力研究
		跨国公司指数	中国社会科学院 全球城市竞争力研究

（续表）

一级指标	二级指标	三级指标	数据来源
产业支撑	产业人才	人才聚集	新华社全球信息采集系统
		高等教育投入	经济与合作发展组织
		受教育水平	联合国发展计划署
	产业景气	制造业景气	新华社全球信息采集系统
		服务业景气	新华社全球信息采集系统
		高技术产业景气	新华社全球信息采集系统
服务水平	基础设施	货物吞吐量	中国社会科学院 全球城市竞争力研究
		机场客运量	国际机场协会
		信息设施建设	世界经济论坛
	社会管理	服务业就业比例	中国社会科学院 全球城市竞争力研究
		监管质量	世界银行
		政府数字化管理程度	联合国电子政务调查
		失业率	世界经济论坛
	工作生活	生活成本	瑞银集团
		适宜人居程度	MERCER HR
		工作环境	新华社全球信息采集系统
国家环境	经济环境	营商便利指数	世界银行
		物价指数	国际货币基金组织
		经济自由度	Fraser institute
	政治环境	政治稳定度	世界银行
		廉洁指数	透明国际
	社会环境	社会国际化程度	KOF-index of Globalization
		信息化普及程度	世界经济论坛
		幸福指数	英国新经济基金

　　新华·国际金融中心发展指数的数据主要由调查问卷评分系统和客观指标评分系统两部分组成。评估采用对称设计的竞争力模型算法,建立统一标准

的数据处理平台,将主观调查数据与客观指标数据进行合成,从而计算出综合反映国际金融中心发展水平的总指数。指标数据的采集均来源于国际权威第三方机构,利用新华社全球信息采集系统,充分考虑不同行业、不同区域受访者对要素评价及要素重要性看法的差异性,并根据回收的有效调查问卷样本,查对调查信度和效度指标。

(四)国际创新中心

创新是引领发展的第一动力,是建设现代化经济体系的战略支撑。强化体制机制改革,建立以企业为主体、市场为导向、政府为支撑的区域科技创新体系,构建具有地方特色的经济与管理体制机制创新网络,是一个城市社会经济持续健康发展的基础保障。在知识经济时代,创新型城市作为一种全新的城市发展理念,代表了世界中心城市的发展潮流。2005年,世界银行在东亚创新型城市研究报告中提出了创新型城市的先决条件,即优良的信息通信基础设施和功能完善的中心城区,充足的商业、文化、媒体、体育及学术活动设施与场所,受教育程度较高的劳动力队伍,有效的政府治理和高效的服务,高质量的居住选择,多元化的社会和文化融合体验等。[1]

创新型城市主要是指依靠科技、知识、人力资本、文化、体制等创新要素驱动发展的城市,其城市发展具有引领和辐射作用,主要价值体现在科技创新、理念创新、体制机制创新及城市管理创新等诸多领域。2010年,科技部印发了《关于进一步推进创新型城市试点工作的指导意见》,明确将自主创新能力强、科技支撑引领作用突出、经济社会可持续发展水平高、区域辐射带动作用显著的城市界定为创新型城市。目前,普遍接受的创新型城市评价标准主要包括创新投入、科技进步贡献率、自主创新能力及创新产出等方面指标,国内外研究机构也提出了多种创新城市评价指数。其中,全球创新城市指数(Innovative City Index)和中国城市科技创新发展指数较具代表性。

全球创新城市指数由澳大利亚智库2ThinkNow于2007年首次发布,主要评价指标包括文化资产、基础设施建设和网络化市场三方面162个评价指标,对一个城市的创新发展进行了全方位、系统化的全面评估(表2-8)。

---

[1] Wong, P. K. et al., *Singapore as an innovative city in East Asia : an explorative study of the perspectives of innovative industries*, The World Bank, 2005.

表 2-8　全球创新城市指数指标

类别	评价指标	指标说明
文化资产（63）	建筑层级	建筑复杂性与城市层级,新旧建筑物的平衡
	装饰特色	建筑装饰特色,相关装饰物如石雕、木雕、街头艺术
	绿色建筑	先锋绿色建筑,试验性或新的可持续建筑设计
	城市历史	城市发展年代
	城市街区	去中心化的街区质量,相互联通并利于步行
	电影院	影院多样性,包括电影节
	文化节	吸引国际或地区性游客的文化节庆活动
	舞蹈与芭蕾	城市拥有或临时演出的舞蹈与芭蕾舞团体
	手工艺品	对当地手工艺从业者的支持
	私人艺术馆	艺术品捐客及相关产业
	公共艺术馆	支持城市艺术发展
	公共艺术品	公共雕塑,室外艺术品与展览
	公共博物馆	衡量城市博物馆设施的发展水平
	讽刺与喜剧	衡量城市对戏剧的支持程度
	剧院与演出	中央商务区及其周边的剧院及演出
	青年活动	幼儿园到青少年的活动
	设计师	把图形、商业与工业设计作为创新型经济的核心技能
	绿色商务	城市绿色商务发展潜力
	音像产品生产	音像生产设施及产出
	旅馆	各类宾馆、汽车旅馆、旅舍等接待设施
	入境游客	到达游客数量
	国际会议	城市会议受欢迎度及其设施状况
	国际留学生	国际留学生数量及专业
	游客入境要求	入境签证要求及负担
	游客信息	各类英文及其他语言旅游信息
	财富分配	利用基尼系数或其他指数代表的社会财富公正度
	空气清洁度	空气质量
	天气与气候	气候适宜度

（续表）

类别	评价指标	指标说明
文化资产（63）	污染物排放	城市排放水平
	自然灾害	最近的自然灾害史及潜在的影响
	自然状况	影响生活品质和游客的自然资产,如海滩、公园、湿地等
	噪声	噪声来源及分类限制标准
	公共绿地	城市公园、自然与野生生物保护区
	水体质量	主要的水体特征,包括重要性、清洁度和舒适度
	时装设计师	时装设计师及服装秀
	咖啡馆/茶室	多样性、数量及其适宜性
	餐厅	餐厅质量
	食物多样性	衡量食物的多样性水平
	食品价格	基本快餐的负担能力
	书店	书店与书摊的数量
	期刊	期刊可获得性与零售摊点
	媒体审查	中央机构的媒体审查
	新闻媒体	城市新闻来源
	公共图书馆	免费的图书馆或媒体中心
	广电网络	地方广电网络的数量与独立性
	地下出版物	独立的地下报刊及异见者出版物
	网络审查	网络审查与控制
	自行车出行	受保护与指定的自行车设施
	街道	主要街道的布局与宽度
	步行城市	可安全步行的中央商务区
	古典音乐	成功的管弦乐队及古典音乐团体
	音乐场所	城市音乐场所数量
	夜生活	夜生活场所质量、多样性及管理规制
	歌剧院	歌剧院及其设施
	大众音乐	流行音乐从业者及其对未来现代音乐的支持
	另类人口	具有创造性与新奇想法的人口

（续表）

类别	评价指标	指标说明
文化资产（63）	受教育水平	当今及未来受教育劳动力水平
	妇女权益	妇女地位及社会公平度
	人口	代表市场大小的城市人口数量
	祭拜场所	教堂、清真寺及其他宗教场所
	健身设施	体操馆、室外及室内运动设施
	运动支持	对各种运动及体育产业的支持水平
	体育馆	城市内部及邻近体育馆的质量及现代化程度
基础设施建设（79）	电气设施	可再生能源，现有电力供给的可靠性
	食物供给	粗加工食物品质以及农场与食物供应商的远近
	供水设施	水处理与供水质量
	废物管理	废物处理与循环利用的综合性
	商业路径	衡量一个城市对商业的支持性
	信用卡接受度	对主要信用卡的接受度
	银行与融资	中央银行独立性与银行稳定性
	公司税负	公司税率
	外汇交易	主要货币种类外汇的可获得性
	跨国公司总部	跨国公司总部数量
	专业服务	会计、法律及其他专业服务
	公共聚会空间	各类聚会空间的可获得性及可承担性
	销售税	具有全球竞争力的低销售税
	全球机场连通性	与其他主要城市的空中航线
	语言	主要城市语言数量
	游客进入	游客到访的便利性
	旅行顾问	来自英美加、澳大利亚、新西兰的旅行顾问
	人均 GDP	按购买力平价计算的人均 GDP
	不动产价格	中心城区房产价格
	失业率	城市失业率
	艺术教育	大学与商业艺术教育

（续表）

类别	评价指标	指标说明
基础设施建设（79）	商业教育	商科选择及国际排名
	科学与工程	科学与工程设施及城市竞争力
	学生数量	学生规模
	大学教育	大学教育课程范围
	大学成果转化	衡量大学技术成果商业化能力
	政府反应度	政府在线反应度及服务能力
	政治稳定性	政府类型与最近的发展
	政治透明度	透明度与公开性以防止腐败
	公共服务专业化	专业化、教育与公共服务独立性的制度基础
	基本医疗	医生及医疗设施的数量和种类
	医院	私人/公共医院覆盖率及社区分类服务
	婴儿死亡率	常规婴儿死亡率
	居民寿命	常规预期寿命
	候诊排队	社区紧急及可选医疗服务可获得性
	产业集群	特定领域世界领先的产业集群
	制造业范围	工业制造活动范围
	制造业质量	制造产出质量及先进制造水平
	出版业	出版业及出版物分销链
	资源获取	国家层面城市可以获得的最佳资源
	纺织业	实现生产与销售的纺织供应链
	酿酒业	各类酿酒业的大小和代表性
	职员工资	高级白领的平均工资
	劳动力	现有人口中劳动力可获得性
	工作签证	合格的西方国家公民获取工作签证的时间和成本
	公民权利	对市民权利的限制，如言论自由、权力分割
	治安	社区警察队伍
	权力分割	权力结构分割与政府机构数量
	集装箱运输	城市最近的集装箱码头效率及集疏运便利性
	货物运输	多式运输及方式整合

（续表）

类别	评价指标	指标说明
基础设施建设（79）	邮政系统	邮政服务，分拣可靠性及服务频度
	铁路	轨道长度
	机场	航空运输模式记对城市输运体系的支持与整合
	汽车	道路质量与辐射范围，以及汽车共享与环境保护
	城市运输设施	受保护与指定的自行车设施
	市内交通	快速通道、铁路或空港
	国际机场	设施齐备的现代机场
	服务保障	日常服务可靠性与舒适度
	服务频度	高峰期与非高峰期偏远郊区的服务频度
	出租车服务	出租车服务的可获得性、安全性、可靠性及扶持政策
	交通覆盖度	现有城区及新郊区多种交通模式的分布
	犯罪	非暴力、非命案及偷盗
	暴力犯罪	谋杀、强奸、抢劫等暴力犯罪
	百货店	百货店的数量与专业领域
	电子商务	网络销售商的类型与占比
	地方市场	地方小吃、新鲜食品及其他小型商店
	当地商店	街区小店及多样化的当地摊贩
	零售设施	零售业的便利性、可预测性及现有设施
	小型零售集群	小型或多样化的零售集群发展
	公司创建	创建一个私人公司的时间及透明度
	商业基金增长	风险投资选择的广度和宽度
	初创企业	初创企业数量及相对经济能力
	初创企业办公空间	是否首个办公室，空间大小及价格
	宽带网络	城市经济发展中的宽带网络渗透
	固话网络	危机中的固话网络存在度，依然是全球商业的一部分
	政府 IT 政策	政府作为地方 IT 公司客户，有助于贸易与出口
	互联网用户	城市中的互联网用户
	移动电话网络	城市中的移动电话用户
	无线网络	世界一流的无线网络是一个城市商业与服务的核心

（续表）

类别	评价指标	指标说明
网络化市场（20）	多语言	城市多语言,主要全球性语言
	社会媒体	创新的工具和平台,以及低成本的全球商业信息沟通
	城市品牌	城市品牌认知度
	智慧服务	通过应用程序和移动浏览器为技术创新提供移动基础设施
	使馆与商务使节	贸易及外交设施的全球化布局
	邻里关系	影响贸易与长期经济财富的邻里关系
	国内市场健康	城市层面国内市场的健康
	国内市场大小	可以进入的国内市场大小
	出口	国家层面的出口规模
	外商直接投资	外商直接投资规模
	进口	国家层面的进口规模
	相邻市场大小	相邻或最近的贸易体市场大小
	外汇储备	国家外汇及黄金储备
	贸易多样性	贸易伙伴的多样性
	贸易伙伴国家	主要贸易伙伴或自由贸易区的健康度
	外贸依存度	城市对国外货物的依存度
	地理区位	城市地理位置的优越性
	贸易路线	全球贸易路线中的地位及关键节点
	军事力量	国家与城市层面的相对军事力量
	战略能力	城市权力及其所在国实施最惠贸易的能力

中国城市科技创新发展指数由首都科技发展战略研究院、北京师范大学创新发展研究院与西华大学创新创业学院联合发布,目的是在总结国内外科技创新发展战略基础上,构建城市科技创新发展指数的理论框架和指标体系,对中国城市科技创新的发展情况进行动态评估,发现问题并提出解决思路和对策建议。其创新指数评价指标体系由4个一级指标,12个二级指标和35个三级指标构成(表2-9)。

表 2-9　中国城市科技创新发展指数指标体系

一级指标	权重/%	二级指标	权重/%	三级指标	正逆
创新资源	14.3	创新人才	8.6	每万人在校大学生数	正
				城市化水平	正
				万名从业人口中科学技术人员数	正
		研发经费	5.7	地方财政科技投入占地方财政支出比重	正
				地方财政教育投入占地方财政支出比重	正
创新环境	20.0	政策环境	5.7	每万人吸引外商投资额	正
				企业税收负担	逆
		人文环境	5.7	每百人公共图书馆藏书拥有量	正
				每百名学生拥有专任教师人数	正
		生活环境	8.6	每千人口拥有医院床位数	正
				城市人均公园绿地面积	正
				每万人拥有公共汽车数	正
创新服务	14.3	科技条件	5.7	每万人移动电话用户数	正
				每万人互联网宽带接入用户数	正
		金融服务	8.6	新三板上市企业数	正
				年末金融机构贷款余额增长率	正
				创业板上市企业数	正
创新绩效	51.4	科技成果	5.7	每万人 SCI/SSCI/A&HCI 论文数	正
				每万人发明专利授权数	正
		经济产出	8.6	城镇居民人均可支配收入	正
				地均 GDP	正
				第二产业劳动生产率	正
				第三产业劳动生产率	正
		结构优化	5.7	第三产业增加值占地区 GDP 比重	正
				高科技产品进出口总额占地区 GDP 比重	正

（续表）

一级指标	权重/%	二级指标	权重/%	三级指标	正逆
创新绩效	51.4	绿色发展	14.3	万元地区生产总值水耗	逆
				万元地区生产总值能耗	逆
				城市污水处理率	正
				生活垃圾无害化处理率	正
				城市空气质量等级	正
		辐射引领	14.3	全市在校普通高校学生数占全省比重	正
				全市科学技术从业人员数占全省比重	正
				国家技术转移示范机构数	正
				ESI 学科进入全球前 1‰ 个数	正
				财富世界 500 强与中国 500 强企业数	正

四、全球海洋中心城市评估指标体系构建

(一)基本评估原则

1. 科学性原则

评估指标体系的科学性是指标体系具有意义的基本前提，它是对全球海洋中心城市状态的本质描述。能够全面而概括地反映全球海洋中心城市内涵的各个方面，对于主要内容不应有所遗漏。选择时应避免相似性、重复性、关联性过强的指标，力求选择与全球海洋中心城市相关且灵敏度高的指标，指标的选择要有科学的界定，具有合理的解释。

2. 战略性原则

全球海洋中心城市在未来区域海洋经济发展中具有核心发展的地位，因此在指标的设定应具有前瞻性。同时全球海洋中心城市是一个动态发展的过程，因此指标体系不能局限于对现实情况的评价，指标的设计要对全球海洋中心城市的发展趋势有充分的估计，既要包含对现在影响因素的反应，也要考虑未来影响因素。

3.整体性原则

全球海洋中心城市包含多种含义,涉及航运中心、金融中心以及海洋中心概念的界定,因此指标选择应兼顾各个方面。以全球中心城市为主体,兼顾海洋经济发展特色指标,从而界定全球海洋中心城市指标选取的范围。整个指标体系的设计要注重逻辑性与技术支撑,指标层的划分要有明确的层次性,指标之间尽量不要重复和交叉,同一层指标之间、上下层指标间都需要较为清晰的逻辑关系,下层指标的选择能够支撑上层指标代表的意义。

4.可行性原则

在建立指标体系时,选取的指标要易于指标数据的收集,且以权威性的发布平台来确定信息的可靠性。全球海洋中心城市涵盖内容较多,指标数据庞杂,因此在指标筛选中,应注重数据统计的权威性以及核算体系的一致性。在选取指标的基础上,还要考虑指标的可处理性以及数据处理的难度等问题,得出的结论和相应数值能够较容易地被理解和采用。

(二)评估框架设计

按照全球海洋中心城市的界定,其评估框架设计既建立在中心城市评价基础之上,又应突出一个城市的海洋特色,特别是在海洋经济、海洋科技、海洋文化及海洋贸易等领域的城市要素。从城市的国际影响力、国际竞争力和国际吸引力三大领域着手,考虑城市的区域控制与管理功能、协调与辐射功能、综合服务功能和文化信息传播功能等城市基本功能,统筹城市的经济、科技、文化、宜居、环境和交通等基本城市发展指标和港口物流、金融保险、文化旅游、海洋科技、国际贸易等海洋特色指标,围绕区域经济中心、区域创新中心、区域服务中心、区域文化中心、区域开放中心以及区域海洋中心六大中心建设,建立一个从指标筛选、数据采集、数据处理到专项评估、特色评估,最终实现综合评估,符合全球海洋中心城市建设现实需要的评估框架(图 2-1)。

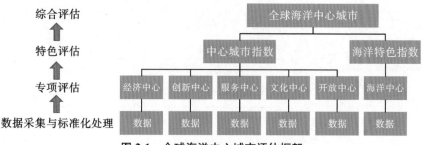

图 2-1　全球海洋中心城市评估框架

全球海洋中心城市的综合评估与特色评估要统筹协调。综合评估应注重传统城市要素和海洋特色的均衡发展,统筹考虑一个城市的宏观经济发展、基础设施建设、对外经贸与文化交流和海洋产业与科技发展。海洋特色评估则以海洋产业发展、海洋资源利用、海洋生态环境保护等为核心,重点突出城市的海洋发展中心地位,城市总体规模不一定很大,在传统的全球城市评估中也不一定占有优势地位,但海洋特色领域的影响力和竞争力绝对处在全球领先地位。

(三)评估指标选择

目前,除了国际航运中心等特色城市评估指标体系外,尚未发现一个综合性的涉海城市评估指标体系。由于对全球海洋中心城市的界定和解释还存在一定的争议,本书考虑利用一套综合的评估指标体系,对全球海洋中心城市建设进行评估,即指标选择覆盖城市基础要素支撑、社会经济发展基础、科技创新与对外开放以及海洋特色发展等城市全领域,具体城市评估则分为综合评估和海洋特色评估,并利用现有的各类全球城市评估指数结果,确定国内外全球海洋中心城市建设评估对象,建立相应的评估标准。

全球海洋中心城市建设评价指标选取主要借鉴全球城市评价指标及国家中心城市、国际航运中心、国际金融中心、国际创新城市以及城市文化资源配置评估等指标体系。通过对不同全球中心城市评价指标的比较分析,从全球海洋中心城市的国际竞争力、国际吸引力、国际影响力入手,参照评估框架中的经贸基础、科技教育、社会文化、城市服务、开放合作与海洋发展六大国际海洋城市发展要素,以区域经济中心、区域创新中心、区域文化中心、区域服务中心、区域开放中心、区域海洋中心为准则层,选择了 6 个一级指标,30 个二级指标对全球海洋中心城市进行综合和特色评估(表 2-10)。

表 2-10　全球海洋中心城市评价指标构成

目标	一级指标	二级指标
国际竞争力	区域经济中心	城市 GDP 总量/亿元
		近 5 年 GDP 年均增长率
		地方公共财政收入/亿元
		规模以上工业总产值/亿元
		世界 500 强企业入驻数量/家
		城市常住人口数量/万人

（续表）

目标	一级指标	二级指标
国际竞争力	区域海洋中心	地区海洋生产总值/亿元
		港口吞吐量/（亿吨/年）
		港口集装箱吞吐量/（万 TEU/年）
		接待滨海游客总量/（万人次/年）
		海岸线长度/千米
		海洋保护区面积/千平方千米
国际吸引力	区域创新中心	科技研发人员数量/人
		科技支出占公共财政支出比重
		规模以上工业企业 R&D 支出占主营业务收入比重
		国际知名高等院校/科研院所数量/家
		专利授权量/项
	区域服务中心	第三产业增加值占 GDP 比重
		年末金融机构存贷款总量/万元
		地铁运营总里程/千米
		人均病床数/（床/千人）
		机场旅客吞吐量/万人次
国际影响力	区域文化中心	博物馆/美术馆/图书馆数量/家
		外国留学生数量/万人
		公共教育支出/亿元
	区域开放中心	外贸依存度
		实际利用外资总额/亿美元
		国际友好城市数量/个
		国际入境游客数量/万人次
		国际空港航线数量/条

　　上述指标数据来源主要以国内统计年鉴为主，兼顾统计指标的国际性和影响力，力求与各类全球城市评估指标接轨，以便于城市间评估结果的横向比较。但限于国内统计数据与国外城市间统计数据的差异，以及国外城市统计数据的可获取性，本书选取的指标主要考虑国内城市评估需要，国外城市仅选择 3～5

个代表性的城市进行对照分析,通过已有的国际城市评价指数得分和国内城市进行比较并未按照本书确定的指标体系进行具体的城市排名测算,以避免评估误差。

(四)指标权重确定

现有的国际城市排名中,评价指标权重的确定一般有两种选择。一种是按照德尔菲法,通过专家打分进行确定;另一种则是按照评价指标代表性进行平均分配。相对于德尔菲法专家筛选和打分计算的烦琐,权重平均分配法相对更为简单实用,且更适用于一般的综合性城市评价指标权重确定。本书采用指标权重平均分配法,按照六大中心对指标权重进行平均分配,但相对偏重区域经济中心和海洋中心指标,具体的指标权重分配如下(表 2-11)。

表 2-11　各评价因素指标权重分配

目标	权重/%	一级指标	权重/%	二级指标	权重/%
国际竞争力	40	区域经济中心	20	城市 GDP 总量	3.3
				近 5 年 GDP 年均增长率	3.3
				地方公共财政收入	3.3
				规模以上工业总产值	3.3
				世界 500 强企业入驻数量	3.3
				城市常住人口数量	3.3
		区域海洋中心	20	地区海洋生产总值	3.3
				港口吞吐量	3.3
				港口集装箱吞吐量	3.3
				接待滨海游客总量	3.3
				海岸线长度	3.3
				海洋保护区面积	3.3
国际吸引力	30	区域创新中心	15	科技研发人员数量	3.0
				科技支出占公共财政支出比重	3.0
				规模以上工业企业 R&D 支出占主营业务收入比重	3.0
				国际知名高等院校/科研院所数量	3.0
				专利授权量	3.0

（续表）

目标	权重/%	一级指标	权重/%	二级指标	权重/%
国际吸引力	30	区域服务中心	15	第三产业增加值占 GDP 比重	3.0
				年末金融机构存贷款总量	3.0
				地铁运营总里程	3.0
				人均病床数	3.0
				机场旅客吞吐量	3.0
国际影响力	30	区域文化中心	15	博物馆/美术馆/图书馆数量	5.0
				外国留学生数量	5.0
				公共教育支出	5.0
		区域开放中心	15	外贸依存度	3.0
				实际利用外资总额	3.0
				国际友好城市数量	3.0
				国际入境游客数量	3.0
				国际空港航线数量	3.0

五、全球海洋中心城市评估应用研究

（一）评估对象的选择

从 2017 年发布的各类全球城市排名来看，进入排行榜的我国沿海城市中，除了香港、上海外，其他城市排名落后较多，但在国际航运中心、国际金融中心等专项城市评估中，国内城市排名相对要好一些，已基本具备冲击国际一流的基础条件。另外在国际创新城市排名中，国内沿海城市落后较多，排名最高的上海仅居第 32 位，进入前 100 名的只有深圳和广州，青岛、大连、厦门、宁波等国内知名滨海城市均排名在 300 位左右，与国外城市差距明显。由此可见，国内沿海城市在全球中心城市建设中的地位与国际一流城市尚有一搏，综合排名仍有很大差距（表 2-12）。

表 2-12　国内外重点城市相关指数排名(2017)

城市	ISCD	GFCI	ICI	GaWC	GCI	GPCI
新加坡	1	4	7	α^+	6	5
伦敦	2	1	1	α^{++}	2	1
香港	3	3	35	α^+	5	9
汉堡	4	29	40	β^+	—	—
上海	5	6	32	α^+	19	15
迪拜	6	19	28	α^+	28	23
纽约	7	2	2	α^{++}	1	2
鹿特丹	8	—	105	β^-	—	—
东京	9	5	3	α^+	4	3
釜山	14	46	78	—	—	—
宁波	18	—	322	足量	—	—
青岛	19	33	347	γ^+	109	—
广州	23	28	97	α^+	71	—
天津	24	63	249	β^-	91	—
深圳	27	18	69	β	80	—
厦门	29	—	304	γ	—	—
大连	31	96	299	γ	107	—

注:部分评价指数评估城市中未覆盖本书选择的一些城市,故部分城市排名数据缺失。其中,ISCD 为国际航运中心指数;GFCI 为国际金融中心指数;ICI 为全球创新城市指数;GaWC 为世界城市评估等级;GCI 为全球城市指数;GPCI 为全球强市指数。

考虑到国内外城市发展现实状况以及全球海洋中心城市建设定位,我国全球海洋中心城市建设应以现有的全球城市排名为依据,以伦敦、纽约、新加坡等全球城市综合排名前列的沿海国际化大都市为标杆,重点针对上海、深圳、广州、天津、青岛等国内已具备一定的地区中心城市基础,并具有鲜明海洋特色和资源优势的沿海城市进行评估比较,从而筛选确立未来国内全球海洋中心城市建设重点城市及其功能定位。

现阶段,全球海洋中心城市评估应突出区域中心城市基础和海洋发展特色,将城市经济基础和海洋发展指标作为全球海洋中心城市评估的核心元素,充分体现上海、深圳、广州等国内沿海一线城市的区域中心城市地位和青岛、天津、大连、宁波、厦门等沿海大城市的鲜明海洋特色。基于这种考虑,国内全球海洋中心城市评估对象主要选择 8 个重点沿海城市,包括上海、深圳、广州、天津、青岛、大连、宁波和厦门,纽约、伦敦、东京、新加坡、釜山等则作为国际对标城市进行比较分析。鉴于境外城市相关统计数据的可获取性,以及与国内城市同类数据的可比性,从现实可操作性出发,本书并不利用全球海洋中心城市评价指标体系来对境外城市进行评估,只是利用已有的各类全球城市评估结果,通过均一化处理和加权平均方法获取各城市的综合得分来进行排名,以求为国内沿海城市的全球海洋中心城市评估分析提供参考。

(二)数据采集与处理

1. 国际城市评估数据采集

国际城市评价采用 2017 年全球城市指数评估报告数据,包括以城市量化指数得分为评价标准的全球城市指数(Global Cities Index,简称 GCI)、全球强市指数(Global Power City Index,简称 GPCI)、全球创新城市指数(Innovation Cities Index,简称 ICI)、全球金融中心指数(Global Financial Centers Index,简称 GFCI)和新华-波罗的海国际航运中心发展指数(International Shipping Centre Development Index,简称 ISCD)。由于全球海洋中心城市评估主要针对世界沿海城市进行,特别突出了全球航运中心和金融中心城市功能,因此数据选取主要面向包括这类重点城市在内的评价指数。同时,因各类城市评估指数指标众多,偏重点各异,且涉及知识产权问题,具体的指标数据和选取标准大多未公开,所以只能以各类城市指数评估最终发布的结果来作为综合性的指标数据进行计算(表 2-13)。

表 2-13 国际沿海城市相关指数评价得分数据(2017)

城市	GCI	GPCI	ICI	GFCI	ISCD
纽约	63.2	1 386.3	59	793	75.48
伦敦	62.9	1 560.1	60	794	85.45
新加坡	39.1	1 224.6	54	765	96.49
东京	47.4	1 354.7	56	749	69.92
香港	44.7	1 090.1	48	781	85.25
上海	31.7	1 032.9	49	741	77.29

(续表)

城市	GCI	GPCI	ICI	GFCI	ISCD
汉堡	—	—	47	676	77.52
迪拜	—	969.6	49	709	75.58
鹿特丹	—	—	43	—	75.37
釜山	—	—	44	618	64.41

注:部分评价指数评估城市中未覆盖本书选择的一些城市,故部分城市数据缺失。

2. 国内城市评估数据采集

按照城市评估数据的可靠性及可比较性,同时为了便于计算和数据收集,本书尽量采取常见的国民经济统计指标,部分指标虽不是常规统计指标,亦可经过简单计算获得。国内沿海城市评估数据以 2016 年统计数据为主,少数统计年鉴中没有的指标选用了 2017 年数据。主要数据来源采用 2017 年出版的《中国城市统计年鉴》《中国港口年鉴》《中国旅游统计年鉴》《中国海洋统计年鉴》《中国专利统计年报》等全国性统计年鉴,部分数据来自相关城市统计年鉴、政府公报、政府网站等权威信息渠道(表 2-14~表 2-16)。

表 2-14　国际竞争力评估指标数据(2016)

一级指标	二级指标	上海	深圳	广州	天津	青岛	宁波	大连	厦门
区域经济中心	城市 GDP 总量/亿元	28 179	19 493	19 547	17 885	10 011	8 686	6 810	3 784
	近 5 年 GDP 年均增长率/%	7.16	9.48	9.46	10.94	8.92	7.72	7.2	9.16
	地方公共财政收入/亿元	6 406	3 136	1 394	2 724	1 100	1 115	612	648
	规模以上工业企业总产值/亿元	31 136	27 292	19 570	27 402	16 344	14 500	6 269	5 198
	世界 500 强企业数量/家	500	280	297	180	134	54	113	47
	城市常住人口数量/万人	2 419.7	1 190.8	1 759.5	1 360.4	525.7	468.8	412.8	520.1
区域海洋中心	地区海洋生产总值/亿元	7 311	1 480	3 028	6 056	2 515	1 337	1 172	545
	港口吞吐量/亿吨	7.02	2.14	5.23	5.51	5.00	9.22	4.37	2.09
	港口集装箱吞吐量/万 TEU	3 713	2 411	1 858	1 450	1 801	2 157	959	960
	接待滨海游客总量/万人次	30 475	11 630	18 500	19 100	8 081	9 371	7 738	7 831
	大陆岸线长度/km	213.1	260.5	130.1	153.2	730.6	835.8	1371.0	194.0
	海洋保护区面积/km²	661.8	9.2	460.0	393.1	658.0	541.8	6 882.2	414.9

表 2-15　国际吸引力评估指标数据（2016）

一级指标	二级指标	上海	深圳	广州	天津	青岛	宁波	大连	厦门
区域创新中心	科技研发人员数量/人	183 900	233 927	79 618	78 336	55 962	90 009	33 543	40 265
	科技占公共财政支出比重/%	4.94	9.58	5.81	3.38	2.12	4.49	2.79	2.80
	规模以上工业企业 R&D 支出占主营业务收入比重/%	1.43	2.84	1.25	1.30	1.90	0.96	1.85	2.57
	国内排名前 100 高校数量/家	7	3	5	3	3	2	3	1
	国内发明专利授权量/项	20 086	17 665	7 669	5 185	6 561	5 669	2 309	2 028
区域服务中心	第三产业增加值占 GDP 比重/%	69.78	60.05	69.35	56.44	54.73	45.23	51.36	58.57
	年末金融机构存贷款总量/亿元	157 149	94 728	74 823	56 409	25 899	32 003	25 184	16 933
	地铁运营总里程/km	615.0	285.0	391.6	182.0	104.8	74.5	79.0	30.3
	人均病床数/(张/千人)	8.75	9.92	9.28	5.92	5.98	5.65	7.10	6.32
	机场旅客吞吐量/万人次	9 412	4 354	7 404	1 645	2 051	779	771	2 274

表 2-16　国际影响力评估指标数据（2016）

一级指标	二级指标	上海	深圳	广州	天津	青岛	宁波	大连	厦门
区域文化中心	博物馆/美术馆/图书馆数量/家	409	293	141	107	130	55	28	68
	外国留学生数量/人	59 887	3 000	15 000	26 564	5 500	5 000	10 000	3 000
	公共教育支出/亿元	841.0	414.7	322.0	502.5	253.0	198.4	109.3	109.1
区域开放中心	外贸依存度	0.11	0.14	0.05	0.04	0.16	0.16	0.06	0.15
	实际利用外资总额/亿美元	185.14	67.32	57.01	308.26	70.03	45.13	30.02	22.24
	国际友好城市数量/个	86	22	37	22	25	14	38	20
	国际入境游客数量/万人次	572.6	168.3	414.1	335.0	66.3	62.4	88.7	116.2
	国际空港航线数量/条	300	40	157	107	21	13	15	28

3. 数据标准化处理

数据的标准化是将数据按比例缩放，使之落入一个特定区间。由于不同评估指标的度量单位是不同的，为了能够使指标参与评价计算，需要对指标进行规范化处理,通过函数变换将其数值映射到某个数值区间。一般常用方法如下。

最小—最大规范化对原始数据进行线性变换。假定 MaxA 与 MinA 分别表示属性 A 的最大与最小值。

$$v = \frac{A - MinA}{MaxA - MinA}(b - a) + a$$

将属性 A 的值映射到区间 $[a, b]$ 上的 v 值。一般来说,将最小—最大规范化用于评估指标数据上,常用的有以下两种函数形式。

效益型指标(越大越好型)的隶属函数为

$$f(x) = \begin{cases} 1, x \geqslant b \\ \dfrac{x - a}{b - a}, a < x < b \\ 0, x \leqslant a \end{cases}$$

成本型指标(越小越好型)的隶属函数为

$$f(x) = \begin{cases} 1, x \leqslant a \\ \dfrac{b - x}{b - a}, a < x < b \\ 0, x \geqslant b \end{cases}$$

z-score 规范化也称零—均值规范化。属性 A 的值是基于 A 的平均值与标准差规范化,A 的值计算公式为

$$v = \frac{A - \overline{A}}{\sigma_A}$$

小数定标规范化是通过移动属性 A 的小数点位置来实现的。小数点的移动位数依赖于 A 的最大绝对值,计算公式为

$$v = \frac{A}{10^j}$$

式中,j 是使得 $MAX(|v|) < 1$ 的最小整数。

为了便于直观比较,本书采用第一种方法对不同的评估指标数据进行均一化处理,即将各指标数据映射到区间 $[0, 1]$。同时,因本书采用的指标全部为效益型指标,故"1"代表最好得分,"0"代表最差得分,其他依次排列。

(三)案例评估

1. 国际中心城市综合评估

利用现有的全球中心城市评估指数数据,国际城市评估分为以下两个层面。

　　一是纳入全部六大全球城市评估指数的城市,包括英国伦敦、美国纽约、新加坡、日本东京、中国香港和上海,这也是目前世界上普遍认可的全球化沿海大都市。综合测算结果发现:伦敦综合得分高居首位,全球强市指数、全球金融中心指数及全球创新城市指数3个指数均排名第一,全球创新城市指数和全球航运中心指数排名第二;纽约综合得分排名第二,全球创新城市指数排名第一,全球强市指数、全球城市指数和全球金融中心指数3个指数均排名第二,只有全球航运中心指数排名相对落后。其后依次是新加坡、日本东京、中国香港和上海,其中上海的全球航运中心指数、全球金融中心指数等专项评估得分较高,但全球城市指数、全球强市指数与全球创新城市指数得分较低,与伦敦、纽约、新加坡、东京等领先城市差距较大,现阶段还算不上综合型的全球中心城市(图2-2)。

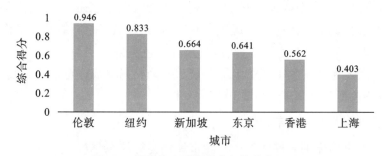

图 2-2　国际中心城市综合评估排名(一)

　　二是未纳入全球城市指数和全球强市指数评估,但在全球金融中心、全球航运中心和全球创新城市指数评估中的城市,除了前面的六大城市外,还包括国外的迪拜、汉堡、鹿特丹、釜山和国内的深圳、广州、青岛、天津、宁波、厦门、大连,共17个沿海城市。仅从全球中心城市金融、航运和创新三大专项评估指数得分来看,英国伦敦、美国纽约、新加坡、日本东京、中国香港、上海六大城市仍排名前六位,但排名顺序略有调整,新加坡超过纽约列第二位,香港超过东京列第四位。迪拜、汉堡、鹿特丹3个国际知港口城市紧随其后。国内城市除了香港、上海外,深圳、广州两个城市已超越韩国釜山,其后依次是青岛、天津、宁波、厦门和大连市,这与国内沿海城市发展现实基本相符(图2-3)。①

―――――――――

① 因鹿特丹、宁波和厦门3市没有纳入全球金融中心城市评估,故其评估只包括全球航运中心指数和全球创新城市指数两项内容,这在一定程度上影响到其最终的城市排名。

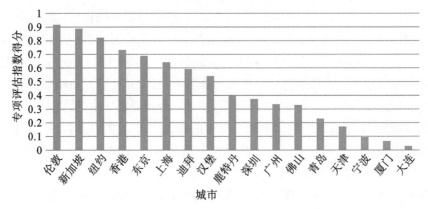

图 2-3　国际中心城市综合评估排名(二)

　　由此可见,国内全球海洋中心城市建设应分为两个层面。在综合型发展层面,瞄准上海、深圳和广州 3 个区域中心城市,以伦敦、纽约、新加坡等为标杆,确定综合型全球海洋中心城市建设定位;在特色型发展层面,以青岛、天津、宁波、厦门、大连为潜在发展对象,以迪拜、汉堡、鹿特丹等海洋特色中心城市为样板,确定特色型全球海洋中心城市建设标准。

2.全球海洋中心城市评估

　　按照本书构建的全球海洋中心城市评估指标体系,对已选择的上海、深圳等 8 个国内重点沿海城市进行评估,通过测算区域经济中心、区域海洋中心、区域创新中心、区域服务中心、区域文化中心和区域开放中心 6 个一级指标得分,分别计算国际竞争力指数、国际吸引力指数和国际影响力指数,并最终加总得出全球海洋中心城市指数。其中,全球海洋中心城市指数=国际竞争力指数+国际吸引力指数+国际影响力指数。

　　(1)国际竞争力指数评估

　　国际竞争力指数评估包括区域经济中心和区域海洋中心两大类 12 个二级指标。从区域经济中心评估得分来看,上海、天津、深圳和广州 4 个国内沿海大都市远远领先青岛、宁波、大连和厦门 4 市,包括城市常住人口、GDP 总量和世界 500 强企业数量。从区域海洋中心评估结果来看,上海领跑全国,大连、宁波、天津、广州、青岛 5 市位居中游,深圳、厦门 2 市则落后较多。国际竞争力指数评估结果发现:上海高居榜首,且远领先于其他各市;天津、广州、深圳、宁波、青岛、大连位列第二梯队,差距不大;只有厦门远远落后于其他城市,综合实力垫底(表 2-17、图 2-4)。

表 2-17　国际竞争力指数评估得分

一级指标	二级指标	上海	深圳	广州	天津	青岛	宁波	大连	厦门
区域经济中心	城市 GDP 总量	0.033	0.021	0.022	0.019	0.009	0.007	0.004	0.000
	近 5 年 GDP 年均增长率	0.000	0.020	0.020	0.033	0.016	0.005	0.000	0.018
	地方公共财政收入	0.033	0.015	0.004	0.012	0.003	0.003	0.000	0.000
	规模以上工业企业总产值	0.033	0.028	0.018	0.029	0.014	0.012	0.001	0.000
	世界 500 强企业数量	0.033	0.017	0.018	0.010	0.006	0.001	0.005	0.000
	城市常住人口数量	0.033	0.013	0.022	0.016	0.002	0.001	0.000	0.002
	小计	0.167	0.115	0.106	0.119	0.049	0.028	0.011	0.020
区域海洋中心	地区海洋生产总值	0.033	0.005	0.012	0.027	0.010	0.004	0.003	0.000
	港口吞吐量	0.023	0.000	0.015	0.016	0.014	0.033	0.011	0.000
	港口集装箱吞吐量	0.033	0.018	0.011	0.006	0.010	0.015	0.000	0.000
	接待滨海游客总量	0.033	0.006	0.016	0.017	0.001	0.002	0.000	0.000
	大陆岸线长度	0.002	0.004	0.000	0.001	0.016	0.019	0.033	0.002
	海洋保护区面积	0.003	0.000	0.002	0.002	0.003	0.003	0.033	0.002
	小计	0.128	0.032	0.056	0.068	0.053	0.076	0.080	0.004
	国际竞争力指数	0.295	0.147	0.162	0.187	0.102	0.104	0.091	0.024

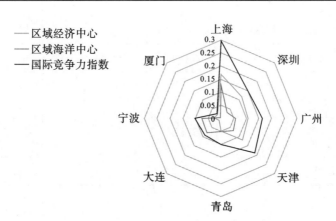

图 2-4　国际竞争力指数雷达图

（2）国际吸引力指数评估

国际吸引力指数评估包括区域创新中心和区域服务中心两大类 10 个二级指标。从区域创新中心评估得分来看，深圳和上海 2 市领跑，广州居中，其他 5 个沿海城市差别不大。从区域服务中心评估结果来看，上海、广州、深圳 3 市远领先其他城市，天津、厦门、青岛、大连差别不大，只有宁波落后较大，特别是人均病床数和机场旅客吞吐量两个指标均垫底。国际吸引力指数排名显示：上海市高居榜首，深圳、广州紧随其后，天津、青岛、厦门、大连、宁波 5 市差距不大（表 2-18、图 2-5）。

表 2-18　国际吸引力指数评估得分

一级指标	二级指标	上海	深圳	广州	天津	青岛	宁波	大连	厦门
区域创新中心	科技研发人员数量	0.023	0.030	0.007	0.007	0.003	0.008	0.000	0.001
	科技占公共财政支出比重	0.011	0.030	0.015	0.005	0.000	0.010	0.003	0.003
	规模以上工业企业 R&D 支出占主营业务收入比重	0.008	0.030	0.005	0.005	0.015	0.000	0.014	0.026
	国内排名前 100 高校数量	0.030	0.010	0.020	0.010	0.010	0.005	0.010	0.000
	国内发明专利授权量	0.030	0.026	0.009	0.005	0.008	0.006	0.000	0.000
	小计	0.101	0.126	0.056	0.032	0.036	0.029	0.027	0.029
区域服务中心	第三产业增加值占 GDP 比重	0.030	0.018	0.029	0.014	0.012	0.000	0.007	0.016
	年末金融机构存贷款总量	0.030	0.017	0.012	0.008	0.002	0.003	0.002	0.000
	地铁运营总里程	0.030	0.013	0.019	0.000	0.004	0.002	0.000	0.000
	人均病床数	0.022	0.030	0.026	0.000	0.002	0.000	0.010	0.005
	机场旅客吞吐量	0.030	0.012	0.023	0.003	0.004	0.000	0.000	0.005
	小计	0.142	0.090	0.109	0.035	0.024	0.006	0.022	0.026
	国际吸引力指数	0.243	0.216	0.165	0.067	0.060	0.035	0.049	0.055

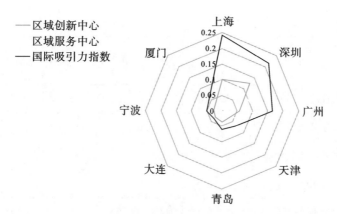

图 2-5 国际吸引力指数雷达图

（3）国际影响力指数评估

国际影响力指数评估包括区域文化中心和区域开放中心两大类 8 个二级指标。从区域文化中心评估得分来看，上海具有绝对优势，天津、深圳、广州 3 市尽管和上海差距较大，但领先于其他 4 个城市。青岛、宁波、大连、厦门 4 市的评估得分较低。区域开放中心评估中，上海也具有绝对优势，天津、广州、深圳、青岛 4 市位列第二集团，厦门、宁波和大连 3 市相对落后，特别是宁波的国际友好城市、国际入境游客和国际空港航线 3 个对外开放指标全部垫底，大连的 5 个指标全部排名倒数，厦门除了外贸依存度较高外，其他指标也全面落后。最终的国际影响力指数得分显示：上海远远领先，天津、深圳、广州位列其后，但与上海的差距明显；青岛、宁波、厦门 3 市水平接近，只有大连垫底（表 2-19、图 2-6）。

表 2-19 国际影响力指数评估得分

一级指标	二级指标	上海	深圳	广州	天津	青岛	宁波	大连	厦门
区域文化中心	博物馆/美术馆/图书馆数量	0.050	0.035	0.015	0.010	0.013	0.004	0.000	0.005
	外国留学生数量	0.050	0.000	0.011	0.021	0.002	0.002	0.006	0.000
	公共教育支出	0.050	0.021	0.015	0.027	0.010	0.006	0.000	0.000
	小计	0.150	0.056	0.040	0.058	0.025	0.011	0.006	0.005

（续表）

一级指标	二级指标	上海	深圳	广州	天津	青岛	宁波	大连	厦门
区域开放中心	外贸依存度	0.018	0.025	0.003	0.000	0.030	0.030	0.005	0.028
	实际利用外资总额	0.017	0.005	0.004	0.030	0.005	0.002	0.001	0.000
	国际友好城市数量	0.030	0.003	0.010	0.003	0.005	0.000	0.010	0.003
	国际入境游客数量	0.030	0.006	0.021	0.016	0.000	0.000	0.002	0.003
	国际空港航线数量	0.030	0.003	0.015	0.010	0.001	0.000	0.000	0.002
	小计	0.125	0.042	0.051	0.059	0.041	0.032	0.018	0.035
	国际影响力指数	0.275	0.098	0.091	0.117	0.066	0.043	0.024	0.040

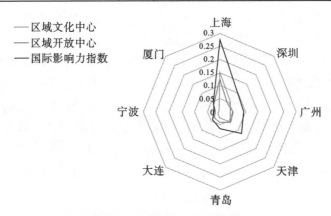

图 2-6　国际影响力指数雷达图

（4）全球海洋中心城市指数评估

全球海洋中心城市评估结果显示：上海的全球海洋中心城市指数得分最高，除了区域创新中心评估得分低于深圳外，其余 5 个一级指标得分均高居首位，综合得分达到 0.813 分，高出排名第二的深圳近一倍。深圳全球海洋中心城市指数得分排名第二，除了区域海洋中心、开放中心和文化中心得分较低外，其他 3 个指标均排名前列，特别是区域创新中心得分排名第一。其后是广州和天津，其中广州的区域经济中心和区域服务中心排名前列，天津的区域经济中心得分排名位列第二位。青岛、宁波、大连和厦门在全球海洋中心城市指数评估中排名落后，但大连和宁波的区域海洋中心排名仅次于上海，在国内占有一定优势（图 2-7、图 2-8）。

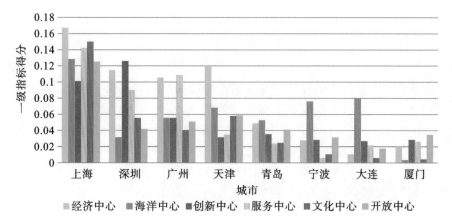

图 2-7　全球海洋中心城市一级指标评估

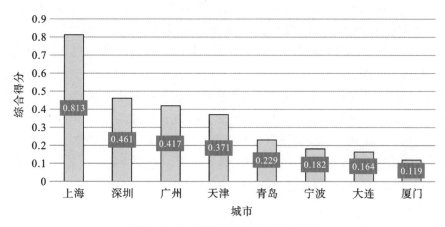

图 2-8　全球海洋中心城市指数评估

3. 结论

总的来看,全球海洋中心城市指数基本反映了国内沿海城市海洋特色全球中心城市建设的现状,主要城市指数评估排名符合当前的国内发展实际,构建的评估指标体系具有较高的可信度和可操作性,评估结果具有一定的指导意义。

目前,国内全球海洋中心城市建设还刚刚起步,上海在全球海洋中心城市建设方面的国内优势明显。但从全球视野来看,上海与伦敦、纽约等公认的全球中心城市相比还有落后。近年来,上海尽管在国际航运中心、国际金融中心建设方面取得了很大成就,但在综合实力方面仍有一定差距,不仅落后于伦敦、纽约两大国际大都市,也落后于新加坡、日本东京等城市。要想成为真正意义上的综合性全球海洋中心城市,上海还需要在多方面提升城市的综合竞争力和影响力。

对于国内全球海洋中心城市建设而言，上海明显领先于大部分城市，起到表率和示范作用。深圳和广州两市虽然具有一定的建设基础，但短板也相当突出，特别是深圳市的区域海洋中心建设差距明显，尽管在国内率先启动了全球海洋中心城市建设，但需要采取多种有效措施，加大投入以求实现突破。扬长避短、发挥优势、突出特色是天津、青岛、宁波、大连和厦门等国内沿海城市推进国际海洋特色中心城市建设的基本导向。

六、对策建议

全球海洋中心城市的提出顺应了全球化时代的海洋开发潮流，是依托城市发展蓝色经济、统筹陆海区域发展、提升海滨城市发展内涵和城市品质的有益尝试，反映了城市发展走向海洋、对外开放的全球大趋势。全球海洋中心城市建设不应该是全球城市的翻版，应重点突出其海洋特色，尽管需要城市自身发展的基础支撑，需要建立在全球中心城市建设基础上，但全球海洋中心城市建设不应局限于传统的全球城市认知，其建设需要全球城市的基础发展支撑、中心城市的影响力和带动力，但其作用更多是体现在全球海洋发展的中心上面。全球海洋中心城市不一定完全具备全球中心城市的地位和综合实力，但在海洋综合发展领域，或者在海洋产业、文化、科技等单一专业领域必须具备全球中心地位，其建设定位应更多地瞄准全球特色中心城市建设，这样可能更符合国际海洋中心城市建设实际。

为此，可以提出以下建议。

一是我国全球海洋中心城市建设应对标区域海洋中心城市建设，以城市的国际竞争力、国际吸引力和国际影响力提升为目标，进一步提升城市的综合发展能力和海洋特色，围绕区域经济中心、区域海洋中心、区域创新中心、区域服务中心、区域文化中心、区域开放中心六大中心建设，对国内主要沿海城市进行全方位的评估，发现差距与不足，找准方向，明确定位，以国际航运、金融、科技等涉海专业服务业发展为突破口，稳步提升国内沿海城市在全球海洋发展与全球治理中的影响力。

二是推进以上海、深圳为标杆的全球海洋中心城市建设，国家应尽快出台相应的配套政策和评估标准体系，结合国家中心城市及海洋经济创新发展示范城市建设，适时推出国家海洋特色中心城市建设示范项目，围绕国际航运、海洋科技、文化旅游、现代海工装备制造及海洋战略性新兴产业等重点发展领域，开展海洋特色中心城市建设试点，打造全球海洋中心城市建设的中国样板。

三是对现行的海洋管理与海洋经济统计体系进行优化调整,在国家海洋经济统计基础上,加快建立国家、省、市三级海洋产业及海洋综合管理统计指标体系,结合海洋中心城市建设和区域海洋经济创新发展示范区发展,构建符合沿海城市海洋开发与保护需要的海洋经济统计和运行监测体系,为我国沿海海洋经济可持续发展和城市建设提供信息保障。

四是以上海、深圳、天津、青岛、宁波等具有鲜明海洋特色和发展优势的沿海城市为重点,先期打造 2~3 个国家海洋中心示范城市,分别对标纽约、伦敦、东京、新加坡等全球海洋中心城市以及迪拜、汉堡、鹿特丹等海洋特色中心城市建设,发挥"一带一路"开放新优势,形成全球城市发展中的中国沿海特色海洋中心城市群,加速提升我国在全球城市发展和海洋治理中的影响力,进而推动海洋强国建设。

第三章　发达国家海洋经济发展的经验及对我国海洋经济高质量发展的启示

随着全球经济形势的变化,海洋逐渐成为各国竞逐的战略空间。美国、日本、英国等发达国家围绕海洋资源开发利用大力发展海洋经济,形成了较为完整的海洋产业体系,海洋经济实力不断增强。海洋已经成为已成为拉动国民经济发展的蓝色引擎,在国家总体战略中的地位不断上升。

一、发达国家海洋经济发展的经验

美国、日本等老牌海洋强国海洋开发历史较长,根据国家战略和经济社会发展需求,形成了各有侧重、各具特色的海洋产业发展格局,在推动深海远洋资源开发、海洋经济绿色发展、海洋再生资源利用等方面,形成了若干好的做法和经验,值得我国认真借鉴。

(一)积极推进深海远洋资源开发

1. 挪威大力开发南极磷虾资源

远洋渔业是指远离本国渔港或渔业基地,在别国沿岸海域或国际公海从事捕捞活动的渔业生产活动。世界远洋捕捞生产在 20 世纪 90 年代达到顶峰,远洋渔业总渔获量接近 4 000 万吨,占世界总渔获量的 1/3 左右。近年来,随着全球渔业资源衰退趋势愈加明显,各捕捞大国加大了对新型渔业资源的开发力度。其中,挪威对南极磷虾资源的开发最具借鉴价值。

南极磷虾一般指南极大磷虾,是一种产自南极海域的小型甲壳动物,环南极分布,分布面积至少有 1 900 万平方千米[1],资源极为丰富,生物量 6.5 亿~10 亿吨,是迄今发现的可供人类利用的最大的可再生动物蛋白库,生物学年可捕量可达 1 亿吨,相当于目前全球海洋捕捞总产量。南极磷虾的鲜肉中含蛋白质

---

[1] Atkinson A, Siegel V, Pakhomov E A, Jessopp M J. Loeb V. A re-appraisal of the total biomass and annual production of Antarctic krill. *Deep-Sea Research I*, vol.56 no.5, 2009, p.727-740.

17.56％,其中赖氨酸含量高于金枪鱼、斑节对虾和牛肉;脂肪酸含量高于对虾,不饱和脂肪酸含量高达 70.36％,人体必需脂肪酸中的亚油酸含量占不饱和脂肪酸的 4.02％。[①] 与传统海洋渔业资源的开发利用模式不同,南极磷虾开发产业是一种集传统捕捞业与精深加工于一体的、技术门槛高、产业链长、产业经济价值逐级大幅提升的新兴产业形态。在南极磷虾开发竞争中,挪威依靠先进的捕捞技术和较强的加工开发能力形成了有竞争力的商业模式,产量已跃居世界首位,其发展经验值得我国参考借鉴。

（1）有效的发展策略

磷虾捕捞发端于 20 世纪 70 年代,当时日本和苏联进行了磷虾捕捞探索。挪威进入磷虾捕捞较晚,2003 年起以南太平洋瓦努阿图船旗形式试捕,2005 年起正式悬挂挪威船旗进行捕捞。挪威磷虾产业的快速发展与其恰当的发展策略密切相关。首先,挪威利用老牌海洋捕捞大国的基础,较好地为磷虾捕捞业发展提供了全方位的支撑,包括利用其长期在南极海域捕鲸的经验、完整的渔船渔具生产体系、数量众多的远洋渔船等条件,迅速构建起了南极磷虾捕捞加工装备体系;其次,挪威采取了循序渐进的发展路径,发展初期利用老旧拖网船和货船改装建造磷虾捕捞、加工船只,不仅降低了成本,也缩短了建造周期,在较短时间里形成了强大生产能力。最后,挪威较好地利用了其原有的渔业补贴制度,集中支持相关企业进行技术研发和商业模式开发。如挪威的阿克海洋生物（Aker Biomarine）公司拥有南极海洋生物资源养护委员会（Commission for the Conservation of Antarctic Marine Living Resources,CCAMLR）发给挪威的 4 张磷虾捕捞许可证中的 2 张,在规模化生产的基础上,发展了一系列磷虾捕捞和加工技术,利用竞标的方式取得了由欧盟海洋管理委员会（Marine Stewardship Council,MSC）颁发的创新水产食品生物安全证书,获得了磷虾油在欧盟地区的销售权,成为挪威磷虾捕捞和市场开拓的主力军。

（2）先进的捕捞技术

挪威阿克海洋生物公司的"水下连续泵吸捕捞"技术堪称国际上最为先进的磷虾捕捞技术。该技术利用安装于囊网的吸泵与柔性管在水下将拖网捕获的鲜活磷虾源源不断地输送至船上,从而避免了起放网的烦琐传统作业程序,既大大降低了船员的劳动强度、节省了时间、提高了捕捞效率（日产可达 500 吨）,又保证了磷虾的完整性和新鲜度。水下连续泵吸捕捞已成为磷虾捕捞技术新的发展方向,其捕捞效率是我国目前使用的拖网技术的 2～3 倍。除捕捞

---

① 孙雷、周德庆、盛晓风:《南极磷虾营养评价与安全性研究》,《海洋水产研究》2008 年第 2 期,第 57～64 页。

技术外,挪威的磷虾加工技术也处于世界领先水平。其磷虾原料的出粉率最高,单船产能也最大,生产 1 吨磷虾粉仅需鲜虾 7~8 吨,而我国自主安装的生产设备则需要 10~14 吨。阿克海洋生物公司开展了船上磷虾油的提取和陆基磷虾油精炼,已经达到规模化的商业开发水平。

(3)有竞争力的产业链条

近 10 年来,挪威依托先进的捕捞技术进入南极磷虾产业,已经发展形成了以虾油营养保健品为主要产品,饲料用虾粉、虾油为基础产品,包括磷虾捕捞、加工、销售等众多环节的完整的产业链条,走出了一条由高效捕捞技术支撑、人类食品与养殖饲料等大宗产品托底、高附加值营养保健品为利润增长点的新兴产业。磷虾捕捞位于南极海域,产品运输成本高。因此,海上加工能力对于提高企业竞争力极为重要。以挪威磷虾海产品公司(挪威阿克海洋生物公司、挪威磷虾海产品公司)和挪威莱尔维克渔业公司(Ervik Marine Services)为代表的挪威磷虾捕捞企业均拥有磷虾海上加工船,进行包括原虾冷冻、虾粉生产、脱壳取肉、蛋白提取以及虾油提取等初级加工。磷虾粉在运回后,通过陆上后续加工,大部分制成养殖饲料,应用于鱼类养殖,尤其是鲑鳟类养殖。磷虾油中,二十碳五烯酸和二十二碳六烯酸所占比例达 80%,远高于普通鱼油;磷脂在虾油中的占比达 40%,具有很高的保健和医疗功能。应用磷虾油开发的保健品,已经成为附加值最高的磷虾产品,表现出巨大的市场潜力。阿克海洋生物公司的磷虾油产品 Superba™ 已经在国际市场上取得较好的销售业绩。2016 年销售收入达到 11.7 亿美元。其中,在功能食品方面,以补充 ω-3 脂肪酸为主要定位的磷虾油产品销售量达到 10 亿单位;在饲料方面,磷虾添加饲料养殖三文鱼达到 1.75 亿尾,生长速度提高了 10%~24%。[①]

挪威的磷虾捕捞业代表了欧洲对远洋渔业资源开发的整体趋势。作为拥有悠久商业捕捞传统的国家,欧洲各国对远洋渔业非常重视。欧盟已将远洋渔业作为海洋渔业持续发展的战略选择,超过 1/4 的海洋捕捞产品来自欧盟专属经济区以外水域,其中基于渔业协定的捕捞量约占 80%,公海捕捞占约 20%,主要集中在地区性渔业组织管理的公海海域。[②] 新的欧盟共同渔业政策基于生态系统管理原则,对欧盟水域的捕捞活动加以限制,但鼓励主要渔业国家的远洋渔业活动,对远洋渔业生产的各个环节都给予财政补贴,取得了显著成效。这对于资源环境约束下的我国海洋渔业转型发展,具有较高的借鉴价值。

---

① akerbiomarine. "Who we are". https://www.akerbiomarine.com/who-we-are,2019-3-18.

② European Commission. "Fishing outside the EU". http://ec.europa.eu/fisheries/cfp/international/index_en.htm,2019-3-18.

2.美国稳步开发深海油气资源

随着陆地传统油气资源储备的下降,浅海油气开发趋于稳定,深海油气成为世界油气供给的重要替代资源。随着各海域深水油气的不断发现,深水油气产量不断提高。预计到2035年,全球深水油气产量将占到全球油气供应量的22%至25%。

当前,全球海上油气勘探新发现平均作业水深已超过500米,全球进入了深水油气开发阶段。深水油气产量日益增大,2017年达到670万桶/天,深水油气产量已占到全球海上油气产量的27%,占全球油气产量的9%。所开发的深水油气主要来自巴西、美国墨西哥湾、安哥拉、尼日利亚等重点海域。深水油气勘探开发项目运营效率大幅提升,经济性不断提高。国际石油公司通过优化项目方案和管理模式,大幅提升深水作业效率。以单井钻完井时间为例,2014—2018年,巴西地区减少20%,北海地区减少42%,美国墨西哥湾地区减少30%。深水项目成本已普降40%。

深海油气业具有高技术、高投入、高风险特征,产业技术含量和进入门槛高。美国的深海油气开发时间较长,始终走在国际深海油气开发的前列,在发展模式、产业政策、技术体系等方面,有诸多经验值得我国借鉴。

(1)推动海洋油气开发从浅水向深水挺进

海洋油气勘探开发在美国海洋经济中长期占据重要地位。2016年增加值782.7亿美元,占美国主要海洋产业增加值的约1/3。2016年,美国开展海洋油气业相关经营活动的企业达到4 305家,从业劳动力12.6万人。近10多年来,美国政府推动海洋油气开发由近岸向离岸海域发展。联邦管辖海域产量的稳步上升和州管辖海域产量的大幅下降,成为美国海洋油气生产的一个显著趋势。[1] 2016年联邦政府管辖的外大陆架(离岸3海里外)石油产量已超过海洋石油产量的95%。墨西哥湾中部深水区逐渐成为海洋油气的主产区,海洋油气产量占全国的90%左右;北太平洋加利福尼亚外侧海域是美国海洋油气的另一个重要产区。

(2)加快深海油气勘探开发技术发展

深海油气勘探开发面对复杂的海洋环境,技术创新涉及多学科交叉和多领域合作。多年来,美国政府始终将深海油气勘探开发技术工程装备作为海洋工程技术发展的重要领域,将海洋油气工程装备研发设计、平台上部模块和高端

---

[1] Booz Allen Hamilton, "NOAA Report on the Ocean and Great Lakes Economy of the United States", http://csc.noaa.gov/, 2016-11-20.

装备总装建造、关键通用和专用配套设备集成供货等领域作为重点发展方向，在海洋工程装备的运输与安装、水下生产系统安装、深水铺管作业市场中占据了主导地位，抢占了海洋油气工程产业链的高端。深海油气勘探技术开发不仅带动了油气产业发展，也广泛辐射到造船、计算机、自动化、通信、测量、运输、国防等诸多技术领域。因此，围绕蓬勃兴起的深海油气勘探开发，形成了一个颇具活力的高新技术产业集群。随着海洋油气勘探开发深度不断增加，海洋油气开发设备从传统的固定式平台发展到自升式、半潜式平台及钻井船、浮式储油船等多种现代化的海上油气开发装备，海上油气钻探与开发技术的突破推动了深海油气开发进程。

（3）谋求深海科学技术发展的主导权

美国深刻认识到深海对于国家安全与发展的重要价值，采取了以深海科学技术主导国际深海开发的战略，始终保持着在深海科学研究和技术开发的领先地位。早在 1968 年，美国就率先启动了"大洋钻探计划"，至今已在全球各大洋钻井近 3 000 口，从而确立了美国海洋勘探大国的地位。在国际深海油气资源勘探与开发过程中，各类高新技术不断得到实践和运用。地理信息系统技术为海洋环境监测、海洋预警提供了帮助；声探测技术、光成像技术、海底原位探测和取样、海底载人或无人深潜器、水下机器人等技术以及海洋地球物理、地球化学联合勘探等技术已被运用到深海油气开发实践中，取得了良好的效果。美国在深海开发领域积累了雄厚的科研基础和工程技术储备，为深海油气发展奠定了坚实基础。

（4）开展多种形式的国际合作

受到特定海域环境和技术条件的制约，合作开发成为各国深海油气业发展的重要选择。除保持对墨西哥湾油气开发的主导外，美国还积极开展国际合作，积极参与在中东、非洲和亚太地区的海洋油气资源开发活动，以合作开发、装备供应、技术服务等方式，建立了与当地企业稳定的联系，提高了对全球海洋油气资源开发的参与度和影响力。

（5）不断完善监管体系

在离岸深水海域进行规模化的海洋油气开发，是具有较大环境风险的经济活动。美国在推动海洋油气向深水发展的同时，也在不断调整其监管政策，力图最大限度地控制环境风险。针对 1969 年加利福尼亚州的海上石油泄漏事件，美国国会于 1981 年通过法案，暂停距离海岸线 4.8～322 千米的大陆架石油开采活动；针对 1989 年阿拉斯加石油泄漏事故，1990 年布什总统签署行政命令，扩大了禁采区范围，1998 年克林顿总统将禁令有效期延长到 2012 年。2010

年,在墨西哥湾石油泄漏事故发生后,美国总统奥巴马宣布了为期 6 个月的勘钻禁令。在对海洋油气管理体制进行深刻反思的基础上,按照避免利益冲突的原则,对矿产资源管理局进行改组,新成立了海洋能源管理局①、安全与环境监管局、自然资源收入办公室,将资源使用金征收与环境管理职能分开,从体制上减小对资源环境监管的干扰。2012 年,美国提出了一个全面的海洋油气开发五年计划,推动对墨西哥湾、楚科奇海、波弗特海、库克湾等海域共 6 个区块油气资源的开发,并配套加强了对开发活动的监督和管理。在特朗普政府上台后,美国大大加快了对海洋油气开发的限制。2018 年 1 月,特朗普总统宣布允许在美国几乎所有的海域进行油气钻井活动。其计划开放的油气区块租约数量达到 47 个,几乎解禁了美国所有的海上油气勘探禁区。这为美国墨西哥湾和阿拉斯加海域的深水油气的更大规模开发扫清了政策障碍。

(二)努力促进海洋高技术产业化

1. 英国支持海洋能技术商业化应用

20 世纪 90 年代以来,以海上风能、潮汐能、波浪能发电为代表的海洋电力业进入商业化发展阶段。随着大型电力企业和公共、私有资本的积极参与,海洋电力设备研发与产业化示范取得了显著进展,英国、美国、加拿大、挪威、日本、丹麦、中国等国家都在实施海洋能研发计划②,逐渐形成了以欧洲和北美为两大核心技术密集区的产业发展格局。

在海洋电力业全球竞争中,英国的海洋可再生能源技术发展最为迅速,产业发展前景最为明朗。英国波浪能、潮流能装机容量均位居世界首位,涌现了诸如海蛇发电(Pelamis)、海上电力(Aqua-marine Power)、英国洋流涡轮机公司(Marine Current Turbines)等一批国际知名的创新性企业,巩固和强化了在全球海洋可再生能源技术开发和商业应用方面的优势地位。英国所实施的持续有效的政策推动措施,是海洋可再生能源产业快速发展的根本原因之一。

(1)制定路线图,明确发展方向

20 世纪 70 年代以来,英国制定了强调能源多元化的能源政策,鼓励发展包括海洋能在内的多种可再生能源。2003 年英国发布《能源政策白皮书》,将海洋

---

① Bureau of Ocean Energy Management. "About BOEM". http://www.boem.gov/About-BOEM, 2014-12-13.

② OES "Marine Energy Matters. Marine Energy Global Development Review 2011". http://www.o-cean-energy-systems.org/library/market-reports-and-state-of-the-art/document/marine-energy-glob-al-development-review-2011, 2019-3-19.

能源作为一个优先发展领域,并强调对这一部门的 R&D 支持将会带来较大的发展突破。2007 年 5 月,英国政府修改《可再生能源义务法令》,明确指出波浪能和潮汐能等新兴技术将从资本补助和其他政策中获得支持。2010 年,英国发布了《海洋能源行动计划 2010》,提出了 2030 年英国海洋可再生能源发展愿景,提出了下一步的 4 个发展阶段,即真实条件的实验、小规模阵列、大规模阵列和工程扩建。2011 年发布《英国海洋可再生能源发展路线图》,提出到 2020 年海洋能装机容量应达到 2010 年英国电力需求总量的 15%,到 2030 年达到 30%～45%[①]。2017 年英国政府发布的《清洁增长战略》指出,海洋能源技术可在英国的长期脱碳过程中发挥作用。

(2)强化政策支持,提高产业竞争力

多渠道、高强度的资金支持是英国海洋可再生能源利用快速发展的主要动力。英国在财政支持方面给予了海洋能大力支持。从海洋能基础理论研究,关键技术研发,海上试验,示范运行,到阵列化应用,财政资金给予了全链条式的支持。学术研究委员会、技术战略理事会、能源技术研究院、碳信托基金、英国环境改造基金等公共机构都向海洋可再生能源利用研究提供了大量的资金支持。2000 年起,英国政府对从事海洋可再生能源开发的企业提供建设补助金,鼓励海洋能发电装置的研究开发。2004 年,英国政府设立了 5 000 万英镑的专项资金,重点开发海洋可再生能源。英国还实行了可再生能源义务证书结合制度,对海洋能技术发电厂奖励可交易证。2006 年,英国贸工部发起建立了海洋可再生能源部属基金,总资金额达到 5 000 万英镑,用于海洋可再生能源利用技术研发与商业化前期的技术转化研究。其中,用于资助波浪与潮流能示范计划的资金达到 4 200 万英镑。2009 年,英国又宣布了 4 860 万英镑的公共资金支持。2013 年,开始实行差额合约固定电价政策。据统计,2000—2017 年,已投入超过 3 亿英镑公共资金用以发展海洋能。包括设立 Supergen 计划支持海洋能基础研究,通过 ETI 支持海洋能关键技术研发,通过碳基金设立 MRPF 海试基金支持海洋能发电装置开展海试验证,设立 MRDF 示范基金支持海洋能装置示范运行,通过 MEAD 阵列示范基金支持海洋能装置阵列化示范。英格兰、苏格兰、威尔士政府也通过直接资助来支持海洋可再生能源开发。此外,包括英国在内的欧洲各国为应对气候变化实行了"碳税"政策,并普遍采用了可再生能源配额制度,客观上减小了海洋可再生能源相对于传统能源的成本劣势。

---

① Department of Energy & Climate Change of the UK. "UK Renewable Energy Roadmap". http://www.ocean-energy-systems.org/library/roadmaps/document/uk-renewable-energy-roadmap, 2019-3-19.

(3)完善管理体制，夯实发展基础

2000年以来，为适应海洋可再生能源迅速发展的形势，英国政府对潮汐能、波浪能和海洋风能项目的许可规则进行了多次调整。2004年以前，项目许可被限制在领海范围以内，只要开发地域位于领水范围内且规划符合法律要求、涡轮机不超过30个且占地面积不超过10平方千米，开发者就可自由选择场所进行投资。2004年将开发范围从领海扩大到大陆架。2005年，将泰晤士河口、沃什湾和利物浦海湾规划为海洋风能开发区域。2009年进一步将可开发范围扩展到位于北海、爱尔兰海、英吉利海峡的9个区块。为提高项目管理效率，英国取消了相关各类许可，采用了单一的海洋许可证管理，英国皇家地产被授权负责针对可开发区块的开发权进行招标，基础设施规划委员会负责许可证发放，不仅提高了管理效能，也使项目开发更加接近规划设计。

(4)注重科学规划，提高可持续性

海洋可再生能源项目使用海域面积大，与渔业、航运业等传统产业存在一定的竞争性用海关系。对此，英国政府高度重视海洋可再生能源与其他产业协调发展，在相关行政管理方面积累了成功的经验。英国出台了包括《爱尔兰海自然资源保护的海洋空间规划》(2004)、《苏格兰海洋可持续环境行动方案》(2005)、《苏格兰海：为了更好地了解其状态》(2008)、《海洋和沿海进入法案》(2009)、《海洋(苏格兰)法案》(2010)等一系列海洋空间规划法案，并于2010年成立了海洋管理组织，对北海大部分海域进行空间规划。另外，海洋环境影响也是英国海洋可再生能源管理的一个重要方面。英国明确规定浅海区域、沿海景观区域、海岸线13千米范围区域不允许海洋风能开发。在允许潮汐能开发的彭特兰湾区块，英国政府规定在项目立项前必须进行环境评价，对海洋生物和生态影响进行评估。严格的管理制度为英国海洋可再生能源产业的可持续发展创造了良好条件。2012年开始，亚特兰蒂斯资源公司在苏格兰彭特兰湾建设总装机398兆瓦的潮流能发电场(MeyGen)，是迄今为止世界最大的潮流能规模化开发利用计划。2016年11月至2017年2月，由1台亚特兰蒂斯资源公司的HS1500水平轴式机组和3台挪威安德里茨公司的HS1500水平轴式机组组成的一期工程首阶段(6兆瓦)潮流能发电阵列布放完成，并实现并网运行。

(5)建设公共平台，优化发展环境

英国不仅积极支持海洋可再生能源的科学研究、技术开发和产业服务，而且特别重视新技术的试验、示范和推广。为降低技术研发和商业示范成本，英国一直把相关基础设施建设作为支持海洋可再生能源发展的一项重要举措。2004年建成了世界首个海洋能试验场——欧洲海洋能中心。欧洲海洋能源中心(European Marine Energy Centre,EMEC)是世界上第一个海洋能发电装置测试及认证中心,由苏格兰政府利用公共资金投资建设,目前已发展成国际最权威的海洋能装置测试认证结构。EMEC 拥有 14 个全比例尺潮流能和波浪能并网测试泊位,还建有 2 个小比例尺测试泊位,用于为小比例尺或处于研发初期的全比例尺海洋能发电装置提供一般海洋环境条件下的实海况测试服务。目前已经对 9 个国家的 17 家公司的 27 台海洋能发电装置进行了测试,开展了100 多个研究项目。50% 的在测试技术来自英国公司。2014 年,在英格兰康沃尔郡建设世界最先进的波浪能技术测试中心——Wave Hub 试验场。试验场离岸 16 千米,建有完善的并网设施以及欧洲最佳的波浪能资源,场区面积约为8 平方千米。海洋能试验场的建设,为欧洲各国不同波浪能和海流能装置提供实验平台,不仅大大降低了投资成本,而且加快了开发装置的商业化进程。

2. 中东国家推动海水淡化产业化开发

据联合国统计,目前全球淡水消耗量比 20 世纪初增加了 6～7 倍,约有 14亿人缺乏安全清洁的饮用水,即平均每 5 人中便有 1 人缺水。估计到 2025 年,全世界将有近 1/3 的人口面临缺水,将会波及 40 多个国家。因此,寻找新的淡水资源已成为缺水国家或地区所面临的严峻挑战。近年来,随着海水淡化技术的发展和社会需求量的加大,世界海水淡化产业规模不断扩大。2017 年,全球有 160 多个国家和地区在利用海水淡化技术,已建成和在建的海水淡化工厂有接近 2 万个,合计淡化产能约为 10 432 万吨/日。世界近半数海水淡化能力分布在中东地区。沙特堪称中东地区的海水淡化王国,拥有目前世界上最大规模的海水淡化企业。2017 年,沙特海水淡化占全球产能的 20%,阿联酋占 12%,科威特占 7%。沙特、以色列等国家 70% 的淡水资源来自海水淡化。中东地区海水淡化产能的提升与规模的扩张很大程度上得益于政策扶持,其中一些做法能够为我们提供借鉴。

(1)站在国家战略高度推动产业发展

中东地区海水淡化产业的发展既有资源环境方面的原因,也得益于建立在石油经济之上的产业多元化政策。以沙特、阿联酋为代表的中东国家立足国家长远发展,将海水淡化产业作为优化经济结构、改善资源制约的战略性产业,建立了政府主导型发展模式。沙特大规模进行海水淡化始于 20 世纪 60 年代。为推动石油工业和国家经济的多元化发展、克服水资源短缺问题,沙特在 20 世纪 60 年代初制定了"解决严重缺水地区居民食用水供应的短期计划"和"根据国家紧急发展远景目标在全国建立大型海水淡化厂的长远计划",并于 1965 年成立了海水淡化总公司,全面负责海水淡化工程建设。以色列于 2000 年发布了一项海水淡化利用规划,计划在 5 年内实现年产 4 亿立方米淡水的海水淡化产能,并同时发展当地的苦咸水淡化系统。2006 年,以色列政府根据《水法》的修正案,专门成立了负责淡水供应的水务管理局,全面负责全国海水淡化规划组织工作。2017 年,以色列海水淡化量近 5.9 亿立方米,约占全国饮用水总量的 70%。

(2)建立有效的政策支持体系

一是加大政策支持力度。中东国家为了解决日益紧缺的淡水资源问题和促进海水淡化产业的发展,在加大资金投入的同时,积极研究制定鼓励发展海水淡化政策措施。如阿联酋对发电设施和供水设备的进口没有限制,只征收 4% 的关税;以色列对海水淡化、苦咸水淡化和废水回用等提出了明确目标,并对海水淡化项目提供税收补贴。二是强化监管。成立专门机构(如以色列专门设立了水资源委员会,具体负责海水淡化水的定价、调拨和监管)、完善相关技术标准、严格市场准入(如阿联酋对海水淡化项目进行海洋环境影响前期论证和后期评估),促进海水淡化产业健康有序发展。三是加强示范和推广。阿联酋、以色列、沙特均通过示范对海水淡化产业的发展进行引导,促使海水淡化产业快速发展。

(3)坚持市场主导与政府引导相结合的发展模式

中东地区的海水淡化工程通常由政府出资建设和管理,极大推动了产业初期发展。随着海水淡化技术快速发展和市场机制完善,中东国家普遍采取政府引导与市场化运作相结合的模式,在保证政府对淡化水控制权的前提下引入竞争机制,允许私营和外资企业进入,降低海水淡化工程的建设投资和运行成本。BOT(建设—经营—转移)和 BOO(建设—拥有—经营)是主要融资模式。BOT方式是项目公司在协议期内拥有、运营和维护设施,并通过收取使用费或服务费用回收投资,取得合理回报,协议期满后,设施的所有权无偿移交给政府。BOO 是承包商根据政府授予的特许权,建设并经营某项基础设施,但并不将此基础设施移交给政府。例如,阿联酋政府为了迅速改变水资源短缺现状,允许外国公司投资建设淡化水和电力联产联供的水电联合企业,外国企业最多可持有 40% 的股权,政府持有 60% 的股份,实现对企业的控制。以色列在海水淡化工程的建设和融资模式上主要采取 BOT 和 BOO 模式。海水淡化厂的承包商主要是私人企业,政府对初期投资给予支持并在合同中明确由政府保证最低购买量及购买价,以降低投资者的风险。

(4)规模化开发降低单位成本

随着技术发展和需求增加,海水淡化企业规模不断扩大。目前,世界上最大的多级闪蒸海水淡化企业是沙特阿拉伯的舒艾巴(shuaiba)海水淡化厂,日产淡水 46 万立方米;世界上最大的低温多效海水淡化厂是阿联酋全球铝业公司旗下的阿布扎比铝精炼厂(Taweelah A1)海水淡化厂,日产淡水 24 万立方米,共有 14 套装置组成,每台装置日产水量为 1.7 万立方米;世界最大的反渗透海水淡化厂是以色列南部地中海岸工业区的阿什凯隆海水淡化厂,日产淡水 33 万立方米。在海水淡化规模不断扩大的同时,海水淡化成本也逐渐降低。在成本构成上,运行及维护、能源消耗和投资成本逐年下降,从而使海水淡化成本长期下降的趋势得以持续。20 世纪 90 年代以来,海水淡化成本下降了约 70%。以以色列索雷科(Sorek)公司为例,2016 年每吨饮用水价格仅 58 美分。

(5)推动多种技术集成发展

水电联产主要是指海水淡化水和电力联产联供。由于海水淡化成本在很大程度上取决于消耗电力和蒸汽的成本,水电联产可以利用电厂的蒸汽和电力为海水淡化装置提供动力,从而实现能源高效利用和海水淡化成本降低。中东地区大部分海水淡化厂都和发电厂建在一起,是大型海水淡化工程的主要建设模式。热膜联产主要是采用热法和膜法海水淡化相联合的方式,满足不同用水需求,降低海水淡化成本。目前,世界上最大的热膜联产海水淡化企业是阿联酋富查伊拉海水淡化厂,日产淡水 45.4 万立方米。其优点是投资成本低、可共用海水取水口、两种装置淡化水可以按一定比例混合满足各种各样的需求。

(三)推动传统海洋产业绿色发展

1. 挪威打造全球领先的绿色海水养殖业

20 世纪 80 年代以来,世界海水养殖产业获得了快速发展。海水养殖已成为弥补近海渔业资源衰退和保障当地水产品供给的重要产业。在世界主要海水养殖的国家中,中国、印度、越南、印尼等亚洲发展中国家的产量较高,而以挪威、日本、美国等为代表的发达国家养殖模式更为先进。

在世界海水养殖业快速发展的同时,对养殖海域造成的环境压力也在不断加大,由此推动了绿色海水养殖业的发展。环境友好的产业发展理念、先进的养殖技术和高效的养殖管理模式是绿色海水养殖的基本要素。在这方面,以挪威为代表的发达国家进行了大量卓有成效的探索,有许多经验值得我国借鉴。

挪威国土狭长,海岸线曲折,拥有大量的适合海水养殖的港湾。挪威的水产养殖业发端于 20 世纪 70 年代,目前已经成为世界最大的鲑鳟鱼类养殖国。2016 年,挪威水产养殖产量 132.2 万吨,其中大西洋鲑和虹鳟占养殖总量的

99%,总产值达 76 亿美元。①

挪威的海水养殖技术处于国际领先地位,以国家海洋研究所和海洋技术研究院为代表的海水养殖科研机构在养殖新品种开发、现代养殖技术和鱼病防治领域取得了许多卓越的研究成果。大型现代化网箱养殖系统,包括鱼苗计数器、疫苗注射机、自动捕鱼机、海水过滤循环装置等先进、实用的自动化养殖设施的研发与应用极大地提升了挪威的海水养殖水平。单个网箱的年养成鱼产量达 200 吨,最大日投饵量 6 吨,使用寿命为 50～100 年。高强度、定型、可组装的网箱框架设计大大降低了成本,增强了对风暴大浪的承受力,延长了使用期,扩大了适宜养殖的空间范围。挪威海水养殖业的健康发展与其完善的法治环境和科学的管理体制密切相关,这一点值得我们重视。

(1)完善的法律制度

为规范水产养殖活动,挪威于 2005 年颁布实施了《水产养殖法案》。其宗旨是在可持续发展的前提下推动水产养殖业健康发展,增强行业的盈利能力和整体竞争力,同时保障对近海资源的高效利用。该法案规定,从事水产养殖活动必须获得养殖许可证,任何无证养殖的行为都是非法的。此外,该法案对水产养殖的土地和海域经营权的抵押、转让等做出了规定,以确保海域等要素的高效流动,同时更好协调水产养殖与周边其他行业的利益关系。

与水产养殖相关的法律法规还包括《食品法案》和《动物福利法案》。《食品法案》旨在保障食品安全,促进消费者健康。该法案着眼于水产养殖产业链,对养殖、加工等各个环节进行了规范,明确了各责任主体的义务。《动物福利法案》适用于包括水生动物在内的所有养殖动物,其宗旨是促进动物福利,避免动物受到不必要的不当对待。挪威食品安全局是以上两部法案的执行部门,负责对水产养殖的有关行为进行监管。

此外,挪威水产养殖行为还受到《水产养殖许可证和位置分配的管理规定》和《水产养殖操作管理规定》两部法规的约束,主要对水产养殖场的规模、位置、操作规范等方面做出具体规定。上述法律法规为挪威水产养殖健康发展构建了良好的法律框架,奠定了水产养殖依法管理的基础。

(2)科学的管理体系

挪威政府对水产养殖依法实行严格的许可证制度。水产养殖必须取得许可证,养殖者持证依法获得权利、承担义务。行政管理部门对许可证实行总量控制。其中,鲑鳟鱼类养殖许可证需要支付费用,而贻贝、鳕类、鲆鲽类养殖和

---

① 联合国粮农组织数据库. http://www.fao.org/fishery/statistics/global-aquaculture-production/4/en,2019-3-19.

海洋牧场经营许可证不需要付费。除少数区域外,每个许可证允许养殖的最大养殖量是 780 吨,具体视养殖场所在海域的环境承载力来确定。

海域的使用效率是挪威对水产养殖进行管理的一个重要方面。挪威政府意识到近岸海域资源的稀缺性。挪威立法赋予地方政府海域规划权和对水产养殖场选址的审批权,确保海洋交通运输、海上风能、海洋捕捞、滨海旅游、海水养殖等活动的包容性发展,减小冲突,最大限度地提高海域利用效率。挪威还立法对野生鱼类产卵场、海藻丛等具有特殊生态和资源价值的海域进行保护。如《水产养殖法》规定在全国 29 个峡湾设立大西洋鲑资源保护区。在水产养殖场选址操作中,行政管理部门主要基于海域的污染物扩散、病害传播、生物多样性以及养殖鱼类福利等方面进行综合考虑,确定最佳方案。

挪威立法保障养殖鱼类的动物福利。从事鱼类养殖和屠宰的工作人员上岗前必须通过管理部门批准的动物福利课程考试,确保具备保障动物福利的能力。养殖鱼类的动物福利主要包括清洁的水质、良好的卫生条件和充足的营养供应。管理部门一般根据养殖鱼类的外观特征确定动物福利的执行状况,如鳍和皮肤的破损等特征,往往代表饲料不足、养殖密度过大、水质差等问题。此外,鱼类行为学家利用传感器对鱼类在不同环境(水质、水量、水温等)下的表现进行分析,确定最适宜的环境指标,为养殖场经营者提供指导。

(3)强烈的环保意识

养殖鱼类逃逸会对野生鱼类遗传特征造成潜在影响,同时也带来了疾病传播的风险。挪威高度重视养殖鱼类逃逸问题,把减少逃逸鱼类数量作为重要的管理目标之一,于 2013 年修订《水产养殖法案》,在养殖生产中实行强制性标签制度,明确了养殖生产者的责任。挪威贸易、工业和渔业部还倡议建立水产养殖逃逸委员会,其职责是调查鱼类逃逸原因,提出改进建议,发展更好的操作和管理技术。

水产养殖排放的氮、磷和其他有机物是造成海域污染的重要因素。为减小环境影响,挪威确立了根据养殖海域环境承载力确定水产养殖规模的制度,规定养殖区域营养盐和有机物排放不得高于环境承载力。挪威环保部门对所有的水产养殖场颁发排污许可证,对氮、磷和其他有机物排放做出规定。许可证发放严格依据对环境容量的计算。另外,新建和扩建水产养殖场必须对周边水文和底栖生物进行定期监测,监测频率取决于养殖规模。

挪威的鱼类养殖饲料需要消耗大量鱼粉和鱼油。出于可持续发展考虑,挪威积极响应联合国粮农组织等国际组织的倡议,禁止使用非法捕捞来源的鱼粉和鱼油。同时,挪威还鼓励使用鱼类捕捞和加工的副产品作为饲料原料,也支持植物蛋白和植物油在饲料中的使用。30 多年来,由于饲料开发和加工技术、投喂技术的改进, 威养殖鱼类产量的增长高于饲料消耗的增长,资源的利用率在不断提高。研究表明,饲料中使用植物油和植物蛋白部分替代鱼油和鱼粉,虽然养殖鱼类 ω-3 脂肪酸、维生素 D 等营养成分的绝对值有所降低,但权衡资源环境和营养等综合因素,仍然是经济可行的。

(4)严格的食品安全监管

威对养殖苗种繁育、饵料投喂、病虫害防治和加工销$ 实施严格的规范化管理。实施养殖苗种健康证书制度,所有放养的种苗必须有兽医部门出具的苗种健康证书,种苗的运输也须遵循污染防控专项要求。 威对 100% 的养殖鱼类接种疫苗,对大多数细菌 染进行预防,在降低 率、确保产量的前提下,最大限对地减少抗生素的使用。目前,经 权可使用的疫苗有 14 种,除 1 种用于预防病 性疾病外,其他全部用于预防细菌性疾病。

威药监机构根据欧盟标准确定兽药使用目录。目前,经 权使用的鱼药有 17 种。养殖者必须在得到 权的兽药专家指导下,根据对环境和食品安全影响最小化的原则,使用目录中许可的药品防治鱼类疾病。同时,对用于治疗鱼病的所有药物都建立了停药期。一年内使用过鱼药的鲑鱼,上市前必须通过强制性的抽样检测。在养殖过程中严禁使用生长激素。除细菌性疾病外,鱼虱是 威水产养殖中最常见的寄生虫。在规范药物治疗基础上,管理部门倡导使用生物和机械方法防治鱼虱。对于病 性疾病,目前尚没有有效的防治方法,主要采取加强管理的办法控制疫情扩散,对水产养殖的收获期和轮养期做了明确的规定。

威对养殖饵料加工和使用实施 HACCP 管理,不但要满足鱼类生长的需要,还要保证重金属、放射性物质及有机污染物含量等{ 合标准。在养殖产品的污染检测、加工和销$ 环节也建立了完善的管理制度。

威的海水健康养殖代表了欧洲水产养殖业的发展趋势。欧盟在其"蓝色增长"计划中,将可持续的水产养殖作为重点发展的 5 个蓝色产业之一。欧盟当前的水产养殖企业 90% 以上是中小企业,提供了大约 8 万个就业岗位。通过发展可持续的水产养殖业,为消费者提供更多的新鲜水产品,减轻海洋捕捞压力,保护渔业资源,还可以帮助沿海社区实现就业多样化、提高经济活力。作为共同渔业政策改革的一部分,欧盟委员会正在通过"开放式的协调",制定不具约束力的战略方针来促进各国制定实施多年期的战略计划,进而推动水产养殖业的发展。其中包括通过改革许可制度的方式提高行政效率;利用海上风电场的水域空间发展网箱养殖,建立水产养殖兼营生产模式;促进水产养殖相关研发和创新活动;引进和开发新的养殖品种;向更深水域开拓养殖空间等①。

(四)谋求海洋新兴产业战略优势

1. 韩国打造具有国际竞争力的海洋工程装备制造业

海洋工程装备产业涵盖的内容广泛,包括船舶配套设备、海洋油气勘探与开发装备、海洋能源与海水淡化装备等诸多产业门类。其中,船舶配套产品和海洋油气开发装备制造构成了海洋工程装备制造业的主体。

近年来,随着海洋油气开发步伐加快,对海洋油气装备的市场需求在不断增加。海洋油气装备正在成为海洋工程装备制造业的主要增长点之一。经历了 2011—2014 年的爆发性增长和之后的持续低迷,2017 年起,全球海工装备市场开始复苏,进入了新一轮增长周期。2017 年,全球共成交海工装备 66 座/艘,合计 94.5 亿美元,同比增长 80.9%。其中,浮式生产平台成交金额达 70.6 亿美元,远超 2015 年、2016 年的水平。市场主要分布在美国、西非、巴西和亚太地区。

近年来,欧美国家逐渐退出了中低端配套产品的制造领域,转而进行高端产品的研发与设计。世界海洋工程装备产业形成了"欧美设计及关键配套＋亚洲总装制造"的整体产业格局,欧美企业垄断着海洋工程总包、装备研发设计、平台上部模块和少量高端装备总装建造、关键通用和专用配套设备集成供货等领域,并垄断了海洋工程装备的运输与安装、水下生产系统安装、深水铺管作业市场。

在海洋工程装备制造领域,中国、韩国、新加坡"三足鼎立"的全球海工装备制造业竞争格局中,韩国长期处于领先地位,在高技术、高附加值浮式生产平台以及深水钻井装备领域优势明显,中国和新加坡海工产品则主要集中在自升式钻井平台和海工船领域。2017 年,韩国承接海工装备订单总价值为 52.6 亿美元,远超 2016 年的 4.4 亿美元,在全球占比高达 54.6%。从产业和技术发展现状来看,我国在相当长一段时间内将处于海洋工程装备产业链的制造环节。因此,韩国经验对我国现阶段海洋工程装备发展具有借鉴价值。

(1)政府主导推动产业发展

国际海洋工程装备制造业发展在很大程度上得益于各国政府的积极支持,而政策对市场的引导也加强了国际的产业合作,为产业发展注入了强大动力。2000 年 5 月,韩国《21 世纪海洋政策》提出了包括海洋工程装备制造产业在内

---

① ECORYS. "Blue Growth-Scenarios and drivers for sustainable growth from the oceans, seas and coasts". Rotterdam/Brussels, 2012.

的韩国海洋产业开发导向。同年 7 月,韩国发布了《海洋资源中长期实施计划》,提出了以海洋尖端技术为基础,实现海洋资源可持续开发的具体实施计划,其后又出台了一系列更具可操作性的推进政策,明确提出要大力发展高附加值的海洋工程装备制造产业。2013 年,韩国贸易、工业与能源部(MOTIE)发布《海洋装备产业发展方案(2013—2017)》,制定了包括提高本土化配套、实现自主设计、培养海洋装备服务产业等在内的未来重点推进政策任务。2016 年出台《造船产业竞争力优化方案》,将三大船企列为特别雇佣支援企业,并出台《造船产业革新成长推进方案》,实施国际业务融资支援计划和过渡性贷款支持方案,惠及不少海工企业。

(2)技术导向增强产业竞争力

2005 年,韩国造船工业协会制定了"蓝色海洋"发展战略,提出将主要力量集中于海洋工程设备关键技术的研发上,构筑起产学研联合的研发系统和高效运作机制。2012 年,韩国知识经济部发表了《海洋成套设备产业发展方案》,该方案计划对海洋成套设备技术开发提供全方位的资源支撑,并选定 100 种核心器材作为战略产品加以支持,确立了争取 2020 年实现海洋成套设备订单规模800 亿美元,工程技术及器材设备的国产率达 60% 的发展目标。韩国三大海工巨头(三星重工、现代重工和大宇造船)纷纷整合和壮大各自海工研发机构,保持了在高端市场的战略优势。2017 年,三星重工获得 2 座 FLNG 和 1 艘大型FSRU 订单;现代重工和大宇造船海洋分别签订了 3 艘和 1 艘大型 FSRU 建造合同。

(3)财政支持提高研发能力

韩国商务部和产业能源部制定了"船舶制造业路线图",并成立了韩国海洋装备研究院(KOMERI),与船厂合作进行研发,其 60% 的预算来自中央和地方政府,40% 的收入来自各公司。[①] 在韩国南部的釜山海洋工程装备产业集聚区,庆尚南道政府将船舶制造业作为其 10 大战略产业之一。巨济岛政府先后出台了多种优惠措施,为外包和配件供应商提供生产空间、管理服务及技术支持。韩国海洋水产部、韩国海洋科学技术院与庆尚南道和巨济市合作,投资 252 亿韩元在庆尚南道的巨济市建设海洋装备产业支援中心,主要用于海洋装备技术国产化、器材质量认证、国际标准研发、水槽装备实验等,以促进韩国的设备认证、器材国产化等薄弱领域的发展。金融界也采取措施积极支持国内海工技术

---

① Hassink,R and Dong-Ho Shin. "South Korea's shipbuilding industry: From a couple of cathedral in the desert to an innovative cluster". *Asian Journal of Technology Innovation*, vol.13,no.2,2005,p. 133-155.

发展。

(4)国际合作拓展海外市场

为了更好地整合国内和国外资源,开拓国际市场,韩国大型海洋工程装备制造企业大力推进"走出去"战略,加强与其他国家的业务合作。现代重工、大宇造船等企业通过参股当地造船企业、提供技术支持和联合竞标等形式,积极开拓巴西和俄罗斯海洋油气开发市场。2011年现代重工已与巴西 EBX 集团在巴西共同兴建了一个占地约 160 万平方米的新船厂,建造钻井船、浮式储油卸油装置(FPSO)及其他海洋工程船。大宇造船和俄罗斯联合造船集团已经开始了一项 450 亿卢布的船厂投资计划,计划建造钻井船、FPSO 等。凭借自身较强的工程承包能力与研发设计优势,截至 2018 年大宇造船已经从俄罗斯天然气工业股份公司那里承接了 16 艘具有破冰能力的 LNG 运输船,每艘船一次可运送 17 万立方米液化天然气,用于俄罗斯亚马尔液化天然气项目。

(五)建设现代海洋港口体系

1. 欧盟提升港口竞争力

当前,适应全球经济一体化趋势,国际港口的发展出现了船舶大型化、运输集装箱化、海运大型化、深水化的趋势。海运的大型化、深水化、集装箱化对港口的发展提出了更高的要求,尤其是船舶大型化对港口自然条件和设备要求提高。大力加强港口建设,扩大港口规模,是当前港口发展的显著特点。在目前排名全球前 30 位的集装箱港口中,已有 20 多个具有 15 米以上的深水泊位。

世界港口在地理布局上正在向网络化方向发展。以全球性或区域性国际航运中心的港口为主、以地区性枢纽港和支线港为辅的港口网络,已经成为目前趋势。在现代港口与经济腹地的关系上,港口日益成为其所辐射区域外向型经济的决策、组织与运行基地。以港口为核心的现代化大城市,正在朝着建设世界性或区域性国际航运中心的方向阔步前进。

欧洲是世界老牌航海强国的聚集地,其港口发展历史悠久,管理水平较高。为应对经济全球化和全球航运格局、航运模式变化趋势,欧盟各主要港口纷纷采取行动,通过网络化联盟、一体化运营、信息化管理等方式,打造现代海洋港口体系,提高全球竞争力。

(1)以大型深水港为核心协调发展各类集疏运方式

荷兰鹿特丹以鹿特丹港为枢纽,建成了四通八达的海陆疏运网络:高速公路与欧洲的公路网直接连接,覆盖了欧洲各主要市场;铁路网与欧洲各主要工业地区相连,直达班列开往许多欧洲主要城市;水上内河航运网络与欧洲水网直接联系。依托发达的集疏运网络,鹿特丹港已成为储、运、销一体化的国际物流中心,重点通过一些保税仓库和货物分拨配送中心进行储运和再加工,提高货物的附加值,然后通过海陆联运方式将货物运出。

(2)采用灵活先进的港口运营管理模式

欧洲鹿特丹港和安特卫普港都采用"地主港"模式,即政府委托特许经营机构代表国家拥有港区及后方一定范围的土地、岸线及基础设施的产权,并进行统一开发,并以租赁方式把港口码头租给国内外港口经营企业或船公司经营,实行产权和经营权分离,特许经营机构收取一定租金,用于港口建设的滚动发展。这种模式的主要优点是管理部门和经营业主之间的职责划分清晰,各自定位明确,为港口物流的健康发展提供了良好的软环境。

德国汉堡港发展了"自由港"模式,"自由港"指设在国家和地区境内、海关管理关卡之外的允许境外货物、资金自由进出的港口区。汉堡港给予客户大量的优惠政策支持,对进出汉堡自由港的船只和货物给予最大限度的自由,全面带动了金融、保险等第三产业的发展,并促使汉堡成为德国的金融中心之一。

(3)努力构建先进完善的港口公共电子信息化平台

信息网络时代的到来使得港口日益成为其所在城市的公共信息平台,以现代的数码、定位信息和网络技术为支撑,代替了传统的人力机械支撑。实现港口体系信息化、网络化是使现代港口成为国际物流中心的重要策略措施之一。

比利时的安特卫普港设计建立了两套高效的现代化电子数据交换系统:信息控制系统和电子数据交换系统。港务局利用信息控制系统引导港内和外海航道上的船舶航行,私营企业则利用电子数据交换系统来进行信息交换和业务往来。电子数据交换系统还与海关的服务网络系统以及铁路公司的中央服务系统并网,从而为广大客户提供一体化的综合信息服务,提高了海陆物流联运效率。

(4)全面推进港城一体化建设

港城一体化的实质是根据港口和城市的内在联系,通过建立协调机制,在一定程度上,将各自独立的经济实体整合为步调一致、相互共生的利益共同体的过程。目标是整合区域要素和资源重组,协调各利益集团关系,提供一个和谐的人居环境和产业发展空间。

荷兰鹿特丹港是典型的港城一体化国际城市,拥有约 3 500 家国际贸易公司,并拥有一条包括石油化工、船舶修造、港口机械、食品等产业部门的临海沿河工业带。鹿特丹港总增加值占当地城市 GDP 的 40%。

德国汉堡港在港城一体化过程中的主要做法包括在港口与城市间建立集

办公区、服务产业区、文化娱乐区、商业贸易区、旅游健身区和居民区为一体的现代化"城中城";将各具特色的城市建筑在能源、环保方面实行统一标准;注重港城基础设施建设,完善港口与城市交通网络。

(5)大力发展港口群

欧盟通过欧洲海港组织(ESPO)协调管理整个欧洲地区的海港,协会主导的最大特点是既能保持各港口的独立性,又能保护港口之间公平的竞争环境,通过议会的形式来协调各个港口之间的利益。这种模式的建立需要以高度发达的市场经济、较为完善的法律制度为基础。

二、发达国家经验对我国海洋经济高质量发展的启示

(一)把绿色可持续作为海洋经济高质量发展的根本原则

海洋经济是开发利用和保护海洋的活动。海洋高效渔业、海洋生物医药、海水综合利用、海洋电力、深海油气等产业都是以海洋资源直接开发利用为主要内容的产业,主要为沿海经济社会发展开拓能源、淡水、食物、药物、油气等战略性资源的供给新途径;海洋装备制造业则属于上述产业的上游产业,为上述产业发展提供装备保障。面对日趋严峻的资源环境约束,发达国家不断寻找新的海洋资源以满足日益扩大的市场需求,不断革新传统资源开发模式以减轻对生态环境的负面影响,从而引发了各类海洋资源开发活动在空间布局、开发手段和组织模式上的转变,推动了海洋经济向高质量方向发展。把经济社会和资源环境的可持续发展作为一条根本原则,这是发达国家海洋经济发展演化的显著特点。

海洋渔业的发展颇具代表性。在 20 世纪以前,人们普遍认为海洋渔业资源永不枯竭。20 世纪中叶以后,渔业资源衰退问题日趋严重,促进了各现代渔业管理制度的建立。面对不断扩大的供需矛盾,新的渔业资源(如 20 世纪 60 年代的深水渔业、近年的南极磷虾渔业)不断被尝试开发,海水养殖在越来越多的国家得到大力发展。与此同时,可持续发展原则被越来越多地引用进渔业经营和管理实践中并逐渐成为潮流。如挪威、日本等远洋渔业大国在开发南极磷虾过程中,主动适应公海生物资源保护趋于严格的国际趋势,积极参加相关国际组织、参与国际规则制定,利用国际规则最大限度地强化了自身获取资源的优势。以挪威为代表的欧洲国家,在海水养殖管理中始终将生态安全和食品安全作为首要管理目标,使海水鱼类养殖走上了健康发展的道路,在资源环境负面影响得到有效控制的前提下,连续 30 多年保持较快增长,形成了很强的国际

竞争力。

海洋能源开发也表现出类似的规律。随着全球油气资源需求增加,推动了海洋油气开发空间布局从近岸向离岸不断拓展,目前最大水深已经超过 3 000米。以美国为代表的发达国家,利用其工程技术优势,不断谋求对全球海洋油气资源开发的主导权,强化了对未来资源的控制,为其继续保持全球经济政治优势奠定了物质基础。以英国、德国、丹麦等欧洲国家为代表,欧美发达国家将发展海洋可再生能源作为应对全球气候环境问题的重要措施,把海洋作为未来能源供给空间布局中的重要一环。海洋风能、潮汐能、波浪能等可再生能源在西欧、北欧各国的发展,已经在一定程度上改变了当地能源结构,成为海洋资源开发可持续发展模式的一个典型。

我国正处在城镇化、工业化的关键时期,正在面临着加快转变经济发展方式的重大考验。发展海洋产业,不能走陆地产业"先污染,再治理"的老路,而是必须从发展之初就牢牢秉持可持续发展理念。只有如此,海洋经济才能在"转方式、调结构"的重大转变过程中发挥关键性作用,真正成为经济高质量发展的战略要地。

(二)把科技创新作为海洋经济高质量发展的主要动力

高新技术大量应用是海洋产业的一个显著特点。这是由海洋产业以海洋资源为主要开发对象的特点所决定的。新型海洋资源开发成本普遍高于传统海洋资源和陆地资源,这就决定了只有开发价值大、战略价值高、供给难以满足需求的资源才存在开发的必要性,使开发活动高度集中在几类具有较高战略价值的海洋资源。这就使海洋产业具有较强的产业带动和辐射效应。因此,欧美发达国家在发展海洋经济时都非常重视海洋科技创新体系建设,将之作为推动产业发展的重要措施之一。

首先,发达国家普遍将加大海洋科技投入作为提升海洋综合竞争力的主要手段。美国在《国家创新战略》中提出将研发投资提高到 GDP 的 3% 以上,实行永久性研发税收减免,并将国家自然科学基金会、能源部科学办公室和国家标准与技术研究所 3 个研发资助机构的预算翻番。欧盟为了在包括海洋技术在内的新兴技术领域取得领先地位,多次实行欧盟框架计划,支持海洋可再生能源、海洋生物新资源等新兴前沿技术研发,并积极推动国际合作研发项目,有效利用国际科技资源为欧盟的新兴技术发展服务。

其次,发达国家正在利用其科学技术优势,通过主导国际规则标准的制定,在若干海洋战略性新兴产业全球竞争中设置新的技术壁垒,谋求对市场的控制和垄断。欧盟、日本利用其老牌造船大国的优势,正在将绿色环保船舶技术作为今后的战略重点,并积极运用这一领域的技术优势来提高产业门槛和自身话语权。欧、美及日本等国家和地区已经投入巨资建立海底观测网络。随着人类对物联网技术的认知度越来越高,构建智能海上运载装备的条件也不断成熟。在海洋科学技术进步日新月异的背景下,只有占领海洋科技创新的制高点,才能真正形成海洋战略性新兴产业的国际竞争力。

最后,发达国家将海洋科技资源优化整合作为推动海洋战略性新兴产业发展的有效措施,通过产学研紧密结合提升科技创新效率,增强核心竞争力。围绕海洋科技创新和海洋战略性新兴产业的培育,一些欧美国家重点推进海洋高科技机构及相关企业集聚发展,打造海洋科技园及新兴产业园等产业集聚区。如美国创建了多个从事海洋生物科技和海洋新能源研发与生产的海洋科技园,包括夏威夷海洋能源研究开发园以及以圣迭哥、波士顿和迈阿密为中心的美国海洋生物医药研究集聚区。作为海洋科技的研发基地和海洋高新技术成果的孵化器,海洋科技园为中小型海洋高新技术企业与科研机构提供了创新创业的平台,同时也有效地促进了海洋科技成果的转化,推动了海洋高新技术企业的集聚与合作,促进了海洋战略性新兴产业的培育。

科技创新体系薄弱是我国海洋经济发展的重大制约因素。不仅在基础研究和技术研发方面与发达国家差距较大,技术成果应用转化和商业模式创新方面也存在明显不足。当前,我国对海洋科技创新的投入正在不断加大。吸收借鉴发达国家鼓励海洋科技创新、推动海洋战略性新兴产业发展的经验,更多要从规划的系统性、资金投入的方向性、效果评价的可靠性方面着手,提高政策支持海洋经济高质量发展的成效。

(三)综合运用政策手段引导和促进海洋经济高质量发展

传统海洋产业转型和新兴产业培育都离不开明确有力的产业政策的引导和支持。海洋生物医药、海洋电力、海水利用等产业,总体上还处于商业模式建立的初期阶段,在技术、市场、系统性等方面均存在诸多不确定性;海洋高效渔业、深海油气等产业与传统海洋产业相比较,仍然存在成本、风险等问题。正确、有效的产业政策,能够促进海洋技术产业化过程中快速形成健康可持续的发展模式,顺利度过"幼稚期",在国际竞争中谋得先机。对此,发达国家有很多经验值得我们借鉴。

首先,国家立法是优化海洋产业发展环境的强制性手段,具有很好的示范效应和实践效果。例如,日本为减轻海水养殖的环境影响,发展本国的海洋生物育种与健康养殖业,于 1999 年制定了《可持续生产养殖确保法》,为可持续养殖技术的发展和应用提供了良好环境。美国为了规范海洋可再生能源开发活动,在《能源政策法案》中明确内务部对海洋可再生能源建设工程的批租权,规定联邦能源规划委员会为选址阶段的领导机构,确定了海洋能开发相关激励措施以及海洋能强制购买条款等,促进海洋可再生能源的发展。为促进海水利用业发展,从 20 世纪 50 年代起,美国先后颁布实施了《苦咸水法案》《水资源研究与开发法案》《水淡化法案》等多部法律法规,为海水淡化业发展搭建了良好的制度环境,同时也为优化水资源开发利用奠定了法制基础。

其次,产业和科技规划是引导海洋产业高质量发展的重要手段。通过规划,不仅能够为相关产业和技术发展提供明确的政策信息,也有利于提高政策支持的系统性,明确发展方向,促进经济要素向新资源、新技术和新模式聚集。例如,为加快推进欧盟的海洋能利用进程,《欧盟可再生能源令》要求各国制定包括海洋能在内的《国家可再生能源行动计划》,同时通过《欧盟海洋能路线图》提出了欧盟海洋能开发目标,即 2020 年海洋能发电实现 3.6 吉瓦装机能力,2050 年接近 188 吉瓦(预计占欧盟电力总消费的 15％)的目标,以实现波浪、潮汐和盐差能等海洋能利用技术的产业化开发。为了响应欧盟委员会的号召,比利时、丹麦、芬兰、法国、希腊、爱尔兰、意大利、荷兰、葡萄牙、西班牙、瑞典、挪威和英国都制定了各自的《国家可再生能源行动计划》。日本政府于 1968 年推出了《深海钻探计划》,并于 2000 年对原有海洋勘探计划进行了回顾,出台了新的《综合大洋钻探计划》,为日本开发深海资源和建立自主的深海技术体系奠定了良好基础。

最后,财政支持是推动海洋产业高质量发展的最直接、最有效的手段之一。海洋新技术发展应用是一个长期的、持续的技术和商业模式创新过程,需要长期的大规模资金支持。特别是在新模式、新技术发展初期,财政支持的作用最为显著。补贴和税收优惠是发达国家最常用的政策工具。例如,英国能源与气候变化部启动"海洋能源阵列示范项目"的能源资助计划,决定提供一笔 2 000万英镑(约合 3 175 万美元)的资金用于支持两个波浪能发电的试点项目,由此克服了波浪能发电项目的资金瓶颈。在远洋渔业发展方面,新的欧盟共同渔业政策鼓励远洋渔业活动,对远洋渔业生产的各个环节都给予财政补贴。2007—2013 年,欧盟渔业基金预算达到 43 亿欧元,其中相当一部分用于远洋捕捞船队的改造和国际渔业协定的补贴。为促进海洋生物资源开发,日本政府对包括海洋生物医药企业在内的生物技术企业提供有针对性的税收减免政策,促进有关高新技术产业快速成长。

相对于发达国家,我国的若干海洋新兴产业起点低、规模小,海洋传统产业国际竞争力不强。这就更加需要科学、系统、有效的政策来予以引导和支持。近年来,我国对海洋产业政策支持力度正在不断加大,但在科学性、系统性方面与发达国家仍存在一定差距。借鉴国际有益经验,优化整合各种政策工具,构建更加科学合理的政策平台,并逐步加大支持力度,应当成为我国海洋经济高质量发展政策支持的一个重要发展方向。

(四)加强机制建设营造海洋经济高质量发展的良好环境

由于海洋资源在自然属性和空间分布上的特殊性,海洋产业发展中更加易于出现利益冲突的现象。例如,由于海水和海洋生物的流动性,海洋渔业资源、海洋能资源、海水资源等存在一定的公共资源的特性。另外,很多海洋资源开发活动在空间使用上具有非排他性或部分排他性特征。流动性、公共性使海洋产业之间、海洋产业与陆地产业之间,存在着一定的关联性。这就使海洋资源开发成为涉及众多利益相关方的复杂问题。当前,利益冲突在对海洋开发活动密集的近岸海洋空间利用上,显得尤为突出。这就要求在对海洋产业管理的过程中,必须充分考虑到资源流动性、空间公共性带来的经济外部性问题。因此,建立包容性机制,协调好各利益相关者的利益,成为海洋经济高质量发展的必要前提。

发达国家在建立海洋资源开发参与机制、协调相关方利益等方面积累了不少经验。强调利益相关方参与已经成为欧美各国实施海洋综合管理的重要原则和实践手段。以欧盟为例,为更加科学有效地开发利用海洋空间资源,欧盟在制定实施海洋空间规划过程中,充分贯彻了利益相关方参与协商的原则,取得了良好效果。其主要经验有:①通过建立国际、国家、沿海地方相协调的法律体系和政策框架,搭建颇具包容性的海洋空间开发模式;②通过分析相关方利益,建立有效的协作模式,提升对海洋空间和资源的利用效率;③充分利用现代化、信息化的管理工具,提高跨行业、跨地区海洋空间和资源开发的协调性;④提出具有共同价值取向的目标,选择符合最大多数利益的路径、措施,应对和解决现实矛盾和问题;⑤建立"智库",充分发挥工程技术专家与战略咨询专家的作用。

另外,由政府推动围绕产业知识链、价值链构建合作机制,促进各产业相关方建立更加紧密和有效的分工协作关系,也是发达国家经常使用的方法之一。大学和科研机构聚集着大量的海洋智力资源,是海洋高新技术的发源地。企业是科研成果产业化的主体,具有通过产品创新或工艺创新实现更大商业利益的现实冲动。国际经验表明,在大学、科研机构、企业之间建立灵活多样的合作模式,对海洋科技创新及产业化具有重要推动作用。例如,英国大型海洋可再生能源研究项目"Super Gen Marine",参与者除了众多高校、研发机构之外,还包括了20多家英国知名电力公司。该项目运行10多年来,已顺利完成了2期,并在能源转化、传输和存储等方面取得了一系列研发成果。此外,该项目通过培养博士生和开设新能源专业来满足现有企业对人才的需求,并为海洋可再生能源的可持续研究积蓄知识和力量。

在我国海洋经济向高质量发展过程中,机制建设是最为薄弱的环节之一。如何利用有限的政策支持与资金投入,把海洋产业相关各方的利益协调好,建立包容性的、有效率的分工与合作机制,从而形成产业发展的核心竞争力,是我国需要认真加以解决的重要问题。

三、对我国海洋经济高质量发展的建议

时代在不断向前发展。推动海洋经济高质量发展,不仅要学习借鉴欧美发达国家的已有经验,还要根据时情、事情、国情,针对我国海洋经济发展中存在的问题,提出切合实际的发展方向和解决方案。在我国当前阶段,推动海洋高质量发展还应该抓好以下几方面工作。

(一)抓好海洋经济的统筹发展

一是要统筹政府与市场关系,为海洋经济高质量发展营造良好环境。海洋产业是很多属于技术密集型产业,高新技术大量应用是其重要特征。促进高技术及其产业化的必要条件,即是建立完善的市场机制,并使其主导国家海洋发展要素的协调与流通。市场机制越完善,市场与政府的关系越合理,高技术的研发和产业化也就越具备优良土壤。统筹政府与市场的关系,一方面要合理定位政府在海洋经济市场环境中的角色作用,确立服务意识,加强服务职能,尊重市场规律,增强海洋经济规划和相关决策的科学性;另一方面加强政府管理部门内部的协调,改善当前在涉海不同部门间存在的各自为政、调控乏力等问题,积极创新协调机制,形成"大海洋"概念。

二是要统筹内陆与沿海关系,促进生产与市场要素的充分流通。2017年4月,习近平总书记在北海视察时提出发展"向海经济"[1],强调了统筹陆海经济发

---

[1]　中国日报网:《做"向海经济"的先行官》,2019年1月25日,http://cn.chinadaily.com.cn/a/201901/25/WS5c4e53caa31010568bdc6b45.html,2023年1月18日。

展要素的重要性。统筹内陆与沿海的关系,既要促进陆海产业良性互动,推动内陆与海洋在生产与市场要素方面的充分流通。要以港口为抓手,强化港口的产业聚集力和对内辐射能力;要促进内陆地区介入海洋产业链,深度参与海洋产业的要素流通,尤其是高技术产业,如海工装备制造、海洋生物医药。

三是统筹国内与国外关系,从国家利益出发优化整体战略布局。我国海洋事业当前正处于高速发展期,海洋问题至少涵盖中国经济发展、国计民生、社会舆论、国家主权、地区安全、国际形象等多方面国内外问题,因此应统筹好国内国外两个大局,避免战略失衡。一方面,应在规划国内海洋战略时注重为未来的国际化进程做充分准备。如在海洋产业规划方面,应加强与国际市场和国际标准的对接,尤其在高技术领域提升我国的产品质量和国际化水平,提升在国际市场和国际标准中的积极影响力。另一方面,应在制定海洋对外战略时充分考量国内发展的整体需求,统筹维权、外交和发展几个大局,切忌顾此失彼。以共同开发促进海洋维权,以经济合作改善地区外交环境,以共同发展奠定中国在地区秩序中的长期领导力。

(二)抓好海洋经济的创新发展

一是要研究和规划海洋创新路线图。海洋产业的转型和升级需要国家和企业协调一致,共同规划和完成海洋技术创新路线图。工业4.0和数字化为未来的制造业和现代海洋服务业发展带来机遇。在技术创新链条中,工业4.0在海洋产业中的运用,将会刺激更多创新型海洋技术的出现,如舰桥技术、推进技术、传感器技术、数据管理、海洋工程、水下技术、风力发电机以及研究,应急和测量船舶。

二是海洋技术创新要具有前瞻性。海洋技术创新的特点是在海洋产业中的技术引领性,对未来海洋产业竞争力、可持续发展起着关键作用。随着数字化和电子化在海洋产业中的运用,在提升交通部门的能源转型和智能连接中,新能源和新材料技术将扮演重要角色。以高技术推动海洋产业向绿色发展方向转型,将对全球"减排"会做出极大贡献,有助于更好地保护脆弱的海洋生态系统。

三是要促进物流链和航运高效运转。未来海洋产业的发展,需要建设高效地物流链和提升航运技术。运用数字化技术,建设智能互联的制造体系,通过数据挖掘(如天气、导航、航运、装载、铁路和公路货运业务的数据)和实际应用,能够优化运输业务和确保港口和物流链顺利运行。数字技术的使用继续快速增长,正在成为整个海洋产业部门竞争力的决定性因素。

　　四是高度重视海上安全技术创新。海上安全对于海洋产业价值链主要有两重意义：首先，需要确保全球物流供应链、港口和海上风力发电机等海洋基础设施的安全，并确保海上安全和保护边界；其次，出于对运输安全和事故预防的高度需求，要求所有负责人员密切合作。这就需要在电子导航系统、数字互联技术、船舶应急装备技术方面进行技术创新和升级。同样的需求也体现在军舰创造技术上。此外，海洋安全技术创新还体现在监督和监测系统的创新上。许多海洋活动的组织和执行方都受到复杂的安全和保安规定的制约，这些规定在技术上需要监督和监测系统，以确保高水平的安全和保障。

（三）抓好海洋经济数据管理与集成

　　一是拓宽数据搜集的途径。发达国家从企业本身、咨询公司、科学研究机构和各产业协会、工会，到联邦海事部门都密切关注海洋产业数据。数据信息在协会网站与联邦政府官方网站上公开，也可以通过咨询公司购买。这也是数据上的合作式分散监测与评估模式。对于我国，海洋产业相关部门应动员并辅助产业协会、工会，加强这类产业组织与企业和公司的联系，定期进行数据汇总。由专家提出产业存在的问题，有针对性地进行产业数据调查。相关部门也可以与咨询公司或智库进行合作以获得更多专业数据。通过有效数据反馈，激发涉海企业自主开展数据整合搜集的积极性，从而破解单一数据链带来的问题，最终使监控评估的数据采集形式更加灵活多样。

　　二是搜集具有专业性的数据，使经济产业的监管与评估工作效率更高，结果更准确。发达国家的海洋产业数据的收集、整理、分析通常经由协会和工会主导进行，由本行业的人员进行统计，这使得其产业数据更加细化和专业，提高了分析结果的准确性。对于我国，让专业领域的人员辅助建立海洋经济产业运行监管与评估系统。特别是在国家重点产业上，需要更加细化地进行数据收集整理。

　　三是利用数据加强海洋产业协调。搭建平台、引导对话沟通，强化对数据的输出和流通。海洋产业经济运行监测与评估系统，不仅需要强化搜集系统，还需要重点开发其配套的反馈系统。特别是在战略性新兴产业上加大监测力度，使数据共享更加流畅，从而推动高科技技术产业的发展。发达国家在加强海洋产业竞争力的实现方式中重点提到为高新产业搭建平台，投入资金，帮助高新行业与传统核心行业进行数据交流。监控与评估数据的共享是行业得到快速发展，更快实现战略转型的重要推力。如何更好地利用中国海洋经济运行监测与评估系统带来的庞大数据流，最终达到提高海洋产业效率，使产业快速发展和实现经济战略转型的目的,将成为海洋经济管理需要重点解决的问题。

(四)抓好海洋产业标准制定

一是培育市场自主制定的标准,加大标准化工作改革创新,积极推进我国海洋标准"走出去"。发达国家政府和企业都非常重视海洋标准制定的"话语权",使企业和行业都从推进国际标准制定中获益。"谁制定标准谁就拥有市场"是发达国家推进国际海洋产业标准制定的中心思想。我国作为海洋产业的后发国家,应当利用市场自主、快速的特性,追踪国际标准制定情况,挑选我国成熟、适用性广的特色标准,进行翻译并用于区域与国际标准技术交流,适时组织相关标准的技术培训,确立我国海洋标准"走出去"的基本方针及实施方案,掌握标准制定中的主动权。

二是加强国际合作,广泛开展国际和区域交流,深入参与国际标准化活动。加强与国际组织和国外发达国际标准研制单位的合作,积极参与国际学术交流与合作,初步建立起标准化国际合作联络机制,加快我国参与国际标准制定和建设标准信息资源的速度。推进国际标准的方式方法和手段主要有:①在国际协议和标准化制定进程中,最大程度地公布和发表我国的观点,特别是向国际海事组织(IMO)、国际标准化组织(ISO)和国际电工委员会(IEC)提供看法和参考;②通过行业参与者之间的合作,促进国际行业标准的引入;③利用国内市场中,确保授予合同的标准统一,使所有公司都必须适用相同的竞争条件,实现公平竞争。

三是建立健全海洋标准化法律法规体系,强化技术委员会管理,培育发展标准化服务业。发达国家都高度重视海洋标准法律体系和管理机制的建设。以德国为例,德国设有技术监督协会和标准化室等标准化组织。2006年,德国联邦经济和技术部启动标准创新计划(INS),确定德国未来标准化研究的重点领域。目前,德国工业标准(DIN)制定的标准有90%已成为国际标准,在国际标准制定过程中发挥了桥梁和纽带作用。作为海洋标准后发国家,我国应当高度重视海洋标准制定和推广工作,鼓励、支持我国海洋标准化工作在规划、科研、实验、比对、生产、使用及申报等方面管理机制的制定,抓紧研究国际标准制定修订程序,使我国标准化建设向规范化、法制化、体系化方向发展,抢占制定国际规则先机。

第四章　我国海洋产业"走出去"发展路径研究

一、我国海洋产业"走出去"现状分析

(一)海洋产业"走出去"的特点

贸易投资主体日益多元化。我国海洋产业"走出去"的贸易主体包括私营企业、外商独资企业、国有企业、中外合资企业、集体企业、中外合作企业等。其中,私营企业、外商独资企业和国有企业是对外贸易的主体。

投资领域更加广泛。目前我国海洋产业"走出去"发展已经从最初的渔业发展到多个行业和领域,包括海洋油气、港口建设、水产品生产与加工、远洋渔业捕捞等。

投资主体多元模式多样。20世纪80年代以前,我国海洋产业"走出去"大多是以承担国家对外投资项目为主,而且这些项目主要由国有企业承担。随着海洋产业"走出去"战略的实施,海洋产业直接对外投资快速增加,海洋产业"走出去"的主体呈现出多元化趋势。

(二)海洋产业"走出去"的问题

1. 区域性争端和摩擦频发

随着世界格局和地区形势的变化,各国间经贸关系的迅速发展,各国对区域性目标市场的争夺将日益激烈。美国战略重心东移,日韩争相与东盟发展经贸关系,欧美国家与印度经济关系不断深化。随着全球资源竞争的不断加剧,围绕海洋资源的权益争夺亦愈演愈烈。地区性摩擦和冲突导致中国与部分国家关系日趋紧张。国际社会对海洋开发关注度的提高、海上国际争端的加剧给我国维护海洋权益、加快海洋资源开发进程带来更加严峻的挑战,不利于海洋产业"走出去"发展。

2.发达国家对海洋高新技术的垄断

长期以来,美国、日本、英国、德国、法国等为代表的世界海洋发达国家依托良好的产业基础和技术优势在海洋高端产业的发展上处于领先地位。如美国非常重视对海洋产业的科技投入,在许多领域具有明显的领先优势。美国目前是深海油气资源开发技术水平最先进的国家,是世界上最早进行海水综合利用的国家以及最早实现海洋热能利用的国家。但是主要发达国家把海洋工程装备技术、深海油气开发技术等视为国家安全的重要领域,加大技术垄断与产品出口,并对相关科研机构与我国的合作设置障碍,对我国加强与发达国家在海洋装备领域的合作造成了很大的负面影响。

二、我国海洋产业"走出去"影响因素分析

(一)国内因素

1.海洋强国战略

十八大报告在第八部分"大力推进生态文明建设"中明确提出,我国应"提高海洋资源开发能力,发展海洋经济,保护生态环境,坚决维护国家海洋权益,建设海洋强国"。习近平总书记在十八届中央政治局第八次集体学习(2013年7月30日)时强调:"建设海洋强国是中国特色社会主义事业的重要组成部分。党的十八大作出了建设海洋强国的重大部署。实施这一重大部署,对推动经济持续健康发展,对维护国家主权、安全、发展利益,对实现全面建成小康社会目标,进而实现中华民族伟大复兴都具有重大而深远的意义。要进一步关心海洋、认识海洋、经略海洋,推动我国海洋强国建设不断取得新成就。"而建设海洋强国的基本内涵,即"四个转变"就是"要提高海洋资源开发能力,着力推动海洋经济向质量效益型转变。要保护海洋生态环境,着力推动海洋开发方式向循环利用型转变。要发展海洋科学技术,着力推动海洋科技向创新引领型转变。要维护国家海洋权益,着力推动海洋维权向统筹兼顾型转变。"①海洋产业发展是建设海洋强国的物质基础,推动海洋产业"走出去"发展既能促进国内海洋产业的转型升级,也能够进一步增强海洋产业的国际竞争力,能够加快海洋强国的建设。

---

① 人民网:《习近平谈建设海洋强国》,2018年8月13日,http://politics.people.com.cn/n1/2018/0813/c1001-30225727.html? tdsourcetag=s_pctim_aiomsg,2023年1月18日。

2."21世纪海上丝绸之路"倡议

"21世纪海上丝绸之路"倡议是确保我国实现海洋强国战略的重要保障措施。2013年9月7日和10月3日,国家主席习近平在分别访问哈萨克斯坦和印度尼西亚时提出了建设"丝绸之路经济带"和"21世纪海上丝绸之路"的构想。① 2013年10月,国家主席习近平在中国周边外交工作座谈会上强调,要着力深化互利共赢格局,积极参与区域经济合作,加快基础设施互联互通,建设好丝绸之路经济带、"21世纪海上丝绸之路",构建区域经济一体化新格局。② 2013年11月,中国共产党第十八届中央委员会第三次全体会议通过的《中共中央关于全面深化改革若干重大问题的决定》指出,应建立开发性金融机构,加快同周边国家和区域基础设施互联互通建设,推进丝绸之路经济带、海上丝绸之路建设,形成全方位开放新格局。2013年12月举行的中央经济工作会议再次明确提出:"推进丝绸之路经济带建设,抓紧制定战略规划,加强基础设施互联互通建设。建设21世纪海上丝绸之路,加强海上通道互联互通建设,拉紧相互利益纽带。"2015年《政府工作报告》指出,推进丝绸之路经济带和"21世纪海上丝绸之路"合作建设;加快互联互通、大通关和国际物流大通道建设;构建中巴、孟中印缅等经济走廊。经国务院授权,国家发展改革委、外交部、商务部于2015年3月28日发布《推动共建丝绸之路经济带和21世纪海上丝绸之路的愿景与行动》文件,其中将海洋经济合作发展列为重要的内容。

3.海洋经济外向发展的巨大需求

海洋经济本身具有较强的外向性特征,其发展与国际经济密切相关。当社会生产、消费等过程呈现出全方位性的国际化趋势时,海洋产业中的很多产业在外资的推动下有了长足的进步,特别是需要大量资本支撑的行业,如海洋船舶工业和需要大量科技投入的海水利用业和海洋医药等新兴的海洋产业在经济全球化的过程中找到了发展所需的要素,结合国内的劳动力资源迅速发展起来。此外,滨海旅游业呈现出了较强的外向型特征,吸引了大批外国游客。海洋交通运输也随着对外贸易的发展而逐渐形成规模。

---

① 《习近平谈"一带一路"》,2017年4月12日,http://politics.people.com.cn/n1/2017/0412/c1001-29203823.html,2023年1月18日。

② 《习近平与"一带一路"》,2017年2月6日,https://www.yidaiyilu.gov.cn/xwzx/gnxw/6339_5.htm,2023年1月18日。

(二)国外因素

1. 世界海洋经济发展形势

20 世纪 90 年代以来,世界海洋经济 GDP 年均增长 11%,明显高于同期全球经济增速。经济合作与发展组织(OECD)报告指出,基于经济合作与发展组织的海洋经济数据库值计算,2010 年全球海洋经济的价值(根据海洋基础工业对经济总产出量和就业的贡献计算)为 1.5 万亿美元,接近世界经济总增加值(GVA)的 2.5%。据 OECD 预测,海洋经济价值在 2030 年将达到 3.2 万亿美元。在全球海洋经济中,海洋油气业、海洋交通运输业以及新兴海洋产业发展迅速。

海洋油气业方面,产量逐年增加,逐步走向深海开发。全球 70% 以上的油气资源蕴藏在海底。2013 年全球海洋油气总投资 3 580 亿美元,其中勘探开发投资支出与运营支出分别占比 55%、45%。海上石油和天然气产量分别占世界总产量的 35% 和 30%,其中,深海油气的产量占世界油气总产量的百分比由 2000 年的 2% 上升至 2010 年的 9%。未来 5 年,全球及中国海洋油气开发将处于高景气周期,油气需求绝对量持续增长,陆地增产困难,海洋成为油气增产的主战场。

海洋交通运输业方面,2012 年全球货物装载总量超过 90 亿吨,增长率为 4.3%;2013 年总量为 96 亿吨,增速为 4.7%。新造船舶的陆续交付,加上经济危机之后新订单的大幅减少,导致全世界造船订单在同期减少了 1/3。重要造船厂仍然主要处理经济危机之前的订单,由此产生的船舶供过于求的状况使船东面临严峻挑战。

新兴海洋产业方面,经济危机之后,全球经济进入深度调整期,海洋经济也逐步由以资源为核心的传统产业向以技术和服务为核心的新兴产业转变。从目前来看,新兴海洋产业包括海上风电、海工装备、海水利用、深海资源开发利用和邮轮经济等。新兴产业在研究、开发、投入生产和推广过程中一般需要巨额资金投入,需要利用资本市场进行融资。但金融风暴导致全球股市暴跌,银行资本金充足率下降,造成融资渠道变窄,融资难度加大。海上风电、海工装备等产业受政策、市场、经济转型等多种利好因素影响,近年迅速发展。

2. 世界海洋产业竞争状况

自 20 世纪 90 年代以来,随着世界海洋经济的加速发展,国家之间的海洋经济竞争呈现白热化的趋势,尤其对海洋新兴产业的竞争和开发海洋技术制高点的争夺日趋激烈。美国为了保持其在海洋经济发展领域的领先地位,加强了对海洋产业的组织与调整。美国在海洋工程技术、海洋旅游、邮轮经济、海洋生物医药、海洋风力发电等新兴、尖端的海洋经济领域居于世界领先地位。美国亦是极少数能从 1 500 米以上深海完成油气钻探和开发的国家之一。除美国外,加拿大对海洋经济和海洋技术研发的大量投入,也促使其海洋经济产业特别是海洋新兴产业取得了快速发展。

除了在远洋运输、海洋渔业、造船等传统海洋经济领域的迅猛发展以外,海洋经济开发不断依托高科技向高精尖方向发展,新兴的海洋经济产业获得了前所未有的推动力,海上采矿、海上休闲旅游、海洋可再生能源、海洋工程、海洋生物医药等领域的成长进入快车道,成为沿海国家经济增长的重要抓手和引擎。港口和临港工业园、海洋工业园的建设不断加快,并进一步带动了钢铁、石化、建材、矿物和原材料、农业大宗商品、风电为代表的能源业、电子、机械制造等行业的发展。

(三)海洋产业"走出去"存在的风险

发展海洋经济既要面对经济领域本身的风险,同样可能面临国际关系及政治方面的挑战。一段时间以来,美国、日本、东南亚等国家,对我国海上正常经济活动采取的是抵触、反对甚至敌视的态度;而海洋产业"走出去"发展过程中,不少国家仍存在政权更迭造成的社会动荡、极端势力及恐怖主义影响、海盗等诸多政治及非传统安全风险;随着海洋产业"走出去"步伐加快,我国政府相关职能在部分地区没有及时跟进,也在无形间加大了经营风险。发展海洋经济,除了开发性金融服务的支撑,目前还急需政治、外交层面的"保驾护航"。

1. 矛盾与争端

中国海洋产业"走出去"涉及国家多、人口多、范围广,各国资源禀赋和发展水平参差不齐,政治体制千差万别,利益诉求和宗教信仰不同,中国海洋产业"走出去"发展将面临更加复杂的外部环境与国际竞争。

(1)国家间矛盾不断

中国海洋产业"走出去"发展过程中,涉及东北亚、东南亚、南亚、西亚、东非、北非等区域的多个国家,这些国家的国情存在巨大差异,这在很大程度上增大了对相关国家进行深度整合的困难。东南亚的恐怖主义与领土争端,印度和巴基斯坦之间存在的深刻矛盾,索马里、也门、埃及、伊拉克、缅甸、泰国等国家面临或刚经历政治转型,或者由于其他原因而不同程度地存在政治稳定性等方面的问题,越南、菲律宾与中国在南海问题上存在着短期内难以获得根本性解决的争议,西亚北非地区的持续动荡,中亚地区的极端主义与恐怖主义势力以及政局动荡问题。此外,还有不少国家存在基础设施落后、经贸法规薄弱、市场容量不足、投资条件有限的情况,都对中国海洋产业"走出去"构成重大的安全威胁。

(2)基于利益存在的美国的抵制和防范心理

中国海洋产业"走出去",将受到美国等国家的阻碍。美国作为当前体系中唯一的超级大国,其国际地位很大程度上建立在其所拥有的海权优势之上。美国在印度洋地区有巨大的利益存在,在多国和印度洋中心建有军事基地,能够直接干涉和控制印度洋的安全。而中国海洋影响力的上升,特别是在印度洋中力量的渗入,容易被美国解读为对其海洋影响力的侵蚀,而且美国在亚太的影响力较强、根基深厚,能提出有竞争性的方案提高中国的成本,在很大程度上影响中国海洋产业参与国际分工发展的能力。

2. 地缘政治风险

中国周边地区众多国家都处在复杂的政治经济社会转型之中,未来形势潜存很大的不确定性和风险。而对政治风险不敏感、过于依赖同当政者的关系,使得许多中国企业在政经局势突变后遭受巨大损失。

(1)东南亚地区

从东南亚地区看,南海争端问题导致中国与部分东南亚国家,特别是菲律宾、越南等国在安全关系、政治关系、战略关系上的紧张,对互信合作关系形成一定冲击,影响区域经济金融合作。此外,东南亚地区是多民族、种族、宗教和文化的汇集地,缺乏区域共识,不利于双边或多边战略互信的构建。部分东南亚国家国内政局动荡反复,国内政治派别斗争尖锐,宗教、部族派别斗争暴力性强,反政府抗议激烈,导致这些国家风险突出,制约了经济社会发展及吸引投资能力,给中国金融机构和企业拓展国际业务带来较大风险和不确定性。

(2)南亚地区

南亚次大陆是一个相对独立和完整的地理历史区域,不仅如此,这里还是一个在文化类型和历史际遇上与以中国为首的东亚体系有着强烈类比性的地方。印度是南亚次大陆无可争议的主体部分,因此在中国的南亚地缘政治格局中,中印关系是决定性的主导因素。多年以来,中印之间因陆上边界问题摩擦不断,在海上通道安全方面竞争激烈。而南亚地区,印度与巴基斯坦、斯里兰卡、孟加拉国之间的民族矛盾、边界问题、海上问题等都是该地区的不安定因素,也在很大程度上危及中国在南亚地区的经济利益,减缓中国海洋产业"走出去"发展的进程。

(3)西亚地区

西亚是世界上政治经济形势最为复杂的地区,多种文明、多种宗教共存,不同文化、不同社会制度国家共处。地区国家间历史的、现实的恩怨、矛盾十分复杂,边界争议、能源水资源争夺掺杂其中;加之某些大国干预、撕扯,"三股势力"煽动、破坏,不少国家相互关系持续紧张。而中国海洋产业"走出去"中的海洋油气、海洋运输等产业面临巨大风险,如何协调这些国家间的相互关系、减少其相互矛盾对项目实施的掣肘,不能不说是对中国外交智慧和运筹能力的严峻考验。

3.非传统安全影响

一般来说,非传统安全威胁主要包括恐怖主义、贩毒走私、严重传染病疾病、海盗活动、非法移民、经济金融安全和信息安全等方面。受复杂的地缘政治经济环境的影响,这些非传统安全威胁在中国海洋产业"走出去"发展中表现得都比较突出。客观地讲,中国海洋产业"走出去"发展中的非传统安全问题形式之多、任务之严峻,是一般区域所不能比的。

(1)恐怖主义活动

在过去30年里,海上恐怖袭击占世界范围内整个恐怖事件的2%左右,其中印度洋地区占大多数。纵观当前世界许多活跃的恐怖组织,其中少数恐怖组织已经发展到有能力从事海上犯罪活动,但大多数仍相对缺乏这种能力。迄今为止,一些重大海上恐怖活动类型主要有:一是劫持航运船只;二是劫持海上交通工具,以人质生命作"筹码"要挟政府答应他们的要求;三是袭击海上运输的辅助设施;四是以自杀性船只进行海上攻击;五是攻击大型油轮,造成大面积海域污染。这些恐怖组织及其制造的恐怖活动,对中国海洋产业"走出去"发展是一种极大的安全威胁,需要联合国际社会,采取有效的措施合理处理,确保中国海洋产业"走出去"发展顺利开展。

(2)海盗问题

海洋既是世界经济的"生命线",也是国际海盗活动的"黄金线"。20世纪90年代,马六甲海峡曾经是全球海盗猖獗的地区之一,该区域海盗占到海盗总量的60%。而21世纪以来,亚丁湾海域成为世界海盗活动最为集中的海域。仅2008年,中国共有1 300多艘次商船通过亚丁湾海域,其中有20%受到海盗袭击,7艘被劫持。频繁的海盗活动不仅对世界航运造成严重影响,也对中国海洋产业"走出去"发展安全构成最现实的威胁。印度洋地区的海盗大都拥有先进的武器和通信设备,他们或登船抢劫,或绑架人质,或掠走船只,给印度洋国家以及经由该地区的海洋运输和贸易造成了巨大的威胁和损失。

根据国际商会下属的国际海事局(IMB)的统计,现代海盗行为主要发生在非洲通往亚洲航线上的西非海岸、索马里半岛附近水域、红海和亚丁湾附近、孟加拉湾沿岸和整个东南亚水域。其中,东南亚水域最为危险,世界上有超过半数的海盗抢掠案发生于此,而印尼附近水域的马六甲海峡则是危险中的危险,是海盗最集中的地方。每天全球贸易量的1/3,包括东亚国家石油运输量的1/2以及全球固态天然气运输的2/3要经过马六甲海峡,而且这些数字每年还以8%的速度递增。每天将近有600艘装载着各种货物的船只要经过这个重要地区,而货船上的货物各种各样。

(3)商品走私

商品走私已成为许多国家经济发展的毒瘤。走私不仅给经济带来危害,而且这些国家的产品很难再卖出去,企业的生产成本也会不断升高。许多盗版者在国外盗版国内的名牌产品,国外的盗版商又把盗版产品偷运回原地,走私犯又把资金通过洗钱渠道输出国外,这对原公司造成了灾难性打击。与之相关联的供应商、发行商、银行和公司的其他合作伙伴也蒙受直接和间接的损失。走私活动免不了要拉帮结派,贿赂官员,腐蚀国家政府职能部门,侵害国家机体。以迪拜为例,迪拜是阿拉伯联合酋长国的商业中心,进出口贸易额约占该国国民生产总值200亿美元中的16.5%,这里是波斯湾走私货物的热门中转站。这些都将使相关国家的经济利益受损,严重中国海洋产业"走出去"发展的顺利进行。

此外,非法移民、毒品问题、民族分裂主义、环境恶化等问题也是影响中国海洋产业"走出去"发展的重要因素,需要相关国家通力合作,共同整治、应对和处理,为中国海洋产业"走出去"发展创造一个良好的内外部环境。

三、我国海洋产业"走出去"发展的重点领域

实施海洋开发、发展海洋经济、促进海洋可持续发展已成为沿海国家共同的发展战略。深化中国海洋产业"走出去"发展战略,既契合世界各沿海国家实现现代化的诉求,又可带动中国产业结构优化升级,是促进中国与相关国家经济深度融合的重要途径,是"21世纪海上丝绸之路"建设大有可为的重点领域。[①]

---

① 刘赐贵:《发展海洋合作伙伴关系,推进21世纪海上丝绸之路建设的若干思考》,《国际问题研究》2014年第4期,第5~7页。

(一)海洋渔业

东南亚海域、印度洋、东非国家沿海有丰富的渔业资源,是世界远洋渔业的重点生产基地之一。自 1985 年我国开始发展远洋渔业以来,在国家的积极推动和大力支持下,我国在印度洋及周边海域的远洋渔业活动获得了长足进步,与东南亚、南亚和非洲国家渔业合作不断深入,建立了与东南亚、非洲国家的双边渔业协定,如《中华人民共和国与印度尼西亚共和国海洋领域合作备忘录》等,为进一步的合作奠定了良好的基础。因此,在中国海洋产业"走出去"发展中应从更高层面进行战略布局,坚持"明确定位、规划先行、优化布点、企业跟进、加强管理、完善预警"的总体路径,充分发挥政府、企业、行业组织的作用,形成合力。对已有的布点,鼓励有条件的企业加大投资力度,在主要作业海域的沿岸国建设码头、冷库及渔船修造厂等基础设施,设立加工、销售中心或者综合性经营基地,进一步深化与东道国当地的合作,巩固中国海洋产业"走出去"战略布点。对于已密集分布的海域(如西非),我国应鼓励企业加强合作与配合,优化布点,促进共同发展。在未布点或布点较少的海域(如南美),国家应积极与有关国家合作,支持企业到这些海域开展业务活动。[①]

(二)海洋旅游

海洋旅游是中国海洋产业"走出去"发展的重点产业之一,其中合作建设旅游基础设施是海洋旅游走出去发展的重点。合作建设的重点包括岛屿上的道路、供水、供气、排水、排污、垃圾处理、公共文化娱乐以及相关的航线开发等。在合作建设的原则和要求上,中国与相关国家海洋旅游基础设施的协作应体现高定位、高层次和高标准的原则,通过相互之间的合作,将中国与相关国家间的海洋旅游连接成国际上最具影响力的海洋旅游圈。其中,高定位是指在合作中应将该区域的海洋旅游定位为世界最具有吸引力和最前沿的旅游市场,充分发挥各自的特色优势,深入挖掘各地的旅游特色;高层次是指海洋旅游基础设施要坚持较现代化和具有前瞻性,防止低水平和短视性的建设;高标准是指建设中所使用的各种标准和设施应坚持严格要求和标准,避免管理上的漏洞和设施使用上的各种问题。

以重大项目为依托进行合作。中国与相关国家海洋旅游合作中的重大项目建设包括临界岛屿的基础设施建设、旅游景观建设、配套设施建设以及航线

---

① 韦有周、赵锐、林香红:《建设"海上丝绸之路"背景下中国远洋渔业发展路径研究》,《现代经济探讨》2014 年第 7 期,第 55～59 页。

的开发等。对双方在海洋旅游合作发展中具有较强带动性的重大海洋旅游项目，需要由双方商定协作的具体办法。在具体协作方面，由双方成立重大项目协调小组；在招商方面，开展专题招商和网上招商，重点吸引区域内的跨国公司投资；在资金解决方面，积极探索新的投融资方式，建立高效的投融资机制，积极采取 BOT、BTL、TOT 等国际通行的投资方式，支持有竞争力的旅游企业参与重大项目建设的竞争与合作。

(三)物流服务业

当前，全球贸易已经进入供应链竞争阶段，供应链是融合物流网(物流)、金融网(资金流)、信息网(信息流)等多元一体的集成链条，而包括港口、建筑、交通、装备制造、水利工程等在内的基础设施工程基建类项目将极大促进海上交通物流的发展，中国海洋产业"走出去"发展也可以被看作中国的全球化供应链传输带。因此，在中国海洋产业"走出去"发展中应加速建设交通物流网，以此作为"经线"连接主要国家和地区，积极参与投资铁路、公路、港口、机场等交通干线和物流枢纽；要横向以金融服务网、信息服务网作为"纬线"，以横向编队夯实互联互通。

首先推动相关国家的港口合作，构建海洋产业"走出去"发展的物联网基础。以构建中国与相关国家的港口合作联盟为目标，充分整合中国沿海港口—南海—东南亚—印度洋航线和中国沿海港口—南海—南太平洋航线港口，突出比较优势，强化运力建设和港口腹地能力建设，以服务国际贸易发展为准，实现港口之间的战略合作，构建起全区域或次区域的港口合作联盟或港口合作网络，推动贸易便利化发展。为构建区域港口合作联盟，在当前及今后一个时期内，中国与相关国家的港口合作的重点应从加强港口基础设施、构建区域港口物流体系、建设港口合作的制度三方面开展。具体而言，一是加快港口基础设施改造与现代化建设，推进港口资源的优化配置，促进区域内沿海港口向大型化、深水化、专业化方向发展。重点实施港口扩能工程，建设一批深水航道、大能力泊位、专用泊位和集装箱泊位，进一步提高港口吞吐能力和服务水平。同时，加大区域内港口内联交通建设，进一步完善沿海港口与铁路、公路联合集疏运系统，提高港口综合运营效率和综合竞争力，建立以港口为龙头的现代海上交通运输体系，扩大港口城市对所在区域的辐射力和影响力。二是构建区域港口物流体系，提高通关效率，通过收购、兼并、联盟等手段，在现有的港口物流网络、运输和仓储能力上进一步扩充实力，扩大相互的市场占有率，并建设、完善集装箱运输系统，开辟国家间港口的集装箱新航线，发展集装箱联运业务。三是建立区域港口合作的制度保障体系,以区域内港口标准化和便利化建设为突破口,加强相关国家港口规划和管理,支持设立海关监管区域,建立区域港口合作的信息平台,共建船舶供求信息系统和调度指挥中心,共建贸易代理代运调度指挥中心,维护良好的进出口秩序。

表 4-1　沿海国家主要港口列表

地区	港口	所属国家	地区	港口	所属国家
黑海航线	敖德萨(ODESSA)	俄罗斯	欧洲航线	弗利克斯托(FELIXSTOWE)	英国
	布尔加斯(BURGAS)	保加利亚		汉堡(HAMBURG)	德国
	康斯坦萨(CONSTANTZA)	罗马尼亚		安特卫普(ANTWERP)	比利时
	伊斯坦布尔(ISTANBUL)	土耳其		勒阿佛尔(LE HAVRE)	法国
红海航线	苏丹港(PORT SUDAN)	苏丹		鹿特丹(ROTTERDAM)	荷兰
	亚喀巴(AQABA)	约旦		不来梅(BREMEN)	德国
	吉达(JEDDAH)	沙特		南安普顿(SOUTHAMPTON)	英国
	苏科纳(SOKHNA)	埃及		泽布吕赫(ZEEBRUGGE)	比利时
	亚丁(ADEN)	也门		泰晤士港(THAMESPORT)	英国
	荷台达(HODEIDAH)	也门		不来梅哈芬(BREMERHAVEN)	德国
	柏培拉(BERBERA)	索马里		焦亚陶罗(GIOIA TAURO)	意大利
亚得里亚海	里耶卡(RIJEKA)	克罗地亚	地中海西部	瓦伦西亚(VALENCIA)	西班牙
	的里雅斯特(TRIESTE)	意大利		热那亚(GENOVA)	意大利
	斯普利特(SPLIT)	克罗地亚		巴塞罗那(BARCELONA)	西班牙
	威尼斯(VENICE)	意大利		福斯(FOS)	法国
	科佩尔(KOPER)	斯洛文尼亚		那不勒斯(NAPLES)	意大利
中东地区	麦纳麦(MANAMA,AL)	巴林		利沃诺(LIVORNO)	意大利
	巴林(BAHRAIN)	巴林	地中海东部	比雷埃夫斯(PIRAEUS)	希腊
	阿巴丹(ABADAN)	伊朗		亚历山大(ALEXANDRIA)	埃及
	阿巴斯港(BANDAR ABBAS)	伊朗		达米埃塔(DAMIETTA)	埃及

（续表）

地区	港口	所属国家	地区	港口	所属国家
中东地区	布什尔（BUSHIRE）	伊朗	地中海东部	塞得港（PORT SAID）	埃及
	霍拉姆沙赫尔（KHORRAMSHAHR）	伊朗		伊斯坦布尔（ISTANBUL）	土耳其
	巴士拉（BSARA）	伊拉克		海达尔帕夏（HAYDARPASA）	土耳其
	科威特（KUWAIT）	科威特		伊兹密尔（IZMIR）	土耳其
	马斯喀特（MUSCAT）	阿曼		梅尔辛（MERSIN）	土耳其
	乌姆赛义德（UMM SAID）	卡塔尔		盖姆利克（GEMLIK）	土耳其
	多哈（DOHA）	卡塔尔		塞萨洛尼基（THESSALONIKI）	希腊
	沙迦（SHARJAH）	阿联酋		利马索尔（LIMASSOL）	塞浦路斯
	迪拜（DUBAI）	阿联酋		贝鲁特（BEIRUT）	黎巴嫩
	阿布扎比（ABU DHABI）	阿联酋		拉塔基亚（LATTAKIA）	叙利亚
	达曼（DAMMAN）	沙特		阿什杜德（ASHDOD）	以色列
	利雅得（RIYADH）	沙特		海法（HAIFA）	以色列
东南亚	香港（HONGKONG）	中国	南非	德班（DURBAN）	南非
	澳门（MACAO）	中国		开普敦（CAPE TOWN）	南非
	新加坡（SINGAPORE）	新加坡		伊丽莎白港（PORT ELIZABETH）	南非
	巴生港（PORT KELANG）	马来西亚		蒙巴萨（MOMBASA）	肯尼亚
	槟城（PENANG）	马来西亚	东非	达累斯萨拉姆（DAR ES SALAAM）	坦桑尼亚
	马六甲（MALAKA）	马来西亚		马普托（MAPUTO）	莫桑比克
	海防（HAIPHONG）	越南		路易港（PORT LOUIS）	毛里求斯
	磅逊（KOMPONGSOM）	柬埔寨	西非	阿比让（ABIDJAN）	科特迪瓦
	金边（PHNOM PENH）	柬埔寨		拉各斯（LAGOS）	尼日利亚
	林查班（LAEM CHABANG）	泰国		特马（TEMA）	加纳
	仰光（YANGON）	缅甸		洛美（LOME）	多哥
	曼谷（BANGKOK）	泰国		科托努（COTONOU）	贝宁

（续表）

地区	港口	所属国家	地区	港口	所属国家
东南亚	吉大港(CHITTAGONG)	**孟加拉国**	北非	阿尔及尔(ALGIERS)	阿尔及利亚
	加尔各答(CALCUTTA)	**印度**		奥兰(ORAN)	阿尔及利亚
	马尼拉(MANILA)	**菲律宾**		班加西(BENGHAZI)	利比亚
	雅加达(JAKARTA)	**印度尼西亚**		的黎波里(TRIPOLI)	利比亚
	三宝垄(SEMARANG)	**印度尼西亚**		卡萨布兰卡(CASABLANCA)	摩洛哥
南亚	孟买(BOMVAY)	印度	南亚	班加西(BENGHAZI)	利比亚
	加尔各答(CALCUTTA)	印度		卡拉奇(KARACHI)	巴基斯坦
	卡基纳达(KAKINADA)	印度		吉大港(CHITTAGONG)	孟加拉国
	科伦坡(COLOMBO)	斯里兰卡		达卡(DACA)	孟加拉国
	亭马克里(TRINCOMALEE)	斯里兰卡		马累(MALE)	马尔代夫

说明：加黑处为本课题研究的范围，本表还包括欧盟27国和非洲沿海国家。

其次，要突出对远洋运输企业的鼓励和扶持力度。远洋运输企业是连接港口和国际贸易顺利进行的主要载体。在中国海洋产业"走出去"发展中应充分发挥远洋运输企业的重要作用，打造一支强大的远洋运输船队，提升我国的海洋运输能力。首先，应转变经营理念，创新经营模式。远洋运输企业应协调好规模和质量的关系，由注重货物运量、港口吞吐量的增长转变为建立质量、结构与效益相统一的科学经营理念，把提供最优质的服务作为企业追求的目标，在考虑企业效益的同时，严把质量关，力争实现"双赢"。其次，远洋运输企业应主动拆解耗能高、污染重的老旧船舶，避免运力盲目发展，优化船队运力结构，提高船舶的经营效益，形成老、中、青相结合，层次合理，良性循环的船队，环节运力过剩局面，使航运市场逐步趋向供需平衡。再次，随着中国与中国海洋产业"走出去"相关国家国际贸易的发展，我国应鼓励来自相关国家的外商设立中外合资企业，中外合营企业从事挂靠我国港口班轮和非班轮运输，从事我国至国际海上运输经营（包括港、澳运输），鼓励外商从事国际船舶代理、国际海运货物装卸、国际海运货物仓储、国际海运集装箱站和堆场业务等。最后，政府应将航运业列为我国战略性重点行业，鼓励我国远洋运输企业进一步实施"走出去"战略，从税收、融资、补贴、科技投入等方面发展完善我国航运扶持政策体系，以减轻我国远洋运输企业运营负担。

(四)电子商务业的发展

与世界其他国家相比,中国电子商务发展迅速、规模庞大,已成为世界第一大电商国家,拥有众多电商企业,如阿里巴巴、腾讯、京东商城、苏宁易购,在促进中国经济的发展中起到了重要的推动作用。而中国海洋产业"走出去"发展为电子商务的发展带来巨大商机,据估算,2014 年可纳入海关归口统计的进口跨境电商零售额预计达到 600 亿元,2015—2016 年可翻 2～3 倍,预估达到1 500 亿～3 300 亿元。另据中国电子商务研究中心预测,2018 年中国的海淘人数将达到 3 500 万,海淘规模达到 1 万亿元。[①] 不过,从目前相关国家的电子商务发展情况来看,相关区域的电子商务发展极不平衡,有些国家或地区的电子商务甚至尚未起步,但在互联网普及的时代,作为市场经济的产物,电子商务或早或晚都会进入各经济社会体,无论在怎样的环境下,都应以符合电子商务发展规律的方式适时推进。

就中国来看,在中国海洋产业"走出去"发展中首先需要清晰界定电子商务与实体经济的关系。目前来看,中国经济发展从高速增长阶段进入中高速增长阶段,旨在推动宏观经济从数量向质量型转变。在这样的情势下,电子商务与实体经济应以竞合关系或互补关系来培育新的消费增长点,从根本上丰富市场需求的可选择性,适应消费理性化的进程。其次,中国海洋产业"走出去"发展的电子商务应具备国际化视野,相关国家无论自身电子商务发展水平高低,都应以国际化视角审视电子商务发展,明确电子商务与实体经济均为商务平台,各国应借助电子商务平台充分展示各自的经济特色。

中国海洋产业"走出去"发展的电子商务发展,应在理清与实体经济的关系的基础上,立足于全球海洋经济,打造"市场主导、政府参与",由跨境电子商务平台、专业化云物流系统、互联网金融等构件组成的电子商务新常态模式。对于中国而言,在电子商务发展水平比较高的地区(如东部),针对某一产业打造由电子商务与实体运营共同支撑的产业链体系,不仅可以强化两者间的联系,而且能够快速推进供应链一体化;在电子商务发展水平比较低的地区(如西部),由政府引导本地大型购物中心进入电子商务平台,能以线上到线下(O2O)的方式缓解物流压力,规避网络和实体纠纷,还可通过支持地方银行发展的方式,让客户在实体店刷银行卡时可以享受电子商务平台成交价的优惠,激发电子商务与实体经济间的竞合关系。在具体发展策略方面考虑:以构建"数字海

[①] "一带一路"推动国际物流发展跨境物流迎新契机,http://www.cet.com.cn/sypd/syfxb/1408648.shtml,2017 年 12 月 15 日。

洋经济"为目标,积极推进电子化商务的发展。国家提供优惠政策,鼓励有条件的信息企业研发多语种、高效的电子商务平台网络系统,为经贸合作搭建信息平台;[①]绑定大型工商企业一起"走出去",在相关国家建立运营网点,采取反向营销、培育人才、实体投资等措施,在管控好风险的同时,搞好属地化经营,以加强在当地的存在,输出中国自己优势的物流服务和管理;应该加强与其他各国政府部门间的国际合作,积极参加国际组织的峰会和项目谈判,探索全球跨境电子商务跨境监管合作的新对策,建立各国间有关税收优惠、关税优惠、数据安全和计算机犯罪等方面的谈判和协调机制,更好地为各国电子商务的健康发展服务。

(五)资源能源领域

能源合作是国家关系之中的重中之重。加快推进能源一体化进程符合中国与世界各沿海国家的长远国家利益,是区域经济一体化战略的实施重点。然而,当前南亚、西亚等地区形势复杂,大国地缘政治压力和地缘经济压力普遍存在,民族宗教问题、边界问题等多重矛盾交织,地缘安全形势较差,严重影响能源合作。另外,能源合作的一些具体问题,如技术问题、投资问题、规范问题及协调问题都亟待解决。[②]

按照油气资源开发的产业链,促进相互之间的合作。在上游领域,上游的油气田开发领域的合作是中游运输、下游炼化与贸易合作的基础,应予重点加强。在合作模式方面,要选择互利共赢的合作模式,深化我国与相关国家在油气资源领域的开发合作。积极采取贷款换石油、产量分成、联合经营、技术服务等合作模式,利用我国的资金优势向相关国家提供贷款,换取一定比例的油气资源;与当地油气公司联合成立财团,参与油气项目开发,签订产量分成协议;与当地企业合资经营或联合作业,进行油气资源开发。在中游运输领域,重构海陆能源通道。对于维护油气管道运行安全问题需要予以高度关注,尽快推出更加有力的安全保障措施。在下游领域,重点借助西亚国家现代化炼化设施建设,推动南亚与中亚输油管道和相关配套设施的建设合作。[③]

此外,要正确处理油气进口来源多元化和经营好主渠道的关系。中国固然要建设海外油气进口来源多元化格局,但同时不能忽视中东尤其是阿拉伯海湾

---

① 程云洁:《"丝绸之路经济带"建设给中国对外贸易带来的新机遇与挑战》,《经济纵横》2014 年第 6 期,第 92 页。

② 此处只重点讨论能源合作,基本金属市场和矿产资源的合作与能源合作有类似之处,不做赘述。

③ 王海运:《"丝绸之路经济带"建设与中国能源外交运筹》,《国际石油经济》2013 年第 12 期,第 18~20 页。

产油国作为中国油气来源主渠道的局面在近期内难以改变。当然即使在中东这一渠道之内，在重点发展与沙特等海湾六国能源合作的同时，也要积极开拓与其他中东阿拉伯油气资源国的能源合作。同时也要看到中阿能源合作面临的挑战，中国在与阿拉伯国家的油气贸易、勘探开发合作等方面还面临一系列现实与潜在的严峻挑战和障碍，呈现长期化、复杂化的中东变局动荡局势还将使中阿能源合作进一步面临一系列不稳定、不确定因素的冲击与挑战。[①]

(六)海洋工程装备制造业

海洋工程装备制造业是最能体现一国海洋产业国际竞争力的产业，从世界范围内看，海洋工程装备制造业可分为3个等级。美、欧属于第一梯队，在设计、制造领域具有领导地位。美国、挪威、法国、澳大利亚等国家掌握大量关键设计技术和专利技术，在钻井平台、海洋工程船等领域处于领先；在FPSO、TLP、SPAR、LNG-FPSO等生产平台的设计方面占据垄断地位。亚洲国家利用成本优势和工业基础，在总装建造市场占据较大份额，具备超强的建造和改装能力，日、韩是这一梯队的典型代表。第三梯队则主要是利用成本优势和劳动力优势，进行生产建造组装等附加值较低的部分，处于海洋工程装备全球价值链的低端环节，典型代表是中国。

对于海洋工程装备走出去发展而言，重点是改变全球价值链的低端锁定状态，向设计、研发与服务等附加值较高的环节转移。因此，海洋工程装备制造应加快产品研发，在重要、需求量巨大的市场中树立起自身品牌，实现自主设计建造，将一些重点产品如半潜式钻井平台、钻井船、深海锚泊系统等关键系统和设备逐步发展成为我国主导产品。同时，积极发展海洋工程装备制造服务业，推动生产性营销、品牌建设等发展，推进海洋工程装备价值链向高端转移。

四、我国海洋产业"走出去"的路径选择

(一)自主创新

1. 自主研发设计推动核心技术发展

海洋产业的核心技术是买不来的。不掌握核心技术，发展就会受制于人，抢占未来技术的制高点也无从谈起。因此，必须强化自主创新，突破核心技术，掌握发展的主动权。一方面，以聚合国内高校与研究院所，国外高校开展联合

---

① 余建华：《二十一世纪中阿能源合作探析》，《阿拉伯世界研究》2014年第5期，第25页。

技术攻关,加快核心技术的自主研发和成果转化;另一方面,通过多渠道引进海洋战略性新兴产业中精密与关键基础零部件制造较弱的国外先进技术,开展技术集成创新和引进消化吸收再创新,缩短技术差距,尽快形成有竞争力的品牌。

2.产学研合作推动海洋产业关键技术发展

产学研合作是实现中国海洋产业关键核心技术转化的有效途径。在我国海洋产业"走出去"发展中需要建立紧密的产学研合作关系,联合国内的重点高校、研究机构以及重点涉海企业组建成立海洋产业创新联盟,共同开展海洋产业关键技术联合攻关、中试及产业化,促进成果转化速度。

3.高端服务推动自主创新错位发展

以面向高度定制化管理为出发点,立足于产品市场发展的特点,充分利用信息科技和高新技术,构造工程高端装备的服务链,打造专业化的设计研发团队与安装服务团队,与国际特种船承包商,如 Damen Shipyards Group、Dockwise,在高端产品设计、模块设计制造、装备供应、配套系统安装调试、技术咨询服务等领域,逐步发展成为具备较强国际竞争力的专业化企业。

(二)对外并购

1.提高核心竞争力

对于我国短期内自主创新无法获得重大突破且国外拥有先进技术的产业,可以通过海外并购的方式短时间获得技术升级。推动重点海洋企业走出去发展,按照市场发展的需求,寻求本企业缺乏的关键技术与装备制造能力,加强与相关企业的合作,同时开展兼并、收购船舶制造、油气勘探与开发、海洋生物医药研发与生产、海水淡化等企业。重点加强与美国、挪威、法国、澳大利亚、日本、韩国、新加坡等国家的企业合作,伺机并购其相关业务,并进行重组,形成新的业务模块。

在海外并购过程中,签订并购协议只是跨国并购的开始起点,只有完成主体企业与目标企业的整合,让并购整合后的新企业发挥出"1+1>2"的竞争优势,才是跨国并购的目的。因此,跨国并购是否成功,根本上还是要看主体企业的核心竞争力和相应的管理溢出竞争力。也就是主体企业能够将自身的核心竞争力溢出并移植到目标企业之中,用主体企业的竞争优势同化并购企业,完成新的增长点。

2.做好并购信息分析

全面收集被收购企业所在行业、所处地位和所在国的综合信息,在深入调研和分析的基础上做出合乎科学的评估论证,对信息的客观价值要做到由表及里去伪存真、客观判断实事求是,在信息真实可信的前提下,再根据企业自身的战略设定以及投资底线进行并购决策。调查方法要审慎、忌浮躁,尤其是对目标企业的负债状况、法律关系、潜在风险、面临的机会等等,都要进行全面了解和分析,从而为上层决定是否实施跨国并购、如何实施跨国并购提供重要的决策性参考。

3.做好并购后的整合

完成并购不是跨国并购工作的终结,后面还有很长的路要走。其实,并购后的整合,才是跨国并购最为关键的部分,也是风险最大的节点,不可低估,跨国并购的最终成败极有可能因此而功亏一篑。对中国海洋企业而言,整合的难度较比一般的企业大,挑战性也更大。跨国并购的整合主要指资产、文化及人力等3个方面的整合。其中,难度较高的是文化和人力的整合,如何将中国的文化与人力整合入被并购企业形成符合中国文化特色的企业文化,需要较长的路。

(三)国际合作路径

1. BOT[①]

BOT方式是特许经营项目的一种主要形式,由项目东道国政府通过特许权协议授权外商或者私营商作为工程的负责方,特意成立特定的工程建设企业,对这个工程的经费筹集、投资、建设、运作等负责,在法律条款明确的特别许可运营的时间范围内,对运用此工程产品或服务的人按律收取一定的费用(如电厂工程由项目公司与东道国的国家电力公司签可购电协议的包销合同),由此收回项目的投资(资本金和贷款及贷款利息)、运作与维护等支出的费用,同时取得合乎规定的投资报酬,过了特别准许运营的时间期限后,工程建设企业把工程移交给东道国政府。

以港口承包建设为例,随着国际港口建设市场竞争日益激烈,承包方所提供服务的范围及任务的繁杂性渐渐增强。在港口建设中需要负责的项目不但包括供应设计服务、机械设备、安装调试、职工教育等,还包括在经费筹集时给予一定的服务。集资水平与集资措施的竞争水平对港口工程的能够实施程度与重要程度进行反映,从中也可看出承包单位的综合管理水平,同时在一定程

---

① BOT 全称为 Build-Operate-Transfer,即"建设—经营—转让",是基础设施投资、建设和经营的一种方式。

度上能够得知承包单位隶属的国家对与业主隶属国家的交流、两国商贸机制等的支持力度。因此,BOT模式被越来越多的国际工程承包企业所重视,但由于BOT项目的建设特点,其蕴涵的风险远高于EPC[①]总承包合作方式。

2. PPP[②]

PPP模式是指国家和个人单位出于对城市基建工程联合建设的目的,或者为达到供应某类公众产品与服务的目标,在签订特别准许合约的前提下,两者合作方存在。同时,通过签订协议的方式确定两者的权利,规定两者需要履行的义务,用来保障合作顺利进行,最后让两者获得比独自一方行动还要多的利益。

PPP模式是政府和个体合作运营的一种方式,其存在这样的特征:政府参加运营的所有环节。基于此,这种模式倍受全世界各国关注。PPP模式让公司通过特别准许运作权的手段履行政府职责,两者间存在共同承担风险、一起分享利润、全程合作的特点,这能够减少国家的财政支出,提高公司的投资安全程度。在欧美等国家和地区,就公众基建方面而言,特别是规模较大、一次性工程,比如公路、城轨、电厂、水厂等基础设施的建设中,PPP的应用范围很广泛。

对于中国海洋产业"走出去"特别是投资于大型的港口、旅游基建、油气基建等项目而言,PPP模式是一种很好的选择。

五、我国海洋产业"走出去"的对策

(一)战略沟通协调

1. 国际沟通机制

在中国海洋产业"走出去"的发展过程中,与其他海洋或者沿海国家开展全面竞争不可避免。中国政府必须以积极进取的姿态,通过各种国际场合为保证中国海洋产业"走出去"发展创造良好的国际环境和外部条件,协助中国企业将"走出去"战略体现为商业竞争行为,体现为互利共赢的结果,而不是对东道国和其他国家的海洋安全威胁。

从具体措施来看,中国要在立足国内海洋产业发展的基础上,积极发展与沿海国家的海洋经济贸易与投资关系。积极与相关国家签订合作协议,切实维

---

① 　EPC(Engineering Procurement Construction)是指公司受业主委托,按照合同约定对工程建设项正对着6目的设计、采购、施工、试运行等实行全过程或若干阶段的承包。

② 　PPP全称Public-Private-Partnership,即"公共私营合作制",是指政府与私人组织之间合作建设城市基础设施项目。

护和保障中国企业在海外的合法利益和投资安全。发挥驻外使领馆的作用,甚至可以配备懂海洋经济的专业人员负责相关事务,对国内海洋企业"走出去",在伙伴选择、背景了解、涉外谈判、境外公关、人员进出境、货物进出口,以及领事保护等方面提供便利和实际支持。通过努力,使地区性制约因素转变为战略上的有利条件,增强中国的国际地位。

另外,应建立和规范与有关国家在资源问题上的对话沟通机制。充分利用双边领导人会晤机制、各专业委员会会议机制,协调解决在海洋产业合作中出现的各种难点问题,寻找合作发展的重大项目。继续加强各种形式的交流,增信释疑,营造互利互惠的和谐氛围。

2. 协调政府部门关系

理顺和强化国家海洋局及相关部门的管理、协调和决策职能。由国家海洋局及相关部门负责统一制定中国海洋产业"走出去"发展战略规划,统筹相关信息的搜集处理、调研、分析,以及项目评估、开发、协调、管理等各项工作,高效应对各种可能的风险,防止国内企业间盲目竞争引起内耗。简化国内企业开展海外投资与项目合作的审批程序,变审项目为审规划,放宽审批权限。另外,还可以组织企业以联合体的形式"走出去",形成合力,避免单打独斗。

3. 安全保障措施

政府可委托专业的中介机构采取多种形式组织收集中国海洋企业对外直接投资的目标国家和地区的政治状况、宏观经济、经营要素成本,以及与投资有关的法律、税收、政府管理等基本信息,建立可靠的信息传播机制和渠道。此外还可以为"走出去"的企业提供咨询,邀请企业参加国家大型商务洽谈活动。

把海洋产业对外发展安全纳入顶层战略规划。借助中国与有关国家共同建设"一带一路"的重要契机,在国家顶层设计中充分考虑保障海洋产业对外发展安全的战略需要。

(二)政府政策支持

1. 制定战略规划

制定鼓励海洋产业"走出去"的战略规划。政府应从国家对海洋经济发展的迫切需求出发,通过制定战略规划,积极统筹规划和指导管理,通过规划来引导和管理企业投资、合作对象,并给予积极扶持,使其既能满足国家短缺资源的需求,又能使对外投资有序化、正规化、科学化,减少在海外投资过程中的盲目性和危险性,避免不必要的损失。

2.人才支持

加强人才交流和联合培养。通过有目的地选择合作对象,加强学术互访和人才的联合培养,可以为企业"走出去"提供更多的智力支持。

3.财政金融政策

建立海洋产业"走出去"发展的专项基金。由国家承担前期风险,减少企业风险。

引入社会风险投资。国家和地方政府应以立法或者颁布有针对性的政策的方式,放宽民营企业进入海洋产业对外发展的准入条件。鼓励有实力的民营企业进入周边国家海洋经济市场,鼓励国有海洋企业和民营企业进行国际运作上的合作。

给予海外投资企业优惠贷款、贷款担保以及其他融资便利条件。例如,国家有关银行可以设立特殊贷款,其贷款利率可以适当优惠,贷款金额要适当增加等。

4.专项基金支持

利用中国具有充足外汇储备的优势,为海洋资源类的对外直接投资给予积极的财政支持。例如,对海洋石油企业采取税收豁免、税收抵免、税收饶让等措施,避免国际双重征税;建立延期纳税制度、赋税亏损退回与赋税亏损结转制度,促进海洋石油企业利用对外投资的利润进行再投资。

二、实践篇

第五章 "十四五"时期促进海洋经济高质量发展的思路与措施研究

我国是海洋大国,海洋在经济社会发展中的地位举足轻重。实现我国经济社会高质量发展,必须重视海洋、依托海洋、经略海洋,充分发挥海洋在高质量发展中的战略要地功能。《国民经济和社会发展第十四个五年规划和 2035 年远景目标纲要》明确提出"积极拓展海洋经济发展空间"。新形势下,海洋经济高质量发展既面临着新的机遇和挑战,也将面对新的目标和任务。如何在推动海洋经济高质量发展过程中准确把握新的发展阶段、深入贯彻新的发展理念、服务构建新的发展格局值得深入研究。

一、国际海洋经济发展态势

进入 21 世纪以来,国际海洋政治经济形势正在发生深刻的变化,海洋资源开发与空间利用在世界经济发展中扮演着越来越重要的角色。世界经济向海发展的趋势日益明显,产业布局从内陆向沿海加速推进,发展海洋经济已成为多数沿海国家的重大战略抉择。以海工装备制造、海洋生物医药和海洋新能源为代表的新兴海洋产业已经成为世界经济新的增长点,全球经济正在跨入以高新技术为支撑、以海洋为战略新空间、海陆一体协调发展的蓝色经济时代。蓝色经济发展大潮下,全球海洋产业扩张和海洋高新技术竞争日趋激烈,世界海洋开发格局发生深刻变化,主要表现在以下几方面。

(一)蓝色经济主导全球海洋开发导向

加快海洋产业绿色化和智慧化进程,大力发展蓝色经济,以科技创新和产业结构优化提升海洋经济发展质量,实现海洋经济发展与资源环境的协调发展,是新时期国际海洋经济发展的基本导向。1992 年,联合国里约地球峰会提出可持续发展倡议,倡导发展绿色经济。把绿色理念融入海洋开发战略,推动海洋经济绿色化发展,发展蓝色经济成为当今世界海洋开发的潮流。20 世纪末,随着全球气候变化和海洋开发的兴起,一些小岛屿国家开始提出蓝色经济发展行动,旨在以海洋资源开发驱动当地经济发展。2011 年,蓝色经济区概念首次纳入我国海洋开发战略体系,大力发展以海洋经济和临海经济为核心的蓝色经济,推动陆海一体化发展,打造蓝色经济区成为我国沿海地区国民经济发展的重要内容。同年,亚太经合组织在厦门召开首届亚太蓝色经济论坛,探讨在亚太地区发展蓝色经济,形成有利于蓝色经济发展的国际政策与规制环境。欧盟也举办了全球蓝色经济大会,提出蓝色经济发展战略,并启动欧盟蓝色经济发展研究,对欧盟海洋经济发展状况、驱动力和可持续发展潜力进行全面评估。2012 年,里约联合国可持续发展大会认可了蓝色经济概念,并突出了其可持续发展属性。2012 年第四届东亚海可持续发展战略部长论坛签署了《昌原宣言》,提出了基于海洋的蓝色经济推动可持续发展的倡议。2020 年,欧盟联合研究中心(JRC)与欧盟环境海洋事务与渔业委员会联合发布了《2020 年度蓝色经济报告》。报告指出,尽管 2020 年沿海及海上旅游业、渔业及水产养殖业受到新冠病毒疫情的严重影响,但总体上看,蓝色经济对绿色复苏的贡献仍旧潜力巨大。总体来看,蓝色经济已成为全球海洋经济持续健康发展的基本导向。

(二)战略规划引领全球海洋产业发展

近年来,沿海国家为保障在国际海洋资源开发和海洋权益政治格局中的地位,纷纷推出了强有力的海洋开发战略和海洋权益保护政策,将海洋资源利用,特别是海底矿产、海洋能源和生物资源等深远海资源开发列入国家战略重点。包括美国、欧盟国家、日本、韩国、俄罗斯、澳大利亚、加拿大等都从国家战略高度提出了海洋开发的总体框架和具体行动计划,加大了政府对海洋开发的资金投入和科技创新扶持力度,并通过国家政策引导市场参与。其中,欧盟相继发布了一系列欧盟海洋战略,推动欧盟各国海洋科技创新与海洋产业集聚发展。俄罗斯以确保国家海洋安全和海上运输线为重点,突出远洋运输和深海矿产资源开发。美国则针对海洋经济可持续发展,加强外大陆架海洋能源利用及支持海洋能源开发等系列新举措。加拿大提出了推动包括深海油气、矿产开发、船舶制造等在内的海洋产业可持续发展计划。英国针对欧盟节能减排战略,出台了支持海洋可再生能源利用的多种保障措施。上述国家海洋开发政策显示了各国在海洋开发领域的战略导向,同时也引领了世界海洋科技创新与海洋资源开发潮流,加快全球海洋开发进程。

(三)全球海洋贸易格局发生深刻变化

随着世界制造业中心由欧美向亚洲转移,以中、日、韩和东盟为核心的亚太地区逐步成为国际海上贸易的重点地区。钢铁、石化、电子、装备制造业依托港口建设实现了跨越式发展,形成了以香港、上海、釜山等亚太国际港口城市为枢纽的亚太海上物流运输体系,特别是以上海、宁波—舟山、深圳、广州和青岛港为代表的中国大陆沿海港口群的快速崛起,取代鹿特丹、洛杉矶、长滩、汉堡、安特卫普等传统欧美港口成为国际贸易新的航运枢纽,海洋贸易也成为亚太地区沿海经济增长的主要驱动力。近年来,国际金融危机及贸易冲突对欧美经济发展造成重大冲击,导致世界海上贸易格局也随之发生深刻变化,欧美贸易需求的收缩对亚太地区国际航运业及相关配套产业链产生显著影响。由于欧美国家经济发展低于预期,特别是中美贸易摩擦的深刻影响,以中国为代表的发展中国家经济发展面临诸多不确定因素,国际市场铁矿石、煤炭、油气等大宗商品价格波动加剧,世界船舶制造及大宗散货运输市场进入下行区,加之全球气候变化及沿海地区日趋严重的资源与环境问题,给亚太地区的船舶制造、海洋运输、海洋油气开发等海洋产业发展带来了巨大的压力。

(四)海洋科技创新助推海洋产业升级

人工智能、大数据、新材料和生物技术的突破带动了海洋科技进入跨区域、跨学科联合创新阶段,孕育了一批新的海洋科技创新产品和产业发展模式。以人工智能、大数据为核心的信息技术突破赋予了海洋观测探测装备更高的质效,以基因工程、细胞工程、酶工程等为重点的海洋生物技术带动了海洋生物医药产业市场规模快速提升,以深远海勘探和开发为标志的重大海工装备技术突破带动世界海洋油气开发由近海向深远海的进军,以海洋波浪能和海流能利用为代表的海洋高技术成果的成功商业化应用为世界海洋可再生能源发展提供了技术保障。海洋生物技术、海水养殖技术、海水淡化技术的快速发展,为世界海洋产业发展注入了强劲动力,在改造提升传统海洋产业的同时,也催生了更多的海洋产业业态,培育了新的海洋经济发展动能,拓展了海洋经济发展空间,加速了海洋产业的转型升级。

(五)深海大洋成为海洋开发战略高地

深远海蕴藏着丰富的海洋生物、矿产与能源资源,具有广阔的开发前景和战略价值。深海油气已成为国际油气资源开发的重点领域,深海油气产量占全球油气总产量比重近10%,是未来国际海洋油气开发的重要增长点。以大洋锰结核、钴结壳、金属硫化物和天然气水合物为代表的深海矿产开发潜力巨大,仅太平洋西部一处海底钴矿的产量就可满足世界25%的钴需求,而已探明的海底天然气水合物总储量相当于全世界已知煤、石油和天然气等资源总量的两倍。巨大的资源开发潜力使深远海成为国际海洋高新技术竞争和展示国家海洋实力的重要场所。英、美、日、韩等海洋发达国家都已制定了国家深远海开发战略,通过政策引导和雄厚的资金支持,力求在深海矿产资源勘探及开采技术领域实现突破,尽快具备商业化开采能力。以鹦鹉螺矿业公司为代表的跨国企业已经开始对锰结核、多金属硫化物等深海矿产进行商业化试开采,奠定了大规模商业化开采的基础;我国和日本也成功从近海地层蕴藏的天然气水合物中分离出甲烷气体,为实现天然气水合物的商业化开采迈出了重要一步。

二、我国海洋经济发展现状与问题分析

(一)海洋经济发展现状

2022年,中国海洋经济发展承压前行,保持了稳中向好态势,海洋产业结构不断优化,海洋新兴产业发展势头总体良好,市场主体活力保持平稳。同时,中国海洋经济发展成效稳中有升,发展韧性持续彰显,满足人民需求的能力不断提升,海洋经济增长质量进一步提高。

据初步核算,2022年全国海洋生产总值94 628亿元,比上年增长1.9%,占国内生产总值的比重为7.8%。其中,海洋第一产业增加值4 345亿元,第二产业增加值34 565亿元,第三产业增加值55 718亿元,分别占海洋生产总值的4.6%、36.5%和58.9%。[①]

2022年,15个海洋产业增加值38 542亿元,比上年下降0.5%。海洋传统产业中,受装备技术进步、产业结构调整和升级以及跨海桥梁、海底隧道、沿海港口、海上油气等多项重大工程有序推进的影响,海洋油气业、海洋船舶工业、海洋工程建筑业、海洋交通运输业以及海洋矿业均实现了5%以上的较快发展,其中海洋矿业增速达9.8%居于首位,海洋船舶工业以9.6%的增速紧随其后。而随着海洋渔业转型升级深入推进,智能、绿色和深远海养殖稳步发展,海洋水产品稳产保供水平进一步提升,海洋渔业、海洋水产品加工业实现平稳发展。受宏观经济放缓、化工产品需求疲软影响,海洋化工产品产量有所下降,海洋化工业全年实现增加值4 400亿元,比上年下降2.8%。

海洋新兴产业中,海洋电力业、海洋药物和生物制品业、海水淡化产业等继

① 自然资源部海洋战略规划与经济司:《2022年中国海洋经济统计公报》,中华人民共和国自然资源部官网,2023年4月13日,http://gi.mnr.gov.cn/202304/t20230413_2781419.html,2023年4月14日登录。

续保持较快增长势头。其中,海洋电力业 2022 年实现增加值 395 亿元,较上年增长 20.9%,位列海洋新兴产业增速第一,海上风电保持快速增长态势,截至 2022 年末海上风电累计并网容量比上年同期增长 19.9%,潮流能、波浪能的应用与研发不断推进。随着海洋药物临床试验稳步推进、海洋生物制品生产规模不断扩大,海洋药物和生物制品业全年实现增加值 746 亿元,较上年增长 7.1%。有赖于海水淡化关键技术研发取得新突破、海水淡化工程规模进一步扩大,海水淡化与综合利用业全年实现增加值 329 亿元,比上年增长 3.6%。受疫情影响,海洋旅游业下降幅度较大,该产业全年实现增加值 13 109 亿元,较上年下降 10.3%。

(二)海洋经济发展存在问题

1.海洋经济布局同质竞争严重

在国际蓝色经济发展背景下,沿海各地争相出台海洋经济发展促进政策,把海洋产业作为地方经济转型的重要增长点。港口物流、船舶制造、海水养殖、滨海旅游业是主要的海洋产业投资热点,但受到海洋资源与空间的制约,国内传统海洋产业发展大多已进入成熟期,高强度同质化的区域投资导致严重的能力过剩和资源环境压力,形成港口吞吐能力过剩、船舶制造产能浪费、捕捞强度过高以及高密度大规模的近岸养殖等问题,导致严重的资源浪费与市场恶性竞争。近年来,广东、福建、山东、江苏等地对海上风电、海洋生物医药产业的竞争性投资正在重复传统海洋产业发展的老路,形势不容乐观。各沿海政府颁布的海洋经济"十三五"规划中均确定了海洋战略性新兴产业发展领域,但普遍存在产业发展领域、方向、项目设计上过度趋同问题。此外,我国沿海地区海洋生产总值贡献占比已远远超出欧美发达国家水平,主要海洋产业发展规模明显高于其他国家,与欧美国家的产业同质化竞争日趋明显,海洋产业链能级进一步提升面临更大挑战。

2.海洋产业发展质量亟待提升

国内主要海洋产业发展规模差异巨大,缺乏整体协调发展,传统产业层次低,存在大而不强的问题。滨海旅游业一枝独秀,但产业主体与海洋缺乏有效关联,真正的以邮轮、游艇和海上休闲度假为核心的海上旅游开发进展缓慢,尚未形成有效的国际市场竞争力。海洋交通运输业和海洋渔业尽管具有相当规模,领跑国际行业市场,是多数沿海省市的海洋主导产业类群,但产业价值链明显偏低,总量占比持续萎缩,存在明显的产能过剩问题,包括港口吞吐能力、捕捞能力、养殖空间,未来进一步发展面临严峻的结构提升和空间拓展压力。船舶制造、海洋油气业受到国际贸易和全球能源市场价格的波动影响,相当一个阶段可能处在下降周期,产业发展出现明显的负增长,在国际市场竞争中处在明显劣势。海洋生物医药、海洋新能源、海洋新材料等海洋新兴产业发展则受限于技术与市场化发展,多年来产业化进展缓慢,难以实现规模化发展,短期内难以成为区域经济发展新动能。

3. 近海资源环境矛盾突出

海岸带与近海海域海洋资源与空间大规模、高强度的开发利用导致了严重的生态环境压力,对近海海域生态环境,特别是重点河口、海湾、湿地及近海生态系统造成了不可逆转的损害,导致海洋资源环境对海洋经济发展的约束加剧。近年来,尽管中央及地方政策采取各种防治措施,但陆源污染物排放、海上开发活动、围填海活动造成的海洋生态环境与海洋灾害问题依然突出。渤海碧海行动计划实施 10 多年来,渤海沿岸海域环境质量并未得到明显改善,且局部海域出现恶化,国家环保部不得不启动新一轮的渤海环境治理行动。一刀切式的围填海治理行动取得了初步成效,但造成大规模无序围填海活动的动因依然存在,并未从根本上解决问题。运动式养殖治理行动遭到养殖企业及养殖户的强烈抵制,对我国海水养殖业健康发展造成一定冲击。海洋渔业补贴政策,特别是远洋渔业补贴政策面临较大的国际与国内压力,前景不容乐观。

专栏 1　我国近海海域污染类型多、分布广、影响大
近海受到陆源污染范围不断扩大,氮、磷、COD 及重金属污染明显,赤潮、绿潮等海洋灾害事件频发。根据陆源入海污染源排查初步结果,全国 9 600 个陆源入海污染源中,入海河流 740 余条,入海排污口 7 500 余个,排涝泄洪口 1 350 余个。"十二五"期间劣四类海水水质面积平均为 4.74 万平方千米,较"十一五"增加了 47%。
来源:国家海洋局.我国首次摸清陆域入海污染源分布。2018 年 1 月 17 日新闻发布会。

4. 海洋科技创新引领不足

科技创新不足制约了海洋经济高质量发展。传统海洋产业结构调整面临强大的技术壁垒,传统产业链高端技术多掌握在欧美发达国家企业,国内多数企业研发投入不足,关键技术自给率低,重点技术装备国产化水平不高,缺乏高端产业链竞争技术创新能力。涉海企业创新主体能力欠缺,产学研合作机制亟待创新,涉海科技创新成果转化率低,难以有效支撑新产品、新技术和新业态的突破。中央与地方配套创新政策协同不足,研发项目低水平重复、盲目引进问题突出,导致海洋科技原始创新投入及高端创新成果不足,未形成有利于自主创业健康发展的政策环境。与海洋经济发展密切相关的基础领域研究水平不够高,在深水、绿色、安全、环保等海洋高技术领域的研究水平与国际相比尚有一定差距。

5. 海洋领域营商环境亟待优化

海洋产业具有技术含量高、投资大、风险大、周期长的特点。培育壮大海洋生物医药、海水综合利用、海洋工程装备制造等新兴产业多是资本密集型产业,民营企业整体上抗风险能力还较弱,进入这些行业难度较大。此外,民营企业参与长期被国有企业垄断的港口物流、战略物资储运、石化工业还存在诸多政策限制。结合实际来看,为了有效应对新冠肺炎疫情的影响,亟须降低民营企业用能和物流成本,消除民营企业在准入许可、招投标等方面的不公平待遇,适当放大涉及民营企业发展的海洋产业项目专项资金支持力度,切实给予一定的政策优惠,推动形成国资、民资、外资共同参与的多元化投资格局,引导更多的民营企业进入海洋领域,助力海洋经济高质量跨越式发展。

三、"十四五"时期我国海洋经济高质量发展思路

"十四五"时期,是我国从全面建成小康社会迈向基本实现社会主义现代化国家新征程的关键期、推动经济社会高质量发展取得新突破的加速期。通过梳理国际海洋经济发展态势,分析我国海洋经济发展存在的问题,海洋经济高质量发展要统筹处理好4个方向、6类关系,进一步明确发展思路。

(一)海洋经济高质量发展的四个主攻方向

优化提升海洋产业链能级。海洋经济发展历史悠久,渔盐之利、舟楫之便自古有之,但相对于陆地产业,海洋产业发展进程相对滞后。目前,全球海洋经济发展仍以资源开发利用为主,相对成熟的海洋产业类群包括海洋渔业、滨海旅游、海洋交通运输、海洋油气开发等资源依赖型产业,其产业链能级和产业拓展空间相对于陆地产业的消费型和服务型产业发展滞后。因此,海洋经济高质量发展应重点强化海洋科技创新驱动作用,充分发挥新一代信息技术优势,拓展海洋产业发展空间,优化提升海洋产业链能级,夯实产业基础高级化、产业链现代化水平。

强化海洋经济在国内国际双循环相互促进的新发展格局中的主体地位。海洋经济作为高度外向型的经济类型,天然具有开放性、国际性、全球化的特征。2018年以来,以美国为代表的西方发达经济体的"逆全球化"倾向愈演愈烈,2020年新冠疫情进一步强化了这种离散倾向;疫情与逆全球化认知给全球

化、国际经济合作和中国的发展带来了严峻挑战。特别是疫情冲击造成世界经济深度衰退，出口市场收缩、投资转移、技术并购难度加大等问题凸显，也使得海洋经济发展面临的系统性风险加大，海洋交通运输、远洋渔业、海洋油气等产业下行压力将不断增大，产业链供应链稳定性面临严峻挑战。因此，要进一步明确海洋经济作为"双循环"格局的关键领域和主体地位，制定顶层设计、实施方案和"政策工具箱"，提升海洋产业链供应链稳定性和竞争力。

深入推动海洋碳汇成为实现碳中和的关键力量。国际海洋开发经验表明：不同的时代和发展阶段对于海洋经济高质量发展有着不同的认知和要求。现阶段，全球蓝色经济发展大背景下，海洋经济高质量发展建立在海洋产业持续健康发展基础上。在2019年《联合国气候变化框架公约》第25次缔约方大会上，加强海洋的减缓和适应行动得到前所未有的关注。2020年9月22日，国家主席习近平在第75届联合国大会一般性辩论上的讲话中提出："中国将提高国家自主贡献力度，采取更加有力的政策和措施，二氧化碳排放力争于2030年前达到峰值，努力争取2060年前实现碳中和。"[①]实现碳中和已然成为我国未来一段时期应对气候变化的重要任务。和陆地碳汇相比，我们对海洋碳汇的储量、速率、过程机制和功能缺乏足够的了解，尚未建立起专门的观测和评估体系，难以做到"可衡量、可报告、可核查"。需要加强科学研究和监测，建立健全海洋碳汇的核算体系，形成系统的海洋碳汇核查理论、监测指标和评估方法，引导传统海洋产业建立绿色、环保和节能减排技术创新支撑体系，助推沿海地区将自身的生态优势转化为资产和经济优势，提高地方政府、企业和社会保护海洋生态系统的积极性，推动海洋生态保护向积极保护转变。

充分考虑人民群众对海洋经济发展的主观感受。坚持以人民为中心的发展思想，不断满足人民群众日益增长的美好生活对海洋的需求是海洋经济高质量发展的本质要求。新形势下，要坚持民生导向，拓展新的发展空间，满足社会不断增长的高品质生活需求。全面重视海岸带及近海生态环境保护，积极开发海上休闲、邮轮游艇、海滨康养等海洋旅游市场，提升绿色海产品、海洋功能食品、海洋生物药物等供给能力，优化海岛与滨海社区空间发展格局，拓展海洋民生及海洋权益空间。

(二)海洋经济高质量发展需处理好六类关系

陆海统筹的关系。统筹用地、用海、用岛政策，同土地政策一样，把用海用

---

① 习近平：《在第七十五届联合国大会一般性辩论上的讲话》，2020年9月22日，http://www.gov.cn/gongbao/content/2020/content_5549875.htm，2023年1月18日。

岛政策纳入国家宏观调控体系；统筹陆海基础设施建设，做好多式联运提高综合效益；统筹海水淡化和水资源供给，将海水淡化纳入国家和地区的水资源供给体系；统筹陆域与海洋能源勘探开发，尽快转变对陆域地矿资源和近海油气资源"吃干榨净"的做法，坚持海洋油气资源"储近用远"，加强海上风电布局管理；统筹海洋与陆域科研资源，使陆域先进科学技术最大限度地应用到海洋经济，实现"引陆下海"。

海洋经济发展与海洋生态文明建设的关系。健全海洋自然资源资产监管体系，坚决避免海洋自然岸线大量破坏、海域空间无序占用等不可持续的开发利用行为。优化海洋资源配置，加强海洋资源开发利用总量、时序和结构的科学合理安排，健全海洋资源有偿使用制度、价格形成机制和收益分配制度，提升海洋资源利用效率和效益。严守生态功能基线、环境安全底线，健全海洋生态环境动态监测和监管机制，完善海洋生态环境保护责任追究、损害赔偿和生态保护补偿制度。践行"绿水青山就是金山银山"的理念，推广低碳、循环、可持续的海洋经济发展模式，积极推进海洋生态产品价值实现，将海洋生态优势不断转化为海洋生态农业、生态工业、生态旅游等经济优势，为碳达峰、碳中和作出贡献。

海洋经济管理中政府和市场的关系。海洋经济管理部门要正确履行宏观调控、市场监管、公共服务和保护环境等职能，既充分发挥宏观政策在海洋经济中平衡总量、优化结构、防范风险和稳定预期的作用，但也不能频繁施策、削弱市场决定性作用。要减少对海洋资源型产品价格的干预，凡是能由市场形成价格的都交给市场，防止供求失衡。要为市场发展提供保障，推动建立海洋产权交易服务平台、信息共享平台、科技成果转化平台等，实现海洋各类资源与要素的市场化配置。

海洋经济发展中部门与地方的关系。统筹协调发展改革、财政金融、自然资源、生态环境、农业农村、交通运输、工业和信息化、科学技术、国际合作等涉海主管部门，形成政策合力，提出切实促进海洋经济高质量发展的政策创新举措。理顺中央和地方的事权与责任，明确对各级政府的工作部署要求，确保各项措施落到实处。地方要结合自身海洋经济基础和资源禀赋，各有侧重、因地制宜地推动自身海洋经济高质量发展，形成"中央宏观把握，地方各具特色"的良好局面。

海洋经济发展整体与局部的关系。围绕新时期高质量发展的要求，立足海洋经济整体发展，提升海洋在国家发展全局中的战略地位，制定全面覆盖海洋经济各个行业、部门、社会群体的发展规划。在局部的发展和探索中吸取有益的示范经验，加强海洋经济发展示范区和创新示范城市的统筹管理和政策协调,真正发挥试点示范的作用,通过局部先行先试引领整体的进步提高。

国际与国内的关系。统筹国际和国内两个大局,持续推进"21世纪海上丝绸之路"建设,加强海上互联互通,与沿线国家共同打造开放、包容、均衡、普惠的海洋经济合作架构,建立完善海洋经济国际合作平台和机制,拓展蓝色经济伙伴关系,提高我国海洋经济发展理念的国际影响力。坚持"走出去"和"引进来"并重,高效利用全球资源,推进海洋领域国际产能合作、技术输出和国际高精尖技术引进,推动海洋产业迈向全球价值链中高端,在深度融入以国内循环为主、国际国内互促的双循环发展的新格局中实现海洋经济高质量发展。

(三)海洋经济高质量发展的基本思路

在统筹处理好统筹处理好4个方向、6类关系的基础上,基于目标导向,"十四五"时期,我国海洋经济高质量发展基本思路考虑如下。

关于"高质量发展"和"加快建设海洋强国"的战略部署以及将党的二十大报告关于习近平总书记关于"海洋是高质量发展战略要地"的重要论述作为海洋经济高质量发展的基本遵循和科学指引,坚持陆海统筹,以陆促海、以海带陆,优化海洋经济空间布局,加快构建现代海洋产业体系,着力提升海洋科技自主创新能力,协调推进海洋资源保护与开发,维护和拓展国家海洋权益,畅通陆海连接,增强海上实力,走依海富国、以海强国、人海和谐、合作共赢的发展道路,加快建设中国特色海洋强国。

四、"十四五"时期我国海洋经济高质量发展的对策建议

(一)突出战略规划引领,优化海洋开发空间布局

尽快编制出台《全国海洋经济高质量发展指导意见》,逐步建立陆海联动的海洋规划与政策引导机制,统筹协调海洋空间规划、区域海洋经济规划与海洋产业规划,建立以海洋空间规划为先导,区域海洋经济规划为重点,海洋产业专项规划为支撑的陆海联动的国家、省、市三级海洋经济规划体系,强化区域海洋经济规划的权威性和引领性,减少各级地方政府的行政干预。围绕《全国海岸带开发与保护规划》《全国海洋经济"十四五"发展规划》的编制,把临海园区布局、临海产业基地建设纳入国家海洋经济规划,围绕港口整合和临港产业布局,统筹规划国家海洋经济发展示范区与临港产业园区建设,明确陆海产业链配置、特色产业园区及基础设施建设重点,推动陆海空间的协调和陆海产业的对接,以规制调节地方过度投资和重复建设问题,以政策引导沿海地区海洋产业

的错位发展和协同布局,推动全国海洋经济的均衡发展。

(二)拓展海洋开发空间,培育海洋经济发展新动能

系统总结评估"十三五"时期海洋经济发展示范区和海洋经济创新发展示范城市建设取得成效,精准提炼并适时推广在海洋经济体制机制创新、海洋产业集聚、陆海统筹发展、海洋生态文明建设、海洋权益保护等领域取得的可复制可推广的经验。"十四五"时期,要深化海洋经济发展示范区和特色化海洋产业集群建设,建立健全遴选和淘汰机制。以深圳、上海等全球海洋中心城市及广州、天津、青岛等区域海洋中心城市建设为重点,探索创新海洋经济发展路径,打造海洋产业发展新模式。引导海洋渔业、滨海旅游、船舶制造、海洋化工等海洋主导产业转型发展,加大对传统海洋产业的技术改造投入,推动陆海产业链联动发展,鼓励传统产业开展业态创新、模式创新、路径创新,拓展提升传统海洋产业价值链。实施国家海洋经济新动能培育行动,打造国家海洋新兴产业培育示范基地,加快海洋生物医药、海洋新能源、海洋新材料等产业的培育壮大进程。实施"蓝色粮仓""蓝色药库""蓝色能源""蓝海牧场""绿色航运"等一批国家蓝色创新工程,突出国际合作与技术创新,形成海洋特色产业集聚区,打造离岸深水海洋开发基地,壮大海洋新兴产业培育和集聚载体,加快重构现代海洋产业体系。

(三)推动陆海产业融合,创新蓝色经济发展模式

以海洋特色产业园区、特色化海洋产业集群为载体,推动陆海产业集聚发展,以港口物流、滨海旅游、装备制造等行业为重点,优化整合国内现有的海洋产业集群及涉海产业链,打造不同产业类群和产业业态融合发展的海洋特色产业基地。深入实施"智慧海洋"行动,推动海洋装备制造、临港油气化工、海洋工程建筑、海洋化工等产业的智能化发展。以人工智能、大数据、虚拟现实、5G等新一代信息技术为支撑,提升海洋设备、船舶海工、仪器仪表等现代海洋装备制造的信息化水平。重点加大对智能船舶、港口自动化装备、智能养殖装备、水下无人探测装备、海上运动装备及海洋环境大数据设备的研发和产业转化投入,培育壮大海洋IT产业。创新蓝色经济发展机制,以新模式、新业态和新产品开发为重点,推动海洋三产融合发展。以国家级海洋牧场建设为起点,全面推进海水养殖、生态修复与海洋休闲的融合发展。以海洋文化引领海洋旅游、休闲渔业、海洋环保等产业发展,拓展提升滨海旅游产业链。以沿海自由贸易试验区建设为契机,创新海洋经济发展模式,推动港口物流、海洋制造、休闲旅游、邮

轮游艇产业深度融合发展,打造国家海洋产业融合发展示范区和陆海产业统筹发展试验区。

(四)构建海洋生态屏障,引导海洋产业绿色发展

深入贯彻绿色发展理念,健全完善全国海洋生态意识教育、海洋环保知识普及和海洋生态文化培育机制。探索构建国家海洋生态安全屏障体系,统筹协调海洋环境安全、海洋产业安全和海洋资源安全,编制国家海洋生态安全行动计划。创新陆海联动污染物防治机制和海洋生物资源管控机制,建立跨区域的污染物追溯、水产品原产地及生态补偿制度,探索海洋污染治理与资源恢复奖励机制。引导海洋产业绿色发展,以新技术应用、节能降耗和绿色发展为导向,搭建海洋产业绿色技术创新平台。加大对环境友好型、资源节约型涉海投资项目的扶持力度,建立国家海洋产业绿色发展路线图,设立绿色产业引导基金。探索绿色产业政策扶持机制,鼓励海洋渔业、海洋化工、港口航运及滨海旅游生态化发展,引导临海产业园区向绿色低碳、循环经济园区转型。制定国家海洋绿色产业发展名录,鼓励海洋资源与空间配置向绿色低碳和战略性新兴产业倾斜,全面提升我国海洋产业绿色发展水平。

(五)创新区域合作机制,深度融入双循环新发展格局

以深度融入以国内循环为主、国际国内互促的双循环发展新格局为导向,以粤港澳大湾区、山东半岛蓝色经济区、北部湾向海经济区等为平台,探索跨地区协调与城市间联动机制。以港口物流为纽带,以临海产业园区为载体,建立跨地区的海洋产业链配置机制,优化重点海洋产业布局,形成区域协同、城市错位发展的海洋经济发展空间格局。加快推进区域港口整合,优化区域陆海物流通道,联合打造飞地物流园与临海产业集聚区。制定国家海洋经济区域协同发展指导意见,鼓励跨地区的海洋产业联盟、海洋科技创新联盟与海域生态保护联盟建设,最大限度地减少城市间的恶性竞争与重复投资。进一步完善中国—东盟海洋论坛、东亚海洋合作平台、南海海洋共同体等国际海洋合作载体建设,加强与发达国家在海洋新能源、海洋新材料、海洋生物医药及海洋生态环保等产业领域的合作,推进海上丝绸之路国际港口联盟建设。通过举办中外海洋商品交易会、国际海洋工程装备展、国际海事防务展、世界海洋博览会、国际航运周等重大国际海洋会展,积极引进海工装备制造、海洋新能源开发、海洋旅游等外商投资项目,鼓励现代渔业、滨海旅游、船舶海工制造、海洋工程建设以及航运物流企业"走出去",进一步丰富和完善国家向海开放的平台体系。

第六章　我国海上风电产业发展分析

一、全球海上风电产业发展概述

受资源禀赋和技术条件的影响,全球海上风电发展较好的地区主要集中在欧洲北海,该地区海上风电多以集群化发展为主,英国、德国、丹麦、荷兰和比利时海上风电装机容量占据欧洲前 5 位。欧洲海上风电商业化发展也得益于可持续发展理念、技术积累以及各国在风电标准化方面的推进。海上风电标准的实施可降低技术风险以及开发成本,并为准确测算投资收益提供保障。近年来,中国异军突起,年新增装机容量位居全球第一。截至 2023 年,以海上风电发展经历了百千瓦级风电机示范阶段(1970—2000 年)、兆瓦级风电机组商业应用阶段(2000—2018 年)、10 兆瓦级海上风电机组商业应用阶段(2018 年至今),海上风电机组向大型化转型的步伐不断加快。海上风电与陆上风电相比,各有优势。虽然从建造难度、投入规模看,海上风电均处于不利的位置,但过去 20 年,海上风电依旧取得了长足的进步。

全球风能理事会(GWEC)的报告显示,2021 新增 21.1 GW,累计装机容量达到 56 GW,较 2020 年全球新增海上风电容量的 6.1 GW 大幅提高。截至 2021 年底,海上风力发电占全球风力装机容量的 7%,比 2020 年增加 2 个百分点。国际能源署认为,未来海上风电在总风电的份额中,将从 5%~7%增长到 20%以上。国际可再生能源机构(IRENA)的报告显示,截至 2021 年中国新增装机容量连续 4 年位居世界第一。

国际可再生能源机构(IRENA)统计认为,过去 10 年,全球海上风电市场平均每年增长 22%。截至 2020 年底,欧洲仍然是全球最大的海上风电市场,占全球海上风电装机总量的 70%,但比 2019 年下降了 5%。到 2020 年底,亚洲累计装机容量突破了 10 GW,其中中国遥遥领先。截至 2020 年,北美只有 42 MW的海上风电投入使用。从当前发展形势看,到 2030 年,海上风电市场将会迎来更加蓬勃的发展前景。世界很多国家都在制定海上风电的发展规划,将其作脱碳目标下最有竞争性的能源之一进行培育。漂浮风电的商业化进程也持续推进,预计 2025 年将实现年新增 20 GW。预计海上风电装机每年新增容量将从 2020 年的 6.1 GW,提高到 2025 年的 23.1 GW 以上,使其在全球新装机容量的份额从目前的 6.5％增长到 2025 年的 20％。

全球各地风电场装机容量翻倍增长的同时,风机技术也在不断提高。在发展初期,安装的每台风力涡轮机的额定容量只有 450 kW。此后,海上风力机单机容量显著增长。2000 年全球平均海上风力单机容量达到 1.5 MW,2005 年达到 2.5 MW,2020 年达到 6.0 MW。在欧洲,新安装的涡轮机的平均额定值甚至更高,2020 年已经达到 8.3 MW,2025 年可能超过 12 MW。

二、我国海上风电产业发展分析

囿于技术和开发成本等原因,中国在 20 世纪之前没有实现对海上风能的商业性开发,但我们对沿海地区及海上风能资源的监测评估、对利用风力资源的尝试始终没有停止。如,有关学者选取了 1971—1980 年间 322 个气象台站风速资料计算了中国东南沿海有效风速小时数、年度有效风能等,并对风能资源利用进行分区评价。[①] 2014 年以来,气象局每年发布《中国风能太阳能资源年景公报》,对我国各省区风能情况进行详细阐述。需要指出的是,上述风能资源的观测评估主要是沿海的陆域风力资源,关于海上风力资源,还未有系统持续的数据。

最近 20 年,随着海上风电技术的不断成熟、生产成本的显著下降,以及国家对可再生能源利用的支持,中国海上风电进入到快速发展期。可以说,政策环境的不断完善是中国海上风电实现追赶超越的重要因素之一。

(一)国家支持海上风电的相关政策

2009 年 12 月 26 日第十一届全国人民代表大会常务委员会第十二次会议通过《关于修改〈中华人民共和国可再生能源法〉的决定》。改法所称可再生能源,是指包括风能、海洋能等在内的 6 类非化石能源。可再生能源法明确了可再生能源的价格管理与费用补偿、经济激励与监督实施,并提出编制全国可再生能源开发利用规划。2016 年 11 月,国家能源局印发《风电发展“十三五”规划》,明确“十三五”期间风电发展目标和建设布局,指出到 2020 年底,“风电累计并网装机容量要确保达到 2.1 亿千瓦以上,重点推动江苏、浙江、福建、广东海上风电建设,到 2020 年四省海上风电开工建设规模均达到百万千瓦以上,全国

---

① 孟昭翰、徐焕、杜慧珠:《中国东南沿海风能资源评价》,《自然资源学报》1991 年第 1 期,第 1～12 页。

海上风电开工建设规模达到 1 000 万千瓦,力争累计并网量达到 500 万千瓦。"2022 年 6 月国家发展改革委、国家能源局、财政部等九部门印发《关于印发"十四五"可再生能源发展规划的通知》,对如何"有序推进海上风电基地建设"提出了较为系统的建设要求。

表 6-1　"十三五"以来国家支持海上风电建设的相关政策

序号	时间	文件	主要内容
1	2016 年 12 月	国家能源局《能源技术创新"十三五"规划》。	在可再生能源利用领域,研究 8～10 MW 陆/海上风电机组关键技术,建立大型风电场群智能控制系统和运行管理体系。
2	2017 年 5 月	国家发改委、国家海洋局《全国海洋经济发展"十三五"规划》。	加强 5 MW、6 MW 以上大功率海上风电设备的研制,突破离岸变电站、海底电缆输电关键技术。
3	2018 年 5 月	国家能源局《关于 2018 年度风电建设管理有关要求的通知》。	从 2019 年起新增核准的海上风电项目应全部通过竞争方式配置和确定上网电价。
4	2019 年 5 月	国家发改委《关于完善风电上网电价政策的通知》。	将 2019 年新核准近海风电指导价调整为每千瓦时 0.8 元,2020 年调整为每千瓦时 0.75 元,新核准近海风电项目通过竞争方式确定的,上网电价不得高于上述指导价。
5	2020 年初	财政部、国家发展和改革委员会、国家能源局《关于促进非水可再生能源发电健康发展的若干意见》。	新增海上风电项目不再纳入中央财政补贴范围,按规定完成核准(备案)并于 2021 年 12 月 31 日前全部机组完成并网的存量海上风力发电项目,按相应价格政策纳入中央财政补贴范围。
6	2021 年 1 月	国家能源局《海上风力发电建设工程质量监督检查大纲(试行)(征求意见稿)》。	主要内容包括总则、监督检查前应具备的条件、责任主体质量行为的监督检查、工程实体质量的监督检查、质量监督检测。
7	2021 年 3 月	《中共中央关于制定国民经济和社会发展第十四个五年规划和二〇三五年远景目标纲要》。	有序发展海上风电。

(续表)

序号	时间	文件	主要内容
8	2021年10月	中共中央、国务院《关于完整准确全面贯彻新发展理念做好碳达峰碳中和工作的意见》。	将加快构建清洁低碳安全高效的能源体系设定为实现双碳目标的重要内容。实施可再生能源替代行动,大力、优先发展风能、太阳能,成为中国能源政策的基本取向。
9	2022年初	国家发展改革委、国家能源局《"十四五"现代能源体系规划》。	以京津冀及周边地区、长三角等为重点,加快发展分布式新能源、沿海核电、海上风电等,依靠清洁能源提升本地能源自给率。
10	2022年6月	国家发展改革委、国家能源局、财政部等九部门《关于印发"十四五"可再生能源发展规划的通知》。	提出"有序推进海上风电基地建设"。具体包括,开展省级海上风电规划制修订,同步开展规划环评,优化近海海上风电布局,鼓励地方政府出台支持政策,积极推动近海海上风电规模化发展;开展深远海海上风电规划,完善深远海海上风电开发建设管理,推动深远海海上风电技术创新和示范应用,探索集中送出和集中运维模式,积极推进深远海海上风电降本增效,开展深远海海上风电平价示范;探索推进具有海上能源资源供给转换枢纽特征的海上能源岛建设示范,建设海洋能、储能、制氢、海水淡化等多种能源资源转换利用一体化设施;加快推动海上风电集群化开发,重点建设山东半岛、长三角、闽南、粤东和北部湾五大海上风电基地。

在支持风电产业发展的规划和指导意见中,风电价格是政策体系中的重要内容。2010年东海大桥海上风电投运后,采用核准电价;2014年近海风电项目设置标杆电价,每千瓦时0.85元;2019年指导价定为每千瓦时0.8元;2020年下调至0.75元;2020年1月,按规定完成核准(备案)并于2021年12月31日前全部机组完成并网的存量海上风力发电项目,按相应价格政策纳入中央财政补贴范围,新增海上风电项目不再纳入中央财政补贴范围。

(二)地方海上风电"十四五"发展目标和任务

沿海地区编制的"十四五"社会经济发展规划及专项规划,对海上风电发展均设定了较为清晰、具体的目标与任务,体现了地方政府对海上风电发展的良好预期。

1. 辽宁

《辽宁省"十四五"海洋经济发展规划》提出,科学合理利用海上风能资源,推进海上风电集中连片、规模化开发,加快推进大连海上风电场建设,开展深远海海上风电技术创新和示范应用研究。发展海上风电输电创新技术,建设海上风电场配套电力输出工程。海上风电累计并网装机容量 2020 年达到 300 MW,2025 年达到 4 050 MW(预期性目标)。

2. 山东

《山东省可再生能源发展"十四五"规划》提出山东半岛千万千瓦级海上风电基地建设目标。主要内容包括:依托首批海上风电与海洋牧场融合发展示范项目建设,提升海上风电场选址、设计、施工安装水平,积累运营管理经验。聚焦渤中、半岛北、半岛南三大片区,按照总体规划、分步实施原则,重点推进一批百万千瓦级项目集中连片开发,形成规模化、基地化效应,打造千万千瓦级海上风电基地。结合风电技术进步和未来发展趋势,逐步推动海上风电向深远海发展,优选部分场址开展深远海海上风电平价示范,推进漂浮式风电机组基础、柔性直流输电技术等创新应用。到 2025 年,全省海上风电力争开工 1 000 万千瓦、投运 500 万千瓦。

3. 江苏

《江苏沿海地区发展规划(2021—2025 年)》提出,加强沿海电源点及电力、油气输送通道规划布局,统筹建设海上风电、沿海 LNG 接收、煤炭中转储运、核电基地。推进深远海风电试点示范和多种能源资源集成的海上"能源岛"建设,支持探索海上风电、光伏发电和海洋牧场融合发展。推进风电全产业链布局和光伏产业集群化发展,建设盐城国家级海上风电检验中心,打造具有全球影响力的新能源产业基地。加快突破光伏产业关键技术,实现产业链自主可控。《江苏省"十四五"海洋经济发展规划》提出,2025 年海上风电累计装机容量达到 1 400 万千瓦(预期性目标)。

4. 浙江

《浙江省海洋经济发展"十四五"规划》提出打造百亿级海洋清洁能源产业集群。加强海上风机关键技术攻关,加强风电工程服务,有序发展海上风电。《浙江省能源发展"十四五"规划》,提出着力打造百万千瓦级海上风电基地,到2025 年,全省风电装机达到 641 万千瓦以上,其中,海上风电 500 万千瓦以上,在宁波、温州、舟山、台州等海域，打造 3 个以上百万千瓦级海上风电基地。

5. 福建

《福建省"十四五"海洋强省建设专项规划》提出，拓展海上风电产业链，有序推进福州、宁德、莆田、漳州、平潭海上风电开发，坚持以资源开发带动产业发展，吸引有实力的大型企业来闽发展海洋工程装备制造等项目，不断延伸风电装备制造、安装运维等产业链，建设福州江阴等海上先进风电装备园区。规划建设深远海海上风电基地。

6. 广东

《广东省海洋经济发展"十四五"规划》提出，打造海上风电产业集群。推动海上风电项目规模化开发，基本建成已规划近海浅水区项目，推动省管海域近海深水区项目开工建设，争取粤东千万千瓦级海上风电基地纳入国家相关规划并推动基地项目开工建设，强化省统筹工作力度，重点统筹做好项目前期工作、场址资源划分及配置、发展与安全以及海上集中送出、登陆点和陆上送出通道、送出模式等。支持海洋资源综合开发利用，推动海上风电项目开发与海洋牧场、海上制氢、观光旅游、海洋综合试验场等相结合，力争到 2025 年底累计建成投产装机容量达到 1 800 万千瓦。推动海上风电产业集群发展，加快建设阳江、粤东海上风电产业基地，力争到 2025 年全省风电整机制造年产能达到 900 台(套)。

7. 广西

《广西海洋经济发展"十四五"规划》提出了海上风电装机容量在 2025 年达到 300 万千瓦的预期性目标。具体的，设一批海上风电项目，培育"海上风电＋"融合发展新业态。支持引进或建设国家海上风力发电工程技术研究及装备研发设计中心(广西分中心)，开展技术创新示范。支持北海市光伏材料产业链建设，发展海洋风电＋光伏＋储能(制氢)的综合能源服务。以风电开发和配套产业链建设为重点，以海上风电产业园为核心，培育海洋风电产业链，带动风电装备制造业及海上风电服务业发展，打造北部湾海上风电基地。到 2025 年，建成海上风电装机容量 300 万千瓦，在建海上风电装机容量 500 万千瓦。

8. 海南

《海南省海洋经济发展"十四五"规划》提出，稳步推进海上风能资源利用。加强全岛及周边海域风能资源勘查，科学有序推进海上风电开发，鼓励发展远海风电。在东方西部、文昌东北部、乐东西部、儋州西北部、临高西北部 50 米以浅海域优选 5 处海上风电开发示范项目场址，总装机容量 300 万千瓦，2025 年实现投产规模约 120 万千瓦。

(三)国内海上风电产业发展分析

1.项目建设

据不完全统计,截至 2021 年年底国内沿海省市海上风电项目 172 项,风电项目分布情况见表 6-2。海上风电项目规划总装机容量 63 518.05 MW,涉海面积 8 269.78 km²,见表 6-2 所示。其中,江苏省、广东省海上风电项目数量分别为 56 项、50 项,分列第一、二位,而规划装机容量排名前三位的分别是广东省 30 434.85 MW,江苏省 14 098.35 MW,浙江省 5 643.75 MW。

表 6-2 截至 2021 年底沿海省市海上风电投资情况统计表

所在省市	项目数/个	涉海面积/km²	装机容量/MW	项目总投资/亿元
江苏省	56	2 813.29	14 098.35	2 320.21
广东省	50	3 435.82	30 434.85	6 316.74
福建省	20	511.45	5 343.10	1 056.28
浙江省	18	766.81	5 643.75	870.69
辽宁省	7	425.00	1 698.10	296.65
山东省	7	247.56	4 104.80	563.12
河北省	5	48.00	1 300.00	112.60
上海市	5	21.85	622.60	113.70
天津市	4		272.50	21.25
合计	172	8 269.78	63 518.05	11 671.23

注:编制组根据公开数据统计整理。由于部分省市项目缺乏涉海面积及项目总投资数据,故相关数据有缺。

从沿海地市情况看,海上风电项目数量排名前三位的是盐城市(28 项)、南通市(27 项)、阳江市(16 项),见表 6-3。从沿海地市所涉涉海面积上看,盐城市海上风电项目涉海面积 1 713.20 km²,排名第一;阳江市海上风电项目涉海面积 1 456.49 km²,排名第二;南通市海上风电项目涉海面积 1 038.09 km²,排名第三。从海上风电项目装机容量来看,阳江市计划装机排名第一(9 006.20 MW),汕尾市计划装机排名第二(8 000.00 MW),盐城市计划装机排名第三(7 479.25 MW)。

表 6-3 截至 2021 年底沿海地市海上风电投资情况统计

所在省市	所在地市	项目数/个	涉海面积/km²	装机容量/MW	项目总投资/亿元
江苏省	盐城市	28	1 713.20	7 479.25	1 239.21
江苏省	南通市	27	1 038.09	6 319.10	1 028.00
广东省	阳江市	16	1 456.49	9 006.20	1 703.63
广东省	揭阳市	10	138.50	6 315.50	1 303.05
广东省	汕头市	8	738.00	4 197.00	993.72
福建省	福州市	7	165.98	1 654.50	340.67
福建省	莆田市	7	175.35	2 024.00	384.11
辽宁省	大连市	7	425.00	1 698.10	296.65
浙江省	舟山市	7	341.00	1 686.00	278.63
广东省	汕尾市	6	797.86	8 000.00	1 768.60
广东省	湛江市	5	104.37	1 407.90	253.77
河北省	唐山市	5	48.00	1 300.00	112.60
上海市	上海市	5	21.85	622.60	113.70
山东省	烟台市	4	151.64	1 503.20	159.96
天津市	天津市	4		272.50	21.25
福建省	福清市	3	88.60	658.60	131.50
福建省	漳州市	3	81.52	1 006.00	200.00
广东省	珠海市	3	89.40	508.25	98.29
浙江省	嘉兴市	3	113.51	1 001.15	182.47
浙江省	台州市	3	92.00	950.00	82.57
广东省	惠州市	2	111.20	1 000.00	195.69
浙江省	宁波市	2	85.80	754.20	128.41
浙江省	温州市	2	121.20	800.00	158.60
江苏省	连云港市	1	62.00	300.00	53.00
山东省	东营市	1	48.00	301.60	51.68
山东省	青岛市	1		2 000.00	300.00
山东省	潍坊市	1	47.92	300.00	51.48

（续表）

所在省市	所在地市	项目数/个	涉海面积/km²	装机容量/MW	项目总投资/亿元
浙江省	瑞安市	1	13.30	452.40	40.00
		172	8 269.78	63 518.05	11 671.23

注:报告编制组根据公开数据统计整理。

2.并网发电

从海上风电并网情况看(表 6-4),2021 年全国海上风电并网 67 项[①],新增并网容量 18 732.3 MW。其中,2021 年并网项目数量排名前三位的江苏省(26 项)、广东省(18 项)和福建省(11 项);而新增并网容量排名前三位的为江苏省(6 720.20 MW)、广东省(5 759.65 MW)、福建省(3 002.7 MW)。截至 2021 年,全国海上风电累计并网 101 项,累计并网容量 26 438.65 MW。累计并网数量排名前三位的分别是江苏省(47 项)、广东省(21 项)、福建省(11 项),并网容量排名前三位分别为江苏省(12 098 MW)、广东省(6 477 MW)、福建省(3 002 MW)。

表 6-4　沿海省市海上发电并网情况统计表

省(市)	2021 年并网		累计并网	
	并网数量/个	新增并网容量/MW	并网数量/个	并网容量/MW
江苏省	26	6 720.20	47	12 098.35
广东省	18	5 759.65	21	6 477.65
福建省	11	3 002.70	11	3 002.7
浙江省	6	1 691.35	9	2 195.35
辽宁省	3	748.80	4	1 048.8
山东省	2	603.20	2	603.2
上海市	1	206.40	5	622.6
河北省	0	0.00	1	300
天津市	0	0.00	1	90
合计	67	18 732.3	101	26 438.65

注:报告编制组根据公开数据统计整理。

---

① 海上风电并网数据统计也包含部分并网数据。

3．制造及运营

从风机生产看，主要企业有东方电气、金凤科技、上海电气、华锐风电、浙江运达、明阳风电；从叶片生产看，主要企业有鑫茂科技、中材科技、国电动力、金凤科技、南风股份等；从控制系统看，主要企业有许继电气、金凤科技、西门子中国等。

从目前已并网的海上风电项目开发企业看（表6-5），央企为海上风电的主力军，涉及15家央企，其并网项目数量占并网总数71.29％，15家央企并网容量占装机总容量的74.97％。其中装机容量排名前三位的为三峡集团（3 883.75 MW）、中国华能（3 457.5 MW）、国家电投（3 301.80 MW）。此外，地方国企、民营企业和港资企业也在积极参与海上风电项目开发中，如广东能源集团、福建福能集团等。

表 6-5 国内海上风电并网开发企业装机情况一览表

开发企业（总公司）	企业性质	装机项目数量/个	装机容量/MW
三峡集团	央企	12	3 883.75
中国华能	央企	12	3 457.50
国家能源集团	央企	14	3 301.80
国家电投	央企	9	3 225.90
中广核	央企	8	2 126.00
广东能源集团	地方国企	6	1 407.90
福能集团	地方国企	4	1 196.00
华电集团	央企	3	953.20
大唐集团	央企	4	943.80
鲁能新能源	民营企业	3	600.00
福建投资集团	地方国企	2	554.00
国家电网	央企	2	403.70
浙能集团	地方国企	1	399.95
协鑫新能源	港资企业	2	352.00
国信集团	地方国企	1	350.00
中海油	央企	1	302.00

（续表）

开发企业（总公司）	企业性质	装机项目数量/个	装机容量/MW
浙江能源集团	地方国企	1	301.20
河北建投	地方国企	1	300.00
明阳集团	民营企业	1	300.00
苏交控	民营企业	1	300.00
中船重工	央企	1	300.00
中节能	央企	1	300.00
中国船舶集团	央企	1	254.20
申能集团	地方国企	2	212.00
南方海上风电联合开发有限公司	地方国企	2	208.25
中国水电建设集团	央企	2	180.00
华锐风电	民营企业	1	102.00
中电投	央企	1	100.00
电建集团	央企	1	90.00
金风科技	民营企业	1	33.50
合计		101	26 438.65

注:报告编制组根据公开数据统计整理。

三、海上风电发展形势与挑战

《巴黎协定》设定了 21 世纪后半叶实现净零排放的目标。越来越多的国家政府正在将其转化为国家战略,提出了无碳未来的愿景。目前,已经有数十个国家和地区提出了"零碳"或"碳中和"的气候目标,部分国家通过立法的方式予以确定,个别国家已经实现了"碳中和"的目标。面对 2050 年实现碳中和的目标,各国不得不改变其能源体系,在整个经济领域用可再生电力取代化石燃料。因此,这种脱碳战略将是全球经济的一个重大转变。海上风电作为能源转型和碳中和的重要力量,发展前景广阔。

从产业发展趋势看,海上风电并不是孤立的产业,必将带来其他产业的共同繁荣。作为其他产业能源供给方,其对重型运输、钢铁、化工、航运等行业脱碳具有直接影响,利用海上风能生产可再生氢,能对其他产业间接提供能源。预计 2020 至 2025 年,全球海上风电年均复合增长率接近 30%,2025 至 2030 年,年均复合增长率为 12.7%。

从技术角度看,漂浮式海上风电是一个值得关注的趋势。漂浮式海上风电可以弥补海底固定技术不能实现超 60 m 水深的不足,可以开发深海风力资源或具有复杂性海底条件的海洋风电潜力。在欧洲和全球范围内,未来 10 年将是漂浮式海上风电工业化的关键时期。预计到 2050 年,欧洲地区大约三分之一的海上风能(100~150 GW)可能会由漂浮式海上风电开发。中国海上风电起步晚、进度快,用不足 10 年的时间实现了从潮间带上的过度和尝试,到海上风电规模化开发利用。中国海域面积广阔,水深条件较好,企业较倾向海底固定式风电的大容量发展,对漂浮式风电关注相对较少。

从政策支撑角度看,国外海上风电缺乏长期确定性的投资,中国补贴退坡政策迎来阵痛期。由于海上风电项目主要通过债务融资,收入不确定性增加了融资成本。从能源安全和产业链安全出发,使企业具有长期稳定的收入对整个产业的壮大是有价值的。2019 年 5 月,《关于完善风电上网电价政策通知》正式出台,海上风电开发正式进入了竞争性资源配置阶段。长期来看,竞价政策倒逼海上风电产业升级。在补贴退坡背景下,未能及时投产的存量项目、新增核准项目以及未来的深远海项目,必须依靠技术进步、管理创新和全产业链的高度协同配合,增强自身竞争力,应对去补贴压力。

从发展空间看,风电场区兼容性不足引发的用海协调问题。海上风电发展需要充足的用海空间,如果布局在近岸海域(领海),存在行业用海协调问题。海上风电场的工程实践表明,风电场区兼容性不强,与其他行业用海容易存在冲突。风电场规划作为专项规划容易基于风资源条件更多考虑风电发展需求,可能出现风电场规划面积过大,挤占其他行业用海空间的情况,给其他用海主体带来较大挑战。另外,风电场建设投入大、运营时间长、废弃成本高,需考虑当前现实用海和未来潜在用海的协调问题。正因如此,为了规避近岸海域用海冲突和环境影响,从国际海上风电开发利用的实践来看,风电场建设已开始进入专属经济区海域。因此,走向深远海(领海外)是海上风电产业发展的重要方向。

四、结论与建议

我国海域面积广阔、海洋风能资源丰富、海洋制造产业门类齐全,发展海上风电具有得天独厚的条件。海洋风电是清洁的持续能源,是传统能源的重要替代方案,符合生态文明建设理念。同时,海上风电是重要的海洋新兴产业,具有产业链条长、技术含量高、产业规模大的特点,具有良好的发展前景。在海上风电跨越式发展的同时,必须清醒地看到,我国海上风电技术和管理水平还有很大的提升空间,装备的国际竞争力任重道远。从产业自身发展看,海上风电对海洋空间资源需求较大,且会从不同程度上排斥其他产业活动。国家能源局作为风电产业主管部门,自然资源部作为国土空间规划体系监督实施、海洋开发利用和保护的主管部门,必须从整体性、系统性的角度把握海上风电发展节奏、空间布局,引导产业有序发展。

一是基于"有序"发展,完善海上风电的顶层设计。围绕开发利用规模、产业链条和技术提升、空间布局、海陆风电统筹、产业融合、就近消纳等进行海上风电发展统筹谋划。特别是,应根据双碳目标、各类新能源发展规律,结合我国实际科学设定海上风电发展规模;根据海洋风能资源禀赋和区域能源供求状况布局海上风电场,避免无序竞争和海洋资源浪费;根据产业和技术短板、弱项,提高大容量海上风电机组制造能力、安装维护能力,提升智能化、信息化、数字化水平,推进风电与制氢、风电与其他海洋产业融合发展。

二是优化海上风电布局,提高海域空间利用效率。严格限制风电近海布局,进一步明确产业走向深远海的导向要求,完善在专属经济区布局海上风电的法律和制度设计;在充分论证的基础上,由国家主导布局若干领海外海上风电基地,破除地区行政壁垒和地方保护,避免"各自为政""圈海""快上",减轻碎片化布局对其他海洋活动的影响,提高海域使用效益;进一步提高市场化运作水平,选择1~2个片区以市场化招拍挂的方式出让风电场址,并拓宽风电场运营资质,将其覆盖至风电建设单位、风电装备制造单位。

三是更好发挥政府作用,统筹海上风电和岸上基础设施建设。由国家统一开展海洋风电资源评估,并将数据向全社会发布,减轻企业前期投入负担和数据孤岛;研究海上风电缆和海底电缆管道、海上风电和沿海传统能源产业的协同发展效应和共生模式,进一步提高产业集聚水平和基础设施利用效率,减少对海洋生态环境的影响。

四是鼓励中国企业走出去。制定措施鼓励中国企业参与国外海上风电场投资和建设;推动我国企业同国外企业在技术、标准、环保、运营、管理方面的交流合作;同丹麦、英国、荷兰等欧洲国家开展产业规划、海域使用管理、海岸带空间规划方面的交流,分享发展经验,为全球海洋新能源发展提供中国智慧、提供中国方案。

第七章　我国陆海统筹体制机制跟踪研究

　　海洋经济是陆海一体化的经济,海陆产业间存在强烈的空间和技术经济依赖性,一方面海洋产业的发展强烈地依赖沿岸陆域经济的高度发展和技术的高度发达;另一方面沿海地区陆域产业的发展对海洋资源和海洋空间也表现出越来越强的依赖性[①]。陆海统筹涉及领域宽泛,从当前和长远发展需要看,至少包括陆海资源统筹管理、陆海经济统筹发展、陆海环境统筹管理、陆海灾害统筹防范及陆海科技统筹创新五大内容[②]。推进海陆统筹,引导海陆资源互补、产业互动、科技互助、灾害共防和污染共治已成为沿海地区海洋经济高质量发展的必然选择。

一、陆海统筹发展概述

　　早在 1996 年,《中国海洋 21 世纪议程》提出了海陆一体化开发原则,指出"要根据海陆一体化的战略,统筹沿海陆地区域和海洋区域的国土开发规划"。2011 年,我国《国民经济和社会发展第十二个五年规划纲要》提出陆海统筹发展思路,明确了"坚持陆海统筹,制定和实施海洋发展战略,提高海洋开发、控制、综合管理能力"的海洋经济发展理念,并计划在沿海地区开展陆海统筹发展试点。2015 年底,国家发改委正式批复江苏南通市开展陆海统筹发展综合改革试点,启动了国家陆海统筹发展综合改革试点的序幕,力求在陆海统筹规划布局、陆海产业联动发展、陆海环境统筹治理及陆海基础设施一体化建设等领域取得突破,为打造海洋高质量战略要地提供体制机制保障。

　　近年来,广东、山东、浙江、福建、海南等沿海地区相继提出了海洋强省建设战略,将陆海统筹发展纳入地方海洋经济发展战略,全面推进陆海规划共谋、产业共进、资源共享、环境共治,实现蓝色经济新突破,为我国沿海地区海洋经济持续健康发展提供了新的源动力。2018 年 11 月,中共中央国务院《关于建立更

---

① 栾维新、王海英:《论我国沿海地区的海陆经济一体化》,《地理科学》1998 年第 4 期,第 342~348 页。
② 杨荫凯:《推进陆海统筹的重点领域与对策建议》,《海洋经济》2014 年第 1 期,第 1~4、17 页。

加有效的区域协调发展新机制的意见》中,把推进陆海统筹发展作为重要的机制创新内容,提出了以规划引领陆海空间布局、产业发展、基础设施建设、资源开发、环境保护等方面全方位协同发展的基本导向,要求编制实施海岸带保护与利用综合规划,促进海岸地区陆海一体化生态保护和整治修复。同时提出要加强海洋经济发展顶层设计,完善规划体系和管理机制,将国家海洋经济示范区建设作为推进陆海统筹发展的重大举措加以推进落实。

目前,我国陆海统筹已进入全面启动阶段。随着国家海洋管理体制改革进程的深入,以自然资源部和生态环境部为核心的海洋管理机构启动了在陆海统筹规划、陆海环境治理等领域的体制机制创新探索。2018 年底,生态环境部、国家发展改革委和自然资源部联合印发《渤海综合治理攻坚战行动计划》,全面推动在渤海湾实施"湾长制",探索陆海统筹的海洋生态环境治理新模式。在试点基础上,从制度衔接、技术标准、陆海协调、信息共享等方面统筹实施"河长制"与"湾长制"。2019 年 11 月发布的《关于在国土空间规划中统筹划定落实三条控制线的指导意见》也明确提出了以陆海统筹为原则,划定生态保护红线、永久基本农田和城镇开发边界,并推动在广东、江苏、广州、青岛等沿海省市开展资源环境承载能力和国土空间开发适宜性试评价工作,为陆海统筹编制海岸带保护与利用规划提供技术支持。

二、陆海发展规划统筹

(一)广东

2017 年 10 月,广东省政府印发《广东省沿海经济带综合发展规划(2017—2030)》,认为广东省陆海发展缺乏统筹,陆海经济关系不尽协调。陆海经济联系层次较低,相互支撑不足。国土空间管控、海洋资源开发等方面统筹程度不高,规划和管理体制不适应陆海统筹要求,陆海脱节,陆海一体的综合管控机制尚未真正建立。

为强化陆海统筹管理,提升广东沿海地区可持续发展能力,广东先后编制了《广东省海洋生态文明建设行动计划(2016—2020 年)》《广东省海岸带综合保护与利用总体规划》以及《广东省海洋生态红线》等海洋规划和制度,坚持以陆海统筹、防治并举的原则,统筹推进近岸海域综合治理。目前,全省已初步形成了以海洋主体功能区规划为引领,以海洋功能区划为基础,以海岸带保护利用规划为统筹、以海洋生态文明行动计划为抓手、以海洋生态红线为保障的陆海一体的海洋开发与保护规划体系。

2019年7月,广东省委、省政府印发《关于构建"一核一带一区"区域发展新格局,促进全省区域协调发展的意见》,加快构建由珠三角地区、沿海经济带、北部生态发展区构成的"一核一带一区"区域发展新格局。统筹陆海发展,打造沿海经济带,是新时代广东省沿海地区经济发展的主要任务。强化全省沿海地区基础设施建设,统筹沿海临港产业布局,疏通沿海交通大通道,拓展国际航空、海运航线,对接海西经济区、海南自贸港和北部湾城市群,推动陆海产业联动发展,建设海洋经济发展示范区。

(二)山东

山东省坚持陆海统筹推进沿海地区海洋经济发展。2018年,山东发布实施《山东海洋强省建设行动方案》,提出要坚持陆海统筹,坚持高质量发展,以深化供给侧结构性改革为主线,以建议世界一流的港口、完善的现代海洋产业体系、绿色可持续的海洋生态环境为重点,加快推进海洋强省建设。统筹谋划陆海空间,推进陆地和海洋经济协同发展,加强陆海空间统筹、陆海资源统筹、陆海产业统筹和陆海治污统筹,实行资源要素统筹配置、优势产业统筹培育、基础设施统筹建设、生态环境统筹整治,推动跨界融合、区域融合、产城融合、军民融合发展是山东推进海洋强省建设工作的重点。

2018年,《山东省沿海城镇带规划(2018—2035)》要求优化沿海城镇带空间格局,构建人海和谐、陆海和谐、人地和谐的国土空间开发新格局。打造"一主两副、三湾三区、陆海统筹、网络发展"的城镇空间格局,从陆海统筹视角出发推动沿海地区产城一体化规划。2019年11月,省委、省政府又印发了《关于建立国土空间规划体系并监督实施的通知》,提出到2020年,形成全省国土空间保护开发"一张图"。目前,全省海岸带开发与保护规划已启动编制,陆海统筹发展将成为未来山东半岛沿海地区国土空间规划的基本理念和发展定位。

三、陆海环境治理统筹

(一)山东

实施陆海污染一体化治理,推进陆上水域和近海海域环境共管共治,建立健全近岸海域水质目标考核制度和入海污染物总量控制制度是山东省陆海统筹环境治理的主要举措。目前,山东在全省范围内全面实行湾长制,初步建立起省、市、县三级湾长制体系。"党政同责,全民共治"成为山东实施湾长制,推进区域海洋环境综合治理攻坚的基本原则。全面实施流域—河口—海湾污染防治联动机制,实施入海河流综合整治,清理非法或设置不合理的入海排污口,开展海湾环境综合整治,优化调整沿海陆域产业结构与空间布局,严格污染排放许可证发放,推动海域污染的源头治理。

2016 年,山东印发《关于落实〈水污染防治行动计划〉实施方案》,提出要进一步加强海洋生态保护与恢复,坚持水陆统筹、河海兼顾,全力打造山东水污染防治升级版。为此,山东将逐步建立陆海统筹的水污染联防联控机制,开展黄河口、莱州湾、胶州湾等重点河口海湾环境综合整治。2019 年初,山东印发了《山东省打好渤海区域环境综合治理攻坚战作战方案》,认为全省陆海统筹机制尚需进一步完善。陆海衔接的规划目标、空间管控、总量排放及标准体系还不健全,沿海各市跨区域、跨部门、跨流域的联防联控污染防治大格局亟须进一步协调统一。要求强化陆源入海污染控制,实施重点污染物总量控制,加强入海河流综合整治;强化海岸带生态保护,开展海岸带生态系统修复,严格围填海管控,加强船舶与港口污染控制,推进沿岸及海上垃圾污染防治。完善陆海环境监测监控体系,研究建立跨行政区的海洋环境保护协调合作机制。

青岛市以胶州湾综合治理为重点,建立了陆海统筹的海域污染防治机制,在环湾区域实施严格的污染物总量控制制度,建立环湾区域工业企业排污许可制度,合理划分胶州湾沿岸陆域和相关海域的水污染控制单元,严格落实环境准入标准和条件。强化水环境质量监测和沿岸陆域污染的环境监管,建立胶州湾区域"海河联动"的水环境监管体系,切实做好入湾河流及河流两侧控制区污染点源的环境监管。深化胶州湾区域"陆海共治"的水污染防治长效机制,扎实推进重点区域治污工程建设,做好胶州湾水域环境的生态修复。

(二)广东

坚持陆海统筹、以海定陆,构建陆海一体、功能清晰的海岸带空间治理格局是广东省海洋生态环境治理的基本思路。为全面推进近岸及海岸带生态环境的陆海一体管控,广东省划定了海洋生态红线,建立了陆海联动的污染防控的新机制,全面实施流域环境和近岸海域综合治理。同时,本着集约利用、绿色发展的原则,对全省海岸线实施精细化管控,坚守自然岸线保有率,严格围填海限批制度,探索建立区域集约用海新模式,以推进空间治理制度建设为突破口,建立海岸带地区综合管理新机制。

2019 年,广东省将全省沿海划分为八大湾区,全面开展"湾长制"试点工作,以求压实入海河流治理、入海排污口整治、岸线生态保护等海洋生态环境保护责任,强化与"河长制"的衔接,进一步健全海洋生态文明制度。推行多部门协同共管机制,建立完善配套制度,构建以党政领导负责制为核心的海洋生态环境保护长效管理机制是广东省开展"湾长制"试点的重点。此外,建立陆海统筹、天地一体、上下协同、信息共享的生态环境监测网络也是广东省陆海统筹推进海域生态环境治理的重要举措。

四、陆海产业发展统筹

(一)山东

港城一体化发展是山东沿海港口陆海统筹发展的基本定位。青岛围绕青岛老港区转型发展,重点打造邮轮母港城,以邮轮旅游发展为核心,启动打造滨海新港城建设,结合港航服务、物流仓储、金融服务和商务中心建设,推动老城区航运服务中心建设。同时,将前湾集装箱码头纳入保税港区建设,以国际贸易物流、进出口商品交易、临港加工和科技创新为重点,全面打造以海洋经济和国际贸易为核心的国家自由贸易试验区。董家口港区则围绕铁矿石、煤炭等大宗散货交易,打造临港钢铁及重化工产业基地,规划建设董家口新城,推进港口航运、港航服务和城市发展于一体的国际航运中心建设。此外,日照、烟台、威海、潍坊、东营等港口发展也与临港工业园区和新城建设同步进行,以港口物流带动临港工业和城市发展,形成港产城并举的发展格局,成为山东陆海产业统筹发展的典型案例。

陆海联运及陆海物流一体化基础设施建设也是陆海产业联动的又一具体表现。为加快山东港口一体化发展,山东省组建山东港口集团,全力打造陆海一体的海上贸易物流运输体系。利用国家自由贸易试验区的政策优势和上海合作组织地方经贸合作示范区落户青岛的机遇,山东港口集团联手船公司、物流企业以及铁路、公路、内陆港、口岸等相关部门联合成立"一带一路"陆海联动发展联盟,共建"一带一路"互联互通新平台,加快完善提升陆海联运物流运输体系,重点打造东西双向互济、陆海内外联动的港航物流对外开放格局。

(二)江苏

主动融入国家重大战略,深化陆海统筹,促进江海联动,着力构建以沿海地带为纵轴、沿长江两岸为横轴的海洋经济带,优化陆海产业发展空间,推进港产城一体化发展是江苏省突破海洋重大生产力布局,推进陆海产业联动发展的基本战略导向。为加快陆海统筹发展,江苏省制定了《南通陆海统筹发展综合配套改革试验区总体方案》,在南通市启动了国内首个陆海统筹发展综合改革试验区建设。

　　构建统筹陆海产业协调发展和转型升级的体制机制是南通陆海统筹发展综合改革试验区建设的核心任务。为此,南通市从4个方面创新引导和推进机制。一是优化陆海生产力布局,出台重点产业空间布局指导意见,加快构建"五沿"产业格局。二是构建现代产业体系,围绕陆海产业发展,打造特色陆海产业集群。三是发展海洋经济,构建以海洋工程、船舶制造等优势产业为支撑的现代海洋产业体系。四是实施创新驱动战略,推进产学研协同创新。同时,探索构建统筹江海联动和跨江融合发展机制,合理配置陆海资源要素机制,以及统筹新型城镇化建设和城乡一体化发展的体制机制,全面整合陆海资源要素,优化陆海产业布局,促进江海港口一体化发展,重点打造通州湾江海联动开发示范区,建设国家海洋经济发展体制机制创新区。

　　在构建陆海一体化物流运输体系方面,南通市围绕提高要素保障水平,深化陆海资源配置改革,加强集疏运体系建设,瞄准上海国际航运中心北翼江海组合强港,加快推进洋口、吕四、通州湾等沿海港区建设,努力打造海陆空衔接、江海河联运的区域性综合交通枢纽。同步实施沪通铁路、海启高速、崇海通道、内河干线航道升级改造等重点工程,开辟海门港海上集装箱国内国际航线,完善海安商贸物流园多式联运功能,打造陆海一体的港口物流运输体系。

第八章 广东海洋经济管理定位研究

作为全国海洋经济第一大省的广东,研判其在"机构改革""全面建成小康社会""百年未有之大变局"以及新冠疫情黑天鹅事件背景下,海洋经济发展的方向、重点和管理定位,对广东省、对中国建设海洋强国都具有重要意义。

一、中国社会经济发展面临历史拐点,海洋经济亦不例外

(一)从经济发展规律看,中国经济增长将面临显著下降

判断1:在较好的情境下,未来中国经济增长速度为4%~6%。[①]

众所周知,中等收入陷阱指的是当一个国家的人均收入达到世界中等水平后,由于不能顺利实现经济发展方式的转变,导致新的增长动力不足,最终出现经济增长停滞的情况。按照世界银行2015年的标准,人均GDP低于1 045美元为低收入国家,在1 045~4 125美元之间为中低等收入国家,在4 126~12 735美元之间为中高等收入国家,高于12 736美元为高收入国家。按年平均汇率折算,2019年我国人均GDP突破1万美元大关,达到10 276美元,购买力平价约1.5万国际元。至此,中国人均收入进入能否跨越中等收入陷阱的关键期。

韩国于1994年人均GDP达15 272.297(购买力平价,2011年国际元),自1994年起,韩国的GDP增长率经历了从9.206%至−5.471%的锐减,而后提升到较高水平,在第15年(2009年)达0.708%的低值(2008年与2009年的低增长率或受金融危机影响),2010年呈现复苏迹象,经济增长率达6.497%,此后一直稳定在2.292%~3.682%(从第17年2011年开始)。

中国台湾于1990年人均GDP达15 546.49(购买力平价,2011年国际元),1990年台湾的GDP增长率为5.646%,而后GDP基本保持在6.113%~

---

① 因IMFWEO数据库是2018年10月更新,2018年数据为预估数据,因此我们用2017年中国人均GDP为15 175.28(使用购买力平价,以对各国的国内生产总值进行合理比较,以2011年国际元为单位)。

8.359％之间,2001年负增长为−1.26％,随后提升,2003年至2007年5年间GDP增长率保持在4.121％～6.517％,2008年、2009年受金融危机影响,台湾经济增长率锐减,甚至达到负增长。2010年提升至10％以上,2011年以后基本稳定在2％～4％(2015年、2016年较低,分别为0.806％和1.41％)。

(二)从经济发展外因看,外向型经济面临重大挑战、黑天鹅事件层出不穷

判断2:长期看,对外贸易在拉动增长方面的贡献度逐渐降低,中国外贸依存度下降;短期看此次疫情加剧贸易萎缩并对自由贸易理念产生深远影响。

中国面临世界百年未有之大变局,对外贸易发展面临的外部环境发生了重大变化。一方面,贸易保护主义抬头,中美贸易战有所缓和但裂痕难消;另一方面,国际经贸规则面临重构。正如2019年《国务院关于加快外贸转型升级推进贸易高质量发展工作情况的报告》所述,未来世界贸易的格局,很难再像过去40年那样机遇远大于挑战,而是挑战多于机遇、困难多于机会、不确定性多于确定性。那么,对中国的对外贸易来说,也将在不断变化的格局中寻找新的机会,接受新的挑战。

为了佐证上述判断,本书通过2014—2017年19个主要港口货物吞吐量表征向海经济发展情况。基本结论:增速普遍下滑,或者出现负增长。从较新的数据看,2018—2021年,这一趋势进一步延续。

(三)从经济发展内因看,红利消减而抑制增长因素不断积聚

判断3:中国发展的长期动力依旧来自改革和开放。

学术界认为,中国近40年的增长的原因归结为若干红利。本书认为核心原因有三:改革带来思想解放和制度创新;开放使得我国充分利用后发优势,利用全球资金和世界最新技术,提高生产效率。我们应该清醒地看到,中国开放初心不改但全球贸易保护、技术保护有所抬头,对正在进行的产业结构调整和稳定增长产生不利影响;中国在除京沪外其他城市户籍全面放开背景下,城市化进程脚步放缓;老龄化率不断提升,年人口出生率低于日本、逼近韩国水平。

(四)再回归:海洋经济在此背景下亦走向转折期

判断4:沿海地区经济规模不断增长,但增速和占比呈下降趋势。

11个沿海省份生产总值从2007年的165 472.45亿元,提高到2017年的481 759.34亿元。但其比重呈现下降趋势。2017年下降到58.5％。经济增长率已经低于全国平均水平。

判断 5:海洋经济增长同 GDP 同频震荡,增速面临巨大压力。

2010 年后,我国海洋经济进入深度调整期,海洋生产总值增速逐渐放缓,与同期国内生产总值增速趋近。根据前文分析,在全国经济增速逐渐下探的过程,根据相关性分析海洋经济增速将边临巨大压力。此外,需要引起高度重视的是,中国海洋经济中的主导产业多为传统资源型产业、装备制造业,分别面临资源环境承载瓶颈,以及技术瓶颈与产能过剩,原本就问题多多,再加上整体经济环境恶化,更加重海洋经济前行负担。

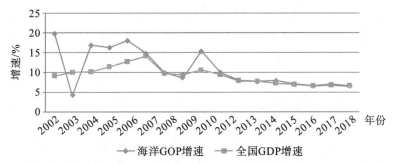

图 8-1　全国海洋生产总值与国内生产总值同比增速(2002—2018 年)

数据来源:《中国海洋经济统计年鉴》

二、广东海洋经济发展面临的突出问题和严峻挑战

(一)国家对海洋经济的要求,以及广东作为海洋经济发展排头兵的历史责任

1. 国家高质量发展对海洋经济提出新要求

经济高质量发展是 2017 年 10 月中国共产党第十九次全国代表大会首次提出的新表述。十九大报告提出,"我国经济已由高速增长阶段转向高质量发展阶段"。2017 年 12 月 18 日,习近平总书记在中央经济工作会议上讲话指出,"中国特色社会主义进入了新时代,我国经济发展也进入了新时代,基本特征就是我国经济已由高速增长阶段转向高质量发展阶段。"随后,海洋经济高质量发展在党和国家的重要会议以及文件上不断被提出并逐步深化。习近平总书记在参加十三届全国人大一次会议山东代表团审议时指出:"海洋是高质量发展战略要地。"2018 年 8 月,自然资源部、中国工商银行联合印发了《关于促进海洋经济高质量发展的实施意见》,明确推动海洋经济发展的工作目标。2018 年 12 月召开的十三届全国人大常委会第七次会议上发布《关于发展海洋经济加快建设海洋强国工作情况的报告》,提出了"推动海洋经济实现高质量发展"。

2. 中共中央文件支持广东大力发展海洋经济

《粤港澳大湾区发展规划纲要》中海洋经济单列一节。本书认为,涉及广东内容中,中央核心期待是支持三方共建现代海洋产业基地、加快发展海洋服务业特别是涉海金融保险、加强海洋科技平台的建设继而促进海洋科技创新和成果高效转化。

国家海洋经济"十三五"规划将广东的珠三角地区定位为全国新一轮改革开放先行地、我国海洋经济国际竞争力核心区、"21 世纪海上丝绸之路"重要枢纽等。

3. 总书记要求广东借"21 世纪海上丝绸之路"倡议寻找海洋领域深化开放的新突破口

2014 年 3 月习近平总书记在参加十二届全国人大二次会议广东代表团审议时强调,中央提出了建设 21 世纪海上丝绸之路,广东要主动谋划、积极作为,加强同东盟及东南亚国家经贸往来,在实施这一战略决策中发挥重要作用。

4. 总书记殷切期望海洋经济能成为广东现代海洋产业体系重要一环

2018 年,习近平总书记参加十三届全国人大一次会议广东代表团审议并发表重要讲话时,要求广东在构建推动经济高质量发展体制机制、建设现代化经济体系、形成全面开放新格局、营造共建共治共享社会治理格局上走在全国前列。在建设现代化经济体系方面,总书记要求把海洋经济等 7 个战略性新兴产业发展作为重中之重,构筑产业体系新支柱。

综上,国家层面看到了广东连续 24 年全国海洋经济总量全国第一的基础和实力,看到了其面向南海发展向海经济的得天独厚的区位优势,认为广东海洋经济理应成为中国海洋经济最具活力、最具竞争力、最先完成结构调整转型升级的地区,理应成为中国海洋经济的一面旗帜和排头兵。

(二)广东海洋经济现实与国家定位间的差距分析

1. 海洋经济发展存在显著的区际不平衡

中共十九大报告提出,发展是解决我国一切问题的基础和关键,发展必须是科学发展,必须坚定不移贯彻创新、协调、绿色、开放、共享的发展理念。"五大发展理念"把协调发展放在我国发展全局的重要位置,坚持统筹兼顾、综合平衡,正确处理发展中的重大关系,补齐短板、缩小差距,努力推动形成各区域各领域欣欣向荣、全面发展的景象。五大发展理念平衡尤为关键,特别是在先发地区。目前广东的珠三角地区和粤西、粤东在海洋经济发展方面的差距仍然显著,如何促进均衡发展是广东发展海洋经济无法回避的问题。

2. 海洋经济发展质与量不平衡

广东省海洋经济总量较大,发展速度较快,但海洋产业结构和布局不尽合理,传统与高耗能产业多,新兴与低能耗产业尚未成为支柱。"同质同构"现象比较普遍,海洋经济速度与质量不平衡。从经济效率、科教支撑、生态环境三方面衡量海洋经济发展质量,广东省并非处于前列,甚至部分指标排名较靠后。例如,单位岸线海洋生产总值从 2011 年的 2.15 亿增加至 2015 年的 3.15 亿元。说明单位岸线生产总值逐步提高,但该指标落后于上海、天津、江苏、河北,仅位居全国第五,表明广东省海洋经济效率有待进一步提高。从海洋经济发展的科教支撑来看,2015 年广东省海洋科研机构数和科研机构从业人员数,均位居沿省份第一。广东省海洋专利授权数为 772 件,也低于上海和辽宁。海洋专业培养人才方面,广东省毕业的博士、硕士、本科各层次人数低于辽宁、上海、江苏、福建、山东、浙江,与海洋经济大省的位置不匹配。从海洋经济发展的生态环境来看,2016 年广东省沿海工业度水排放量为 16.15 亿吨,仅次于山东的 18.6 亿吨和江苏的 20.6 亿吨,位居全国第三,说明广东沿海工业庞水排放量较大,海洋经济发展的环境约束较强。

表 8-1　广东省海洋经济发展质量情况

指标类型	主要指标	2015 年广东在全国排名	备注说明
经济效率	单位岸线海洋生产总值	第五	落后于上海、天津、江苏、河北
科教支撑能力	海洋科研机构数	第一	
	科研机构从业人员数	第一	
	科技课题应用数	第七	落后于江苏、上海、山东、辽宁、浙江、天津
	科技课题成果应用比例	第九	落后于辽宁、江苏、浙江、上海、山东、天津、河北、福建低于上海和辽宁
	海洋专利授权数	第三	低于上海和辽宁
	本科以上层次毕业人数	第七	低于辽宁、上海、江苏、福建、山东、浙江
生态环境	沿海	第三	仅次于山东和江苏(负向指标)
	直接入海量	第六	低于辽宁、山东、上海、浙江、福建(负向指标)

3.近海和远海资源开发利用不平衡

过去近海主要利用海域资源进行围填海建设,拓展城市空间,开发利用强度较大。近海捕捞强度过大,近海渔业捕捞量占捕捞总量的 90% 以上[①],渔业资源日趋枯竭。深远海资源开发受限于技术、人才等方面制约、资源开发进程缓慢。深海环境认识及资源勘探开发起步较晚,海洋科研技术装备比较落后,深海资源勘探开发能力不足,缺乏面向深海的科技力量和相关设施设备。

4.利用国际国内市场和资源不平衡

目前,广东省海洋经济发展主要依托国内市场、国内资源,利用国际海洋市场和资源方面仍存在不足,海洋产业“走出去”面临着区域性争端和摩擦多发、发达国家对海洋高新技术垄断、自然灾害严重等共性风险和制约因素。从利用国际海洋资源的重要领域来看,远洋渔业发展存在着高端装备依赖进口、捕捞渔船型偏小、从业人员国际法律意识不强、国际渔业资源竞争加剧等困境。广东省在促进国际产能合作和融入海上丝绸之路建设方面,步伐不大,不够快,支持力度有待加大。

5.海洋经济主体发展不平衡,民营经济较少较弱

从产业分布来看,大多数民营涉海企业主要依托经营方式灵活、劳动力廉价等优势,生产方式、产品技术含量较低水平,科研开发能力不足,缺乏核心技术。根据第一次海洋经济调查结果显示,民营涉海企业多集中在海洋旅游业、海洋交通运输业、海洋渔业等传统海洋产业,较少参与高端海洋产业,发展领域范围有限。

表 8-2　2015 年广东省各区域民营海洋经济主体情况[②]

地区	珠三角	粤东	粤西	非沿海
私营企业/个	10 198	1 160	1 856	93
占比/%	76.64	8.72	13.95	0.70

6.支柱产业发展均有明显短板

(1)海洋渔业高质量发展仍存在突出短板

广东海洋渔业高质量发展仍存在突出短板。具体表现在以下方面。一近海渔场渔业资源衰退,加之渔业生产成本增加,物流成本加速提高,休渔时间延

---

① 农业农村部渔业渔政管理局:《中国渔业年鉴 2019》,中国农业出版社有限公司,2020 年 10 月。

② 资料来源:第一次全国海洋经济调查。

长,导致海洋渔业捕捞经济效益低。二是广东省远洋渔业企业普遍规模小、基础弱,水产品加工比例低。以 2018 年为例,广东省海 449.17 万吨,海水加工品量为 109.40 万吨,加工比例为 24.36％,落后于全国水产品加工比例 34.8％。①

(2)海洋旅游业仍在产业低水平层次上徘徊

广东的海洋旅游业发展质量有待提升。广东旅游资源丰富,岸线达 4 114.3 km,但知名旅游目的地只有深圳大梅沙、珠海海泉湾和横琴长隆、阳江大角湾和湛江等,其市场竞争力不明显。一些优质沙滩被低水平开发,一些海滨度假区、居民建设影响旅游布局,无居民海岛利用效果不显著。

(3)海洋工程装备制造仍处于全球产业链的低端

尽管广东海工装备制造业取得长足发展,但由于受国内外市场环境及产业自身因素影响,广东的全国海工装备制造业仍处于产业链低端,自主研发设计能力比较薄弱,同时还面临着高端人才缺乏的现状。广东海工装备制造业在设计、经营、管理甚至是法律方面的人才都相当缺乏。② 全国"海工热"出现后,行业间日趋激烈的竞争不仅体现产品竞争领域,而且更多的是来自对人才的抢夺,企业技术层和管理层的薪资"水涨船高",成本上涨的推动使得海工企业和行业的利润空间被压缩。

(4)海上风电产业链体系不完整,建设成本高,补贴不足,产业公共服务投入不足

在产业链发展上,广东省海上风电业有一定基础,但产业链体系不完整。整机制造有一定的基础,但部分核心部件产业基础薄弱;勘察涉及和研发设计有亮点,安装施工有基础待转型,储能上网、运维管理和港口码头服务等方面较薄弱;检测认证、融资、租赁与保险等方面刚起步。③

(三)海洋科技创新支撑能力与海洋经济高质量发展的要求尚有差距

一是高层次人才供需存在较大缺口。广东省在海洋科技创新领域虽然聚集大量海洋科研人员和 R&D 人员,但人才数量方面仍不及山东和上海。根据《中国海洋统计年鉴》数据显示,2016 年广东省高级职称人员占海洋科技活动人

① 农业农村部渔业渔政管理局:《中国渔业年鉴 2019》,中国农业出版社有限公司,2020 年 10 月。
② 张偲、权锡鉴:《我国海洋工程装备制造业发展的瓶颈与升级路径》,《经济纵横》2016 年第 8 期,第 95～100 页。
③ 这里所涉及的海上风电产业链包括主导产业、支撑产业和延伸产业三部分。主导产业包括主机制造、叶片制造、电力设备中的变流器和变压器、海底电缆、齿轮箱、主轴等。支撑产业包括风电场勘察设计咨询、安装施工、储能上网、运维管理、港口码头服务、研发设计。延伸产业包括检测认证、融资租赁与保险。

员的比例为 37.45％,落后于环渤海地区;在海洋科技创新人才学历方面,海洋专业博士研究生的专业点数在全国排第四,远不及山东、江苏、上海和辽宁等省份,海洋领域高层次人才培养仍有所欠缺,海洋人才后备力量不足。二是科技转化效能有所不足。数据显示,广东省的海洋科技论文发表数、出版科技著作、海洋科技专利方面的指标均处于全国中游水平,广东省总体在全国位居第四。如果用成果应用课题数占课题总数比重来反映海洋科技成果转化率,即:海洋科技成果转化率＝成果应用课题数/课题总数×100％。计算得到广东省的海洋科技成果转化率仅为 2.01％,处于沿海省市末端。[①]

(四)广东面临严峻的海洋经济区际竞争和潜在风险

1.海洋经济总规模全国第一,但海洋经济并无明显竞争力

沿海省市的海洋经济密度用沿海省市的海洋生产总值与该省市的大陆岸线长度的比值反映。由表 8-3 可知:沿海各地海洋经济效率有着显著的差异,但多年来整体呈现上升态势。其中,上海、天津的海洋经济密度始终处于领先地位;河北、江苏、山东、广东处于第二梯队;浙江、辽宁、福建、海南、广西处于第三梯队。

"十一五"中后期,随着江苏、广东省的沿海开发不断升温,其海洋经济密度增长较快;进入"十二五"时期,除上海、天津继续占据绝对优势,江苏、河北、广东、山东的海洋经济效率大幅提升。

表 8-3　沿海地区单位岸线海洋经济密度排名情况(2008—2014 年)

地区	排名						
	2008 年	2009 年	2010 年	2011 年	2012 年	2013 年	2018 年
上海	1	1	1	1	1	1	1
天津	2	2	2	2	2	2	2
河北	3	6	5	4	4	4	4
江苏	4	3	3	3	3	3	3
山东	5	4	6	6	6	6	6
广东	6	5	4	5	5	5	5

[①]　张晓:《东海洋科技创新体系优化研究》,2018 年 6 月硕士论文,第 28～31 页。

（续表）

地区	排名						
	2008 年	2009 年	2010 年	2011 年	2012 年	2013 年	2018 年
浙江	7	7	7	7	7	7	7
辽宁	8	9	8	8	8	8	9
福建	9	8	9	9	9	9	8
海南	10	10	10	10	11	11	11
广西	11	11	11	11	10	10	10

2. 过去 20 年，主要靠海洋资源要素投入拉动

根据 2018 年国发 24 号文，取消围填海地方年度计划指标，除国家重大战略项目外，全面停止新增围填海项目审批；国家重大战略项目涉及围填海的，由国家发展改革委、自然资源部按照严格管控、生态优先、节约集约的原则，会同有关部门提出选址、围填海规模、生态影响等审核意见，按程序报国务院审批。

本书统计了 2004 年至 2017 年的重大建设项目用海情况，发现 15 年来，广东海洋经济迅猛的发展与大量的海洋资源投入之间存在正相关性。广东在 2004—2019 年共获批重大建设用海项目约 60 个，占全国重大建设建设用海项目总数的近 20%。从项目的分布密度看，广东平均每 60 km 就有一个重大建设用海项目，而同属于南海片区的广西、海南，分别为每 200 km 和 400 km 存在一个重大用海项目。用海面积方面，广东用海最多，累计用海超过 1 万公顷，其他省份多在 7 000 hm² 以下。用海项目累计投资额最大的省份也是广东，达 8 171 亿元，占同期全国重大用海项目总投资额的 35.6%，其他省份都在 3 000 亿元以下，其中，广西为 1 333 亿元，海南则不足 300 亿元。

三、海洋经济管理的建议——现实意义和一般性措施

（一）进一步科学研判、厘清广东海洋经济的现实作用

1. 广东需要海洋经济吸纳未来十年不断涌入的就业人口

以 2010 年为基年，利用 2010 年全国第六次人口普查分县数据，选用 spectrum 人口预测软件，尝试对 2030 年全国沿海省份人口规模做出预测（表 8-4）。

表 8-4　沿海省份人口规模变化及预测(万人)

	2000 年人口数/万人	2010 年人口数/万人	2017 年人口数/万人	2030 年人口数/万人
全国	126 743	134 091	139 008	138 399
天津	1 001	1 299	1 557	1 881
河北	6 674	7 194	7 520	7 423
辽宁	4 184	4 375	4 369	4 260
上海	1 609	2 303	2 418	3 569
江苏	7 327	7 869	8 029	8 135
浙江	622	5 447	5 657	6 934
福建	3 410	3 693	3 911	4 005
山东	8 998	9 588	10 006	9 777
广东	8 650	10 441	11 169	13 788
广西	4 751	4 610	4 885	4 306
海南	761	869	926	1 315

数据来源:2001 年、2011 年、2018 年《中国统计年鉴》;2030 年人口预测数据。

根据我们预计的 2030 年人口变化情况,广东未来还将吸纳 2 600 万人口,这些人口一方面来自本地人口自然增长,另外一方面来自人口流入。这些人口的到来必将对就业产生巨大需求。广东与其他省份的最大不同就是拥有全国最长海岸线,全国第二位海域面积,以及粤港澳大湾区、柘林湾区、汕头湾区、神泉湾区、红海湾区、海陵湾区、水东湾区、湛江湾区 8 个湾区。这些海洋空间资源和蕴藏其中的各类海洋资源为广东提供了比其他省份更大、更优质的人口生产生活空间,伴随着这些资源的可持续利用,必将进一步提升吸纳就业的潜力。

2.广东需要海洋经济协助保持地区经济增长稳定

2018 年,广东海洋生产总值 19 326.0 亿元,海洋经济已经成为全省经济发展的重要力量,占地区生产总值比重达 19.9%。无论是在增速还是海洋经济占比方面,广东远超全国平均水平。实际上,海洋经济已经成为广东地区经济发展的重要的稳定力量,未来在地区发展中也需要海洋经济继续发挥这种作用,甚至放大这种作用。

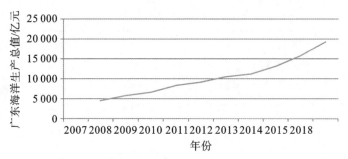

图 8-2　广东海洋经济变化情况

3.广东需要海洋经济提供新的增长动力,培育新的业态

海洋经济的发展动力离不开新旧动能转化,离不开产业结构的调整,离不开新产业、新业态、新产品的培育和涌现。2018 年,广东海洋三次产业结构为 1.7∶37.1∶61.2,一、二、三产业增加值分别为 328.5 亿元、7 169.9 亿元和 11 827.5 亿元,同比增速分别为 3%、5.9%、11.2%。作为中国海洋经济第一大省,其产业结构与全国平均水平没有较大差异,未来调整空间巨大。

此外,传统支柱产业增速较快,战略性新兴产业量能不足。作为广东海洋经济发展的支柱产业,海洋油气业、海洋化工业和海洋电力业等产业增速较快,增速分别为 23.3%、13%、12.5%。海洋矿业、海洋盐业、海洋生物医药业、海水利用业、海洋工程建筑业等产业增速相对平稳。"十四五"时期,广东需在海工装备、海洋生物、海上风电产业、推进南海油气开采方面有所突破。

4.广东需要将海洋经济作为深化对外开放、参与国际合作的重要抓手

广东向来是中国开放的前沿,是中国重要的商品集散地。在当前全球贸易增速放缓、贸易保护主义抬头、全球经济一体化"倒车"的背景下,广东外向型经济面临前所未有的困境,需要有接续力量和新的抓手。本书认为,海洋经济可作为广东深化对外开放、参与国家合作的重要舞台。国家层面也要求广东主动谋划、积极作为,加强同东盟及东南亚国家经贸往来,在实施这一战略决策中发挥重要作用,无疑也是对广东"请进来走出去"发展的新定位。

(二)取长补短,进一步发挥在全国中的产业特色和比较优势

结合广东海洋经济发展基础和优势,参考国家及省内相关规划,本书认为广东在未来 5~10 年应在以下领域重点发力。

1.推动以"港口群"为核心的物流基础设施建设

以沿海主要港目为中心,加快港澳大湾区高等级航道网建设,打造衔接有

序、协同联动的航运集疏网络。强化航道对沿海港口的支撑服务作用,加强珠三角联系粤东、粤西的重要内河航道建设。强化广州港、深圳港的国际门户枢纽港功能,加强珠江口东西岸港口资源优化整合,构建优势互补、互惠共赢的港口、航运、物流设施和航运服务体系,打造粤港澳大湾区国际航运枢纽。

2. 推动形成以滨海旅游公路串联景区构建"旅游链"

依托滨海地区优美旅游景区和特色旅游资源,将湾区内优质的海岸、海湾、海岛、加强滨海景观串联起来,形成以滨海度假为主导,观光、休闲和度假相结合,专项旅游为补充的高品质滨海"旅游链"。整合粤港澳大湾区内的滨海旅游资源,利用旅游公路及其交通纽衔接网络,大力发展滨海旅游新业态,有序开发西江等内河航段和海岛之间的水上旅游线路。

3. 发展高端智能海洋工程装备业

围绕增强海洋工程装备制造业核心竞争力,重点支持海洋高端运载设备、海洋能源开发装备、海陆关联工程装备、智能海洋渔业装备的研发与制造。推进信息化与工业化深度融合,突破海洋重大关键技术和现代工程技术,大力推进海洋工程装备造业转型升级和优化发展。深化军民协同创新,以军民融合引领带动产业链融合、延伸,助推广东省海洋工程装备制造业高端智能化发展。

4. 打造产业链完善的海上风电业

科学布局广东省海上风电项目群,按照规模化、连片化原则,由浅至深、循序渐进,以市场化方式选取综合实力强的企业集中连片开发海上风电。做大做强海上风电产业链,带动研发设计,海上施工,运营维护辅助设备系产业发展,力争形成具有世界先进水平的海上风电产业集群。

5. 推进发展天然气水合物产业

加强天然气水合物开采、储运、环境监测等技术研究,重点支持天然气水合物钻采和储运关键装置、先导区建设与资源区块优选,开发环境原位测、多元数据融合预警以及多功能钻探专用船型等关键技术研发,强化产业链上下游配套,突破产业化技术难点。

6. 加快发展海洋公共服务业

推进建设"智慧海洋"。重点支持以海洋信息服务、海洋社会服务、海洋技术服务为代表的海洋公共服务业发展。大力发展水下机器人、水面无人艇、智能浮标等海洋电子信息产业。推进建设海陆空一体立体监测网,建设以国家基本观测网为骨干、地方基本观测网和其他行业专业观测网为补充的海洋综合观测网络,为社会提供海洋公共服务。

四、海洋经济管理的建议——战略定位和重大举措

广东海洋经济发展战略和远期目标要体现出在全国的标杆地位,要核心聚焦党中央国务院对广东发展海洋经济的要求,总书记对广东的期待,以及广东有一定基础、在未来通过持之以恒的努力可实现的关键领域。同时,发展战略定位和远期目标要久久为功,不能朝令夕改。广东在海洋经济发展领域的定位和着力重点有以下几点。

(一)全国向海经济和深化改革开放的先行地

依托背靠港澳、面向南海及全球的开放优势,加快建设开放包容的具有全球影响力的海洋产业、信息、人才、科技交流平台和开放高地。

(二)全球闻名的海洋都市连绵区

本书认为广东不应仅仅推出建设深圳海洋中心城市的空间格局目标,而是要打造——由两个以上的全球海洋中心城市和全球航运城市、若干次区域级海洋中心城市、众多中小海洋城市为体系的,在全球范围内具有重要影响力的海洋都市连绵区。

(三)粤港澳海洋经济合作示范区

按照《粤港澳大湾区发展规划纲要》的要求,共同建设现代海洋产业基地。可选择布局若干粤港澳海洋产业园区,并同步开展海洋科学实验室和海洋金融保险等产业的务实合作。

(四)我国海洋经济国际竞争力核心区

在省内整合国家批复的海洋经济创新发展示范城市、海洋经济区域示范、海洋高技术产业基地、科技兴海基地的各项扶持措施和政策红利,为企业争取尽可能多的帮扶政策。

(五)"21世纪海上丝绸之路"重要枢纽

推动广东与"海丝"沿线国家广泛签订专项合作协议,加强海洋经济领域合作;推动广东与东盟国家海洋渔业合作;南海生态环境和资源保护合作;广东与"海丝"沿线国家海上交通合作发展;广东与"海丝"沿线国家形成"区域海洋旅游合作联盟";推动广东与"海丝"沿线国家共同打造"南海海洋产业国际集聚区"。

(六)南海重大涉海资源保护、开发、储运、交易中心

突破资源争采的传统思路,以环南海经济合作圈为突破口,形成全新的海洋经济合作开发格局。

(七)全国海洋科技创新和成果高效转化集聚区

结合广东省海洋经济和海洋产业重点领域发展需求,引导省内高等院校整合教育资源,立足于海洋科技发展现状,构建突出特色、优势互补的海洋学科体系,支持在粤涉海高校海洋重点学科的发展,依托这些高校资源储备海洋科技创新人才,在重点学科和特色专业领域增设一批具有培养资质与实力的硕士、博士点和博士后流动站,加强海洋生物医药、海洋新能源开发利用等具有劣势的战略性新兴产业的学科建设,借助广东省海洋科技创新联盟成立的契机,加强与国内外涉海科研教育机构联合协作、优势互补。

(八)海洋生态文明建设示范区

广东海岸带地区仍将长期处于经济快速发展的重要历史机遇期,海洋开发与保护之间矛盾依然存在,海洋生态环境仍是制约地区经济社会发展的突出问题之一。广东的粤西、粤东、珠三角部分地区,以及沿海城市郊野区自然禀赋和海洋生态良好。这些区域作为海洋生态文明建设的"新标杆""试验田"。通过示范区的建设,推动广东进一步完善相关管理,探索沿海地区经济社会与海洋生态协调发展的科学模式。

(九)海洋经济综合管理先行区

探索广东省海岸带综合保护与利用总体规划+广东海洋经济发展规划统筹管理海洋各产业发展重点和空间布局。各行业规划和管理必须服从或者不与上述两规划相冲突。①自然资源厅(海洋局)通过海洋经济对内对外合作平台建设,扩展广东海洋经济影响力。②通过海洋经济五年规划和海岸带规划统筹、协调全省海洋经济发展重点和布局。③此外,自然资源厅(海洋局)应制定政策,营造战略性新涉海产业发展,如通过海洋经济综合管理、海域管理,推动海上运动、邮轮游艇旅游专线的开辟;推进珠三角港口协调发展;推动加快深海油气资源勘探开发和综合加工利用;推动工厂化循环水养殖;推动海洋船舶和海洋工程装备产业在广州、江门、珠海集聚;推动海洋药物和生物制品业和海洋可再生能源业发展。④同时通过综合管理手段,影响沿海地区电力、化工、钢铁

等行业的空间整合和集群发展。

(十)海上风电全产业链试验区

中国沿海目前已经拉开了海上风电竞争的的序幕。目前广东对海上风电的重视程度较高,风电装机和电力生产也处于全国前列。根据《广东省海上风电发展规划(2017—2030年)》预计,到2030年底前建成约3 000万千瓦。未来,广东除了计划在粤东建设海上风电运维、科研及整机组装基地外,还应依托跟GE的合作项目,进一步建设揭阳、阳江海上风电产业基地,在中山市建设海上风电机组研发中心,形成集海上风电机组研发、装备制造、工程设计、施工安装、运营维护于一体的风电全产业链。

(十一)中国海洋数据要素市场南方中心

2020年3月30日,中共中央国务院关于构建更加完善的要素市场化配置体制机制的意见专章提出加快培育数据要素市场。必须清醒地认识到,在培育数据要素市场中,信息化技术和信息化建设在其中是谓重中之重。广东应结合电子信息产业优势,抓住海洋信息化建设的机遇,以社会经济发展需求为导向,精心谋划未来海洋信息化建设蓝图,瞄准"海洋数据共享机制、海洋数据集成平台、海洋数据云存储、海洋数据利用研发平台",进一步整合各类海洋信息,拓展"海洋数据"服务领域,力争率先实现海洋信息产业化,全力支撑中国透明海洋、信息海洋建设。

第九章　深圳建设全国海洋经济高质量发展引领区路径和举措研究

一、全国海洋经济高质量发展引领区的内涵

进入 21 世纪,以海洋渔业、滨海旅游、港口航运等传统海洋产业为主体的海洋经济实现快速发展,对地方经济的贡献显著提高,但海洋开发活动对近海海洋资源与环境的压力也在同步快速提升,局部海域生态环境退化、海洋资源规模化利用难以为继的问题日益凸显,给我国海洋经济持续健康发展带来了严峻的挑战。面临海洋资源、环境与海洋经济发展新旧动能转换的多重压力,传统的海洋开发理念与模式路径亟待创新。积极推进引领型现代海洋城市建设,开展全国海洋经济高质量发展试点,引领全国海洋开发理念由追求发展规模、速度,到注重发展质量、效率的转变,海洋开发模式从资源依赖型到绿色生态型和创新引领型的演进,为海洋强国建设提供坚实的海洋经济基础。

(一)国家对海洋经济高质量发展的现实需求

1. 海洋是高质量发展战略要地

当前,随着中国特色社会主义进入新时代,我国经济已由高速增长阶段转向高质量发展阶段,经济发展的环境、条件、任务、目标、动能等也发生了显著变化,正处在转变发展方式、优化经济结构、转换增长动力的关键时期。以新发展理念引领高质量发展,是当前和今后一个时期确定发展思路、制定经济政策、实施宏观调控的根本要求。

所谓高质量发展,是指能够很好满足人民日益增长的美好生活需要的发展,是体现新发展理念的发展,是创新成为第一动力、协调成为内生特点、绿色成为普遍形态、开放成为必由之路、共享成为根本目的的发展。海洋是高质量发展的战略要地,海洋经济高质量发展是国家经济高质量发展的重要组成部分,促进海洋经济高质量发展,符合我国经济社会发展规律和世界经济发展潮流,关系我国现代化建设和中华民族伟大复兴的历史进程。加快推动海洋经济

高质量发展,应坚持聚焦海洋经济增长的全要素和全过程,从提高海洋经济宏观调控能力,加强海洋生态文明建设,优化海洋产业结构,加强海洋科技创新,深化海洋领域供给侧结构性改革,培育海洋战略性新兴产业,构建现代海洋产业体系,提供优质的海洋产品和积极参与构建海洋命运共同体等方面切实实现海洋经济在更高水平上的供需平衡,实现多个维度的"质"和"量"的统一。

2.海洋经济需要增强内生需求与动力

从海洋经济增长速度来看,海洋经济发展正从高速增长向常态增长转换。2001—2021年,我国海洋经济总量不断扩大,海洋生产总值由2001年的0.95万亿元①增加到2021年的9万亿元②,年均增速10.9%,快于同期国民经济增长速度。海洋经济已经具备了从高速增长转向高质量发展的换挡条件。沿海各地区在坚持陆海统筹的原则下开始不断调整和优化海洋产业区域空间布局,积极地构建现代海洋产业体系。

海洋经济由要素向创新驱动的转变需求。新古典经济学理论认为,当一个经济体发展到一定程度后,单纯的追加资本、土地等基本生产要素,其经济的边际效益是递减的,越是发展到后面阶段越难,到最后可能出现"规模不经济"的临界点。为了避免这种情况出现,经济发展需要培育新动能。目前,我国正在加速培育壮大科技含量高、成长潜力大的海洋工程装备、海洋生物医药、海洋新能源、海洋信息服务业等海洋战略性新兴产业。海洋经济增长动力正在从要素驱动的传统动力向科技创新驱动的新动力转变。

更高水平的开放合作需要大力发展海洋经济。世界各国对海洋权益的争夺日益激烈,个别国家奉行的贸易保护主义也引起全球担忧。海洋经济是对外开放的重要载体。国内外的各种发展因素要求我国要加快发展外向型的海洋经济,提升我国海洋经济发展理念的国际影响力。我国正在积极推进"21世纪海上丝绸之路"建设,加强与沿线国家在海洋经济方面的合作,延长海洋产业链条,持续扩大海洋领域的开放程度,在全球海洋产业链条上不断努力攀升。

3.海洋经济高质量发展为海洋强国提供物质基础

我国拥有1.8万千米的大陆海岸线,主张管辖的海域面积约为300万平方千米。党中央对海洋强国的建设非常重视。习近平总书记指出,我国是一个海

① 自然资源部海洋战略规划与经济司:《中国海洋经济统计年鉴2020》,海洋出版社2021年版,第21页。
② 自然资源部海洋战略规划与经济司:《2021年中国海洋经济统计公报》,中华人民共和国自然资源部官网,2022年4月6日,http://gi.mnr.gov.cn/202204/t20220406_2732610.html,2023年1月18日。

洋大国,海域面积十分辽阔,一定要向海洋进军,加快建设海洋强国。[①] 海洋强国建设被提高到了一个前所未有的高度,建设海洋强国是中国特色社会主义事业的重要组成部分,是实现中华民族伟大复兴的重要战略任务。从世界范围看,一个经济强国往往也是海洋强国,而建设海洋强国的一个重要前提就是要有高质量发展的海洋经济。

(二)全国海洋经济高质量发展引领区的理论内涵

1. 海洋经济高质量发展内涵

海洋经济高质量发展是我国经济高质量发展的重要内容,也是社会主义发展新阶段海洋开发理念与路径创新的具体体现。加快推进海洋开发模式转变,培育海洋经济新动能,推动海洋经济高质量发展的关键是坚持创新驱动、坚持绿色发展、坚持走开放之路,壮大海洋新兴产业,努力形成陆海资源、产业、空间协调发展的新格局。

经济发展质量是一个主观判断,取决于不同发展阶段对经济发展的不同要求。高质量发展的核心是高质量增长。从已有研究文献来看,对经济增长质量的概念界定主要存在两类观点:一类观点是从狭义上来定义经济增长质量,将经济增长质量理解为经济增长的效率;另一类观点则是从广义上来界定经济增长质量,认为经济增长质量是相对于经济增长数量而言的,属于一种规范性的价值判断。对于经济增长质量的解读,刘树成(2007)认为提高经济增长质量是指不断提高经济增长态势的稳定性,不断提高经济增长方式的可持续性,不断提高经济增长结构的协调性,不断提高经济增长效益的和谐性。[②] 任保平和钞小静(2012)则认为经济增长质量是数量增长的必然结果,没有一定的经济增长数量,不可能谈及经济增长质量,经济增长质量体现了增长的有效性。自然资源的有效利用和生态环境的有效保护是经济可持续增长的前提,而创新是提高经济增长质量的关键。从高速增长转向高质量发展,不仅仅是经济增长方式和路径转变,而且也是一个体制改革和机制转换过程。[③]

海洋经济作为沿海地区国民经济的重要组成部分,其发展质量具有与陆地经济类似的内涵和属性特征,同样具有数量与质量的双重需求。海洋经济发展

---

① 人民网:《习近平谈建设海洋强国》,2018 年 8 月 13 日,http://politics.people.com.cn/n1/2018/0813/c1001-30225727.html? tdsourcetag=s_pctim_aiomsg,2023 年 1 月 18 日。

② 刘树成:《论又好又快发展》,《经济研究》2007 年第 6 期,第 4～13 页。

③ 任保平、钞小静:《从数量型增长向质量型增长转变的政治经济学分析》,《经济学家》2012 年第 11 期,第 46～51 页。

质量是一个国家或地区海洋经济增长能力和运行效果的综合反映,包括海洋经济结构优化升级层次、科技创新支撑能力、资源集约利用水平、生态环境的可持续性以及其自身运行的稳定性等。数量与质量的均衡推动了海洋经济的高质量发展,但现实发展中,海洋经济高质量发展具有时代性。不同的发展阶段、不同的发展理念对于海洋经济高质量发展具有不同的认知和不同的要求。

目前,国内已有不少学者分别从不同角度对海洋经济高质量发展进行阐释和研究,为我国推动海洋经济高质量发展提供了有益借鉴。赵晖等以天津市为例,认为海洋经济高质量发展的内涵主要体现在海洋资源禀赋、海洋经济结构、海洋生态文明、海洋科技创新、海洋开放共享5个方面的统筹协调发展。李大海等立足青岛海洋经济发展现状,从提升海洋创新能力、培育海洋新兴产业、升级海洋现代服务业3个方面,提出要加快新旧动能转换,推动海洋经济高质量发展。迟泓提出要以"深水、绿色、安全"为主要发展方向,加快培育壮大海洋生物、海洋新能源等海洋战略性新兴产业,推动海洋经济高质量发展。

不难看出,海洋经济高质量发展具有十分丰富的内涵:

(1)从宏观层面看,海洋经济高质量发展是指海洋经济的全面、协调、均衡发展,包括陆海统筹、区域协调、海陆经济一体化等,使海洋经济发展成果更多惠及全体人民。

(2)从中观层面看,海洋经济高质量发展是指海洋经济结构的调整和优化,包括产业结构、市场主体结构、产品结构等的升级,形成相对完备的现代海洋产业体系。

(3)从微观层面看,海洋经济高质量发展主要是依靠劳动生产率和全要素生产率的同步提升,即以最少的要素投入获得最大的产出,实现资源配置优化,而不是单纯依靠要素投入量的扩充。

总的来讲,海洋经济高质量发展最终要实现生产高质量、生活高质量和生态高质量,归根到底还是体现新发展理念的发展,是满足人民日益增长的美好生活需要的发展。在全球蓝色经济发展大背景下,海洋经济高质量发展建立在海洋产业持续发展基础上,是以科技创新为动力、以生态安全为保障、以陆海统筹为表征的发展,体现了海洋经济发展对海洋产业增长、海洋科技创新和海洋生态环境保护的多层次、多领域需求。加快推进海洋领域供给侧结构性改革,完善现代海洋产业体系,优化海洋产业空间布局,提升海洋资源利用效率,促进海洋产业绿色发展,提高海洋科技贡献率,推动海洋经济与生态环境的协调发展是新时期海洋经济高质量发展的基本要求。

2. 引领区内涵、定位及评价

（1）引领区内涵

引领，基本含义是引导和带领。所谓引领区，就是具有引导和带领功能的区域，而引领的客体或对象则是其他区域或整体区域。1980 年，深圳经济特区设立是我国经济发展的关键战略举措，通过经济特区引导和带领整个国家经济发展，是中国经济发展的"试验田"，是对发展方向和发展模式的一种探索。因此，深圳经济特区诞生的本身就是引领的体现。经过 40 多年的实践，深圳已形成适应经济全球化发展的、全方位对外开放的市场经济格局，创造了世界工业化、城市化与现代化的奇迹。

"引领"的核心要义是探未知路、带全局动，具有战略使命性和全局驱动性。根据引领的内涵，可以对引领区内涵作如下界定：作为服务国家的战略性区域，勇挑最重的担子、啃最硬的骨头，攻坚克难、引领带动，以周边区域为依托，以重大功能打造为核心，发挥功能支点撬动全局效应，引领全国范围内相关领域的高质量发展。

具体地讲，一是从方向维度看，其定位应指向国家，紧扣国家目标，绝不能仅仅体现区域发展需求，不能就引领区一地问题而论，而应在国家目标和问题导向下，聚焦事关国家发展全局的关键议题；二是从内容维度看，引领区发展内容并非全面涵盖，关键核心则在于"功能"，功能不是指一般的发展功能，而是真正体现中心节点和战略链接地位的国家重大功能。

引领区并不是一个纯粹的学理概念，需要在理论和实践层面做更深层的辨析。

一是引领区不等于增长极。引领区建设过程中必然带动增长，但不片面追求增长，而在于打造最核心、最高端、最强大的战略功能。

二是引领不等于辐射。辐射是一个区域发展到显著高于周边区域水平的客观现象，引领也是辐射的一种形式，但更加突出主动性、综合性和战略性。

三是引领区不等于"样板区"。引领区整体上追求最高水平，但并不面面俱到地追求各个领域的最佳，而是在补齐明显短板的基础上，最大化发挥长板优势，通过自身发展实现全局最优、全面释放乘数效应。

（2）引领区定位

海洋经济高质量发展是新时代海洋经济发展的必然选择，需要突破传统发展理念的束缚，不仅要对发展模式进行梳理与调整，也需要对发展路径进行优化与创新。对于海洋经济发展整体而言，海洋经济高质量发展的模式选择和路径安排需要突破性的创新，既要从战略高度对海洋经济发展进行科学预判，做出前瞻性的设计和长远发展的谋划,同时要兼顾发展速度与发展质量,统筹陆海产业间及不同海洋产业间的协调,海洋产业发展与生态环境保护之间的平衡,这种突破式创新存在很大的风险和不确定性,需要先期开展试点示范,以点带面进行探索和经验推广,引领全国海洋经济高质量发展。

引领的价值体现在两个层面:一是战略层面,立足国际海洋科技与产业发展前沿,引领国际蓝色经济发展;二是战术层面,立足国家海洋强国建设,引领区域海洋经济协同发展。为此,海洋经济高质量发展引领区具有以下功能定位:

一是引领国际蓝色经济健康发展。瞄准国际海洋科技、海洋环境治理及海洋资源开发前沿,以路径创新和模式创新为手段,突破传统海洋开发理念束缚,打造具有国际影响力的国际海洋科技创新中心、国际海洋生态治理中心、国际海洋资源可持续利用示范中心,为全球蓝色经济发展提供路径与模式指引。

二是引领区域海洋经济协同发展。以国家海洋经济发展示范区建设为核心,加快海洋经济新旧动能转换进程,打造国内领先的海洋产业集聚高地,统筹配置区域海洋创新、资源与产业发展要素,按照区域一体、差别定位、特色发展的原则,引导区域海洋创新链、产业链、资金链和政策链协同发展,为区域海洋经济高质量发展提供示范。

三是引领现代海洋城市建设。对标全球海洋中心城市建设,优化国际航运贸易金融中心建设定位,以贸易开放塑造城市功能、以科技创新引领城市发展、以专业服务提升城市能级,打造海洋特色鲜明、具有国际影响力和带动力的现代海洋中心城市,引领区域海洋特色城市群建设。

四是引领构建现代海洋产业体系。以海洋开发空间拓展与产业链延展为重点,加快传统海洋产业转型升级、海洋战略性新兴产业培育壮大、现代海洋服务业提质增效进程,引导陆海产业融合发展,扶持海洋产业绿色发展,鼓励海洋产业链数字化再造,加大深远海开发投入,大力培育海洋新产业、新业态与新产品,引领国家现代海洋产业体系建设。

(三)深圳建设全国海洋经济高质量发展引领区的重大意义

1. 践行国家海洋经济发展使命和任务的直接要求

《中华人民共和国国民经济和社会发展第十四个五年规划和 2035 年远景目标纲要》指出,建设一批高质量海洋经济发展示范区和特色化海洋产业集群,全面提高北部、东部、南部三大海洋经济圈发展水平。《全国海洋经济发展"十四五"规划》提出,支持深圳着力打造全国海洋经济高质量发展引领区。为此,建设全国海洋经济高质量发展引领区是国家赋予深圳的使命和任务,深圳有责任和义务推进海洋经济高质量发展的率先探索,引领示范,将其成功经验向其他沿海地区推广复制,引导全国沿海城市走向海洋经济高质量发展之路。

2.推进"先行示范区"和"大湾区"建设的客观要求

根据《粤港澳大湾区发展规划纲要》和《关于支持深圳建设中国特色社会主义先行示范区的意见》,深圳是粤港澳大湾区的重要城市和核心引擎之一,也是率先探索全面建成社会主义现代化强国的新路径,共同建设富有活力和国际竞争力的一流湾区和世界级城市群,打造高质量发展的典范。深圳建设全国海洋经济高质量发展引领区,形成强大的海洋经济、领先的海洋科技、绿色的海洋生态、科学的海洋管理,这将对粤港澳大湾区和中国特色社会主义先行示范区构成重要支撑。

3.建设全球海洋中心城市的内在要求

《全国海洋经济发展"十三五"规划》提出,推进深圳建设全球海洋中心城市。《粤港澳大湾区发展规划纲要》明确支持深圳建设全球海洋中心城市。《关于支持深圳建设中国特色社会主义先行示范区的意见》提出,支持深圳加快建设全球海洋中心城市。建设全球海洋中心城市的核心内容之一就是要发展高质量的海洋经济。随着深圳建设全国海洋经济高质量发展引领区的不断深入,深圳将在发展海洋经济方面走在全国前列,也为深圳建设全球海洋中心城市提供重要的支撑。

二、国际国内海洋经济发展的现状与趋势分析

进入 21 世纪,经济全球化带动了海上贸易的繁荣,也推动了以海洋生物资源、海洋油气资源以及海洋空间资源利用为核心的海洋经济的持续快速发展。海洋油气、滨海旅游、海上航运、海洋渔业等传统海洋产业已成为很多沿海国家和地区经济发展的支柱产业,发展蓝色经济成为沿海国家重要的政策导向。

(一)国际海洋经济发展概况

美国、欧盟各国、英国、加拿大、澳大利亚、俄罗斯以及中国、日本、韩国、印度、印尼等海洋大国是全球海洋经济发展的主体,主要海洋产业集中在滨海旅游、海洋油气、港口航运、海洋渔业及海洋工程装备制造业上,产业集中度高,产业链相对集中,未来发展潜力巨大。

1. 全球海洋经济发展态势

据联合国经合组织(OECD)报告①,2010 年全球海洋经济增加总值(GVA)约为 1.5 万亿美元,占世界经济增加总值的比重近 2.5％②。其中,海洋油气业贡献占全球海洋产业增加值的 33％,其后依次是滨海旅游的 26％、港口航运的 18％、海洋装备的 11％、海洋渔业(含水产品加工 5％)的 7％、船舶修造的 4％,其他海洋产业占比不到 1％(图 9-1),世界海洋经济发展主体由海洋油气、滨海旅游和港口航运三大海洋主导产业以及海洋装备、船舶修造、水产品加工等支持产业构成,海洋捕捞、海水养殖、海上风电等产业占比很小,但海洋捕捞、海水养殖等传统产业提供大量的就业岗位,而海上风电等代表了未来海洋产业发展空间,其作用与价值也不容忽视。

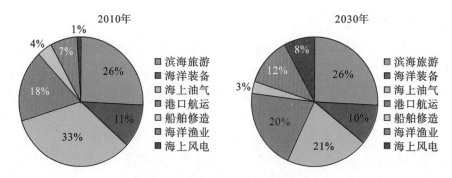

图 9-1　全球海洋产业增加值构成变化

按照全球现有的海洋经济发展态势,联合国经合组织保守估计③:到 2030 年,全球海洋产业增加值将超过 3 万亿美元(2010 年美元),年均增速保持在 3.5％ 左右,略低于全球经济增长速度预期。到时,滨海旅游业超越海洋油气业跃居世界第一大海洋产业,增加值占比保持在 26％ 左右;受到全球能源市场波动和近海油气资源衰竭的影响,海上油气业增加值贡献大幅缩水,占比从 33％ 下降到 21％;港口活动稳步增长,港口航运占比达到 20％;船舶修造占比小幅下降,海上风电、水产品加工业占比显著提升,海上风电占比达到 8％,成为重要的海洋支柱产业,全球海洋产业结构发生明显变化(图 9-1)。尽管全球海洋产业主体仍由海洋油气、滨海旅游和港口航运三大海洋主导产业构成,但产业发

---

①　OECD, *The Ocean Economy in 2030*, Paris: OECD Publishing, 2016.

②　据国民经济核算系统(SNA),经济增加总值(GVA)与国内生产总值(GDP)的区别在于生产税与补贴的差额,不同国家有不同的变化。具体计算如下:GVA＝GDP＋生产补贴－生产税收。

③　OECD, *The Ocean Economy in 2030*, Paris: OECD Publishing, 2016.

展更为均衡。海洋装备、海洋渔业的贡献稳步提升,海洋水产品加工和海上风电取得突破性进展,成为未来全球海洋产业发展的重要增长极。[①]

　　未来相当一个时期,全球部分海洋产业预计将保持强劲增长,如海上风电、港口服务、水产品加工,具有很高的就业增长潜力和产业投资价值,但也有相当一部分海洋产业收到全球经济发展大势和行业市场波动的影响,将保持低速增长状态,如海上油气、海上航运、船舶修造产业。此外,海洋可再生能源、海洋生物医药、海洋环保、深海矿产开发等新兴海洋产业发展也具备相当潜力,但短期内实现产业规模化发展还不太现实。

2. 欧美海洋经济发展趋势

(1)欧盟海洋经济发展动态

　　近年来,以美、英及欧盟为代表的海洋国家开始关注"蓝色增长",将海洋经济作为新的增长点纳入其国民经济发展战略,加大了对海洋资源与空间利用的开发力度,全球海洋经济发展进入"蓝色经济"时代。2017 年,欧盟提出了《蓝色增长战略》,随后发布了欧盟蓝色经济年度报告,对欧盟蓝色经济发展现状和未来发展潜力进行了评估,并对重点发展领域和产业政策进行了全面梳理,并利用欧盟地平线 2020 等科技与产业创新计划加大了对海洋科技创新产业化发展的政策与资金扶持投入,海洋新能源、海洋生物技术及深海矿产开发等新的海洋技术创新领域取得了快速突破,海洋可再生能源、无人船舶、智能养殖、绿色航运、海洋生物医药等产业化发展等崭露头角,主要沿海国家对海洋经济发展的依赖性与关注度日渐提升,全球海洋产业发展迎来新的战略机遇期。

　　《欧盟蓝色经济年度报告》[②]显示:2019 年,欧盟七大海洋产业增加值合计超过 1 800 亿欧元,相比 2009 年增长 19.6%,总就业岗位达到 445 万人,分别占当年欧盟 28 国 GDP 的 1.5% 和总就业的 2.3%,经济贡献超过相应的陆地部门,保持相对稳定增长态势(表 9-1)。

　　欧盟委员会发布的《欧盟蓝色经济报告 2022》显示,2021 年欧盟蓝色经济行业从业人员达 450 万,营业额超过 6 650 亿欧元,总增加值达到 1 840 亿欧元。

---

① 限于全球海洋产业统计数据的缺乏,联合国经合组织报告未能对海洋生物医药、海水淡化、海洋工程建筑等产业进行分析预测,对海上航运、海水养殖、传统捕捞等产业的统计也未能实现全覆盖,全球海洋产业发展规模估算偏小,部分海洋产业贡献未得到充分体现,但基本反映了全球海洋产业趋势。

② Maritime Affairs and Fisheries, *The EU Blue Economy Report* 2022, European Union, 2022.

表 9-1　欧盟海洋产业增加值年度变化（2010—2019）

	2010 年增加值/百万欧元	2011 年增加值/百万欧元	2012 年增加值/百万欧元	2013 年增加值/百万欧元	2014 年增加值/百万欧元	2015 年增加值/百万欧元	2016 年增加值/百万欧元	2017 年增加值/百万欧元	2018 年增加值/百万欧元	2019 年增加值/百万欧元
生物资源	15 326	15 889	15 955	15 501	15 938	16 932	18 189	18 395	19 196	19 332
非生物资源	11 325	11 935	11 237	9 684	8 215	8 422	4 688	3 911	4 257	4 671
海洋能源	115	168	191	298	397	723	991	1 300	1 398	1 925
港口仓储	23 364	26 858	23 944	24 233	25 413	26 406	27 174	27 407	26 542	27 937
船舶修造	11 814	11 747	10 911	11 060	11 606	11 251	12 385	13 515	14 727	15 647
海洋运输	30 020	27 123	27 435	29 065	28 748	32 486	27 094	31 184	30 109	34 309
滨海旅游	64 720	58 887	50 925	54 714	54 174	56 032	60 352	68 750	79 979	80 109
蓝色经济合计	156 683	152 607	140 599	144 554	144 491	152 253	150 873	164 462	176 207	183 930
蓝色经济占比/%	1.6	1.5	1.4	1.4	1.4	1.4	1.3	1.4	1.5	1.5

对于不同的国家，海洋产业增加值贡献差别显著。海洋产业增加值贡献超过 5% 的国家主要是希腊、克罗地亚、马耳他、塞浦路斯等半岛或海岛型小国，增加值贡献为 3%～5% 的包括爱沙尼亚、西班牙、葡萄牙和丹麦等国家。欧盟排名前 5 的经济体中，英、法、德的海洋产业增加值贡献均低于欧盟平均水平，意大利处在平均水平，只有西班牙高于平均水平，可见海洋产业仍有较大的发展空间。

从产业部门来看，船舶修造、油气开发、海洋运输等海洋产业受国际经济危机影响，出现下降。特别是海洋油气业呈现暴跌，但滨海旅游、海洋渔业等海洋产业呈现增长态势，特别是以海水养殖和水产品加工为重点的海洋生物资源利用产业保持快速增长，未来增长潜力可观。此外，欧盟以海上风电和海洋可再生能源为核心的海洋新兴产业保持高速增长状态，在全球范围内占有绝对领先优势，是欧盟未来蓝色经济发展新的增长极。

（2）美国海洋经济发展动态

美国是世界领先的海洋经济大国，在滨海休闲旅游、海洋矿产、海洋运输等海洋产业领域具有相对优势。2018 年，全美拥有 16.2 万家涉海企业及实体机构,提供 340 万个就业岗位,占全美总就业的 2.3%;创造了 3 460 亿美元的海洋产品与服务,占全美 GDP 的 1.7%,相比 2010 年的 2 577 亿美元增加了 34.3%,年均增长 3.75%。目前,休闲旅游业是美国最大的海洋产业部门,贡献了41.4% 的海洋产品与服务和 72.4% 的就业岗位,相比 2010 年的 33.9% 和69.8% 有了显著增长;其次是以海洋油气开发为主的海洋矿业和以港口服务为主的海洋运输业,分别贡献了 27.9% 和 19.1% 的海洋产品与服务,但较 2010 年的 33.2% 和 24.4% 均出现明显下降,就业贡献也同步下滑;船舶修造与海洋生物产业相比 2010 年有所增长,但就业贡献有升有降。

(3)英国海洋经济发展动态

据欧盟《蓝色经济报告 2019》[1],英国 2017 年的海洋商品与服务增加值约为361 亿欧元,相比 2009 年增长 11%,占全国 GDP 的 1.7%,是欧盟 28 国中海洋产业规模最大的国家,占欧盟海洋商品与服务总量的 20%,远远领先于西班牙、德国、法国、意大利等国家。英国的海洋经济总投入也是高居榜首,在欧盟中的占比超过 50%,是欧洲首屈一指的海洋经济大国。

英国海洋经济发展以海洋矿产、滨海旅游和港航服务业为主,其中包括海洋油气在内的海洋矿产开发、滨海旅游和港口物流业贡献最大,是英国海洋经济三大支柱产业,其增加值贡献分别达到 32.8%、22.5% 和 20.7%,创造的就业岗位占比分别达到 8.4%、39% 和 30.7%,占有绝对优势地位。如果把港口物流、海上航运以及与之密切相关的船舶修造作为海事航运业整体考虑,则其增加值贡献超过 133.6 亿欧元,占全英海洋产业增加值的 37.0%,就业贡献超过43.6%,成为名副其实的海洋主导产业,具有全球竞争优势(表 9-2、表 9-3)。[2]

表 9-2 英国海洋经济增加值构成变化(2010—2017 年)

	2010 年产业增加值/百万欧元	2011 年产业增加值/百万欧元	2012 年产业增加值/百万欧元	2013 年产业增加值/百万欧元	2014 年产业增加值/百万欧元	2015 年产业增加值/百万欧元	2016 年产业增加值/百万欧元	2017 年产业增加值/百万欧元
滨海旅游	7 098	7 108	7 073	7 577	7 622	7 529	7 784	8 114
海洋生物资源	1 858	1 930	2 060	2 064	2 538	2 658	2 847	2 778

---

① 因英国脱欧,2019 年以后的《欧盟蓝色经济报告》不再包括英国的海洋产业发展情况。

② European Commission,*The EU Blue Economy Report*,Maritime Affairs and Fisheries,EU,2019.

（续表）

	2010年产业增加值/百万欧元	2011年产业增加值/百万欧元	2012年产业增加值/百万欧元	2013年产业增加值/百万欧元	2014年产业增加值/百万欧元	2015年产业增加值/百万欧元	2016年产业增加值/百万欧元	2017年产业增加值/百万欧元
海洋矿产资源	17 803	17 273	18 177	18 257	17 691	16 391	11 860	11 860
港口物流	5 127	5 050	5 405	5 665	6 208	8 246	7 466	7 466
船舶修造	2 272	2 104	2 914	2 415	3 112	3 272	2 897	2 908
海上航运	2 791	2 355	2 621	2 539	3 202	3 961	2 984	2 984
合计	36 949	35 820	38 249	38 516	40 373	42 057	35 838	36 111
英国经济总量（10亿欧元）	1 666.5	1 691.9	1 868.3	1 852.5	2 041.8	2 331.1	2 142.9	2 082.7
海洋经济占比/%	2.2	2.1	2.0	2.1	2.0	1.8	1.7	1.7

数据来源：欧盟蓝色经济报告2019。

表9-3 英国海洋经济就业结构变化（2010—2017年）

	2010年就业量/千人	2011年就业量/千人	2012年就业量/千人	2013年就业量/千人	2014年就业量/千人	2015年就业量/千人	2016年就业量/千人	2017年就业量/千人
滨海旅游	243.4	243.7	219.6	233.5	195.9	175.0	191.8	201.3
海洋生物资源	46.4	46.1	45.9	46.2	47.2	46.7	46.6	46.2
海洋矿产资源	44.4	44.5	48.1	44.4	44.5	44.7	43.5	43.5
港口服务	80.7	74.8	97.9	101.4	101.0	109.8	158.5	158.5
船舶修造	41.0	38.0	42.0	40.4	44.5	42.9	50.0	50.5
海上航运	17.1	16.7	17.7	16.6	17.7	19.2	16.1	16.1
合计	473.1	463.8	471.4	482.5	450.7	438.3	506.4	516.2
英国总就业量	28 290	28 404	28 650	28 917	29 559	30 016	30 424	30 783
海洋产业占比/%	1.7	1.6	1.6	1.7	1.5	1.5	1.7	1.7

数据来源：欧盟蓝色经济报告2019。

海洋渔业是英国的传统海洋产业,其产业地位突出,但产业规模并不大。2009 年以来,除了鱼类养殖有小幅增长外,包括商业捕捞、贝类养殖、水产品加工等在内的渔业活动多处在萎缩状态,但其行业重要性依然显著,是英国沿海渔民的重要生计产业。从欧盟范围来看,英国的海洋渔业增加值占比达到14%,行业规模仅次于西班牙和法国,但与欧洲鱼类养殖大国挪威差距明显[①]。

滨海旅游业是英国第一大海洋产业,但在欧盟却落后于西班牙和法国,位居第三位,产业增加值占比 12%,就业占比只有 9%,尚不及希腊和意大利。2009 年以来,滨海旅游业保持低速增长,年均增速不到 2%,就业明显下降,传统滨海旅游强国地位受到威胁。

海洋油气是英国的优势产业,其产业增加值占欧盟的比重高达 52%,远远领先于其他欧盟国家。但近年来受到北海油气资源衰退的影响,海洋油气资源开发产量明显下降。2017 年,英国以海洋油气开发为核心海洋矿业增加值只有118.6 亿欧元,相比 2013 年的高峰值 182.6 亿欧元下降幅度超过 35%,其中海洋石油开发相比 2009 年下降了约 1/3,海洋油气开发服务业也随之明显下滑,对英国海洋经济持续发展产生较大影响。

与此形成鲜明对照的是海事航运产业,近年来保持震荡增长。尽管和峰值的 2015 年相比,港口物流、船舶修造和海上航运均有所下降,但相比 2009 年各行业门类增加值均有所增长。2017 年,港口物流增加值提升了 41.5%,年均增速超过 4.4%。除了水上工程建设出现下滑外,港口装卸、货物仓储以及相关服务活动均有显著增长;船舶修造业实现增加值 29.1 亿欧元,相比 2009 年增加62.6%,年均增速高达 6.3%;海上航运业呈波动发展态势,年均增速达到 1.7%,以邮轮旅游为重点的海上客运发展前景广阔。相比其他欧盟国家,英国的海事航运服务业具有一定优势。其中,港口服务业增加值占比达到 21%,排名第一;船舶修造仅次于德国,排在第二位;海上航运尽管排名第三位,与领先的德国、意大利差距较大[②]。

海洋新兴产业发展领域,英国的海上风电、海洋新能源开发、海洋生物医药等处在国际领先地位。此外,英国的海水淡化及深海矿产开发也占有一定国际地位。据世界海上风电论坛报告[③],2021 年,英国海上风电运营总量达到 12.3GW,全球占比达到 25.5%,欧洲排名第一,全球排名仅次于中国。此外,波浪能、潮流能发电等海洋可再生能源开发也处在全球领先地位,是全球主要的海

---

① 挪威虽地处欧洲,但未加入欧盟,不属于欧盟国家。

② European Commission, *The EU Blue Economy Report*, Maritime Affairs and Fisheries, EU, 2019.

③ World Forum Offshore Wind, *Global Offshore Wind Report* 2021, 2022.

洋可再生能源利用技术研发的先行者和产业化基地。

(二)国内海洋经济发展现实

进入 21 世纪,海洋经济发展面临新的挑战,海洋产业规模快速提升的同时,对近海海洋资源与环境的压力也在快速增加,出现了海洋生态环境退化、海洋资源难以为继的问题,这给我国海洋经济持续健康发展带来了严峻的挑战。"十三五"以来,山东、广东、浙江等海洋大省相继启动了海洋经济强省建设,推动海洋经济大省向海洋经济强省的转型,加大了对海洋科技创新、海洋特色产业园区及海洋生态环境保护的投入,海洋经济进入资源、环境与产业协调发展的蓝色经济新阶段。

1. 国内海洋经济发展导向

坚持创新、协调、绿色、开放、共享的新发展理念,树立海洋经济全球布局观,主动适应并引领海洋经济发展新常态,加快供给侧结构性改革,着力优化海洋经济区域布局,提升海洋产业结构和层次,提高海洋科技创新能力,推进海洋生态文明建设,科学统筹海洋开发与保护,扩大海洋经济领域开放合作,推动海洋经济由速度规模型向质量效益型转变,是我国海洋经济发展的主线。多年来,我国海洋经济发展主体以滨海旅游、海洋交通运输和海洋渔业等传统海洋产业为主,新兴海洋产业规模小、层次低,缺乏高效的产业化动力,持续健康发展和高速增长面临越来越大的压力。创新发展理念,积极融入国家战略,落实国家海洋生态文明建设,加大培育海洋新兴产业投入,拓展海洋经济发展空间,促进海洋产业集群发展,优化提升传统海洋产业结构,加快海洋新旧动能转换试点,增强海洋产业国际竞争力是当前及未来我国海洋经济高质量发展的重点任务。

一是创新发展理念,推动海洋经济由速度规模型向质量效益型转变。海洋经济发展质量是一个国家或地区海洋经济增长能力和运行效果的综合反映,具体体现在海洋产业结构的优化升级、海洋科技的创新支撑、海洋资源的集约利用、海洋生态环境的可持续发展等诸多方面。进入新时代,我国海洋经济高质量发展应充分体现时代需求,融入创新、协调、绿色、开放、共享的新发展理念,满足新时代我国海洋战略发展需要。基于海洋经济发展现实,国内海洋经济发展应综合考虑规模与质量、速度与效率、陆地与海洋、产业与生态的协同,从追求规模速度向追求质量效益转变,改革传统的海洋经济管理体制和评价体系,以目标导向和问题导向为前提,确立我国新的海洋经济发展定位和评估体系,以构建完善的现代海洋产业体系,科学的资源与要素配置机制,合理的海洋产业空间格局以及均衡的海洋产业与资源环境协调模式,从根本上解决现有的海洋资源与环境压力,引导海洋产业集聚发展,优化海洋经济发展环境,提升海洋产业价值链和国际竞争力,全面打造海洋高质量发展战略要地。

二是顺应新时期国家战略导向,推动陆海产业全面融合发展。瞄准国家海洋强国战略定位,统筹陆海经济发展,深入推进国家海洋经济发展示范区建设,建设现代海洋城市,鼓励全国海洋经济由沿海向离岸的拓展,加快沿海省市海洋经济发展由大向强的提升,重点突破国家海洋经济新区、特色海洋及临港产业园区建设,实现沿海地区陆海经济的协同发展。以海洋特色产业园区为载体,推动陆海产业集聚发展,以港口物流、滨海旅游、装备制造等行业为重点,优化整合国内现有的海洋产业集群及涉海产业链,打造不同产业类群和产业业态融合发展的海洋特色产业基地。抢抓"一带一路"倡议、长江经济带发展、黄河流域高质量发展、粤港澳大湾区建设等机遇,沿海各地发挥海洋经济的龙头引领作用,以海带陆、以陆促海,推动陆海一体化协同发展。充分把握现代信息技术和海洋技术发展前沿,以人工智能、大数据、工业互联网等新一代信息技术为载体,加大对智慧海洋、智慧航运、智能海工制造等海洋新基建投入,重点突破海洋信息技术、海洋大数据、海洋物联网及涉海人工智能产业的发展,推动"海洋新基建"发展,培育新的海洋经济新动能。

三是强化蓝色生态文明建设,引导海洋产业与环境协同发展。维护海洋生态系统健康,推动海洋资源开发、空间利用与海洋环境的协调发展是当今世界蓝色经济发展的潮流。推进海洋管理体制改革,创新海洋管理机制,建立基于生态系统的海洋综合管理体系,以海岸带空间规划为指导,以陆海生态环境统筹治理为前提,建立海洋环境多元主体的协同机制,统一陆海一体的环境监测和治理标准,完善海洋生态环境规制法律建设,探索建立海洋经济发展的生态环境承载框架和海洋生态损害补偿机制。加快推进以海洋国家公园为主体的海洋保护区建设,整合现有的海洋保护区网络,创新海洋保护区管理机制,提升重要的海洋物种、地质景观、文化遗产及典型生态系统的保护水平。全面推进国家海洋生态文明建设示范区建设,优化海洋资源与海域空间的配置机制,提高海洋资源与空间的利用效率,推动海洋循环经济、环境友好型滨海旅游、生态养殖、海洋牧场、绿色航运、生态修复等海洋生态经济或产业绿色化发展,实现海洋经济与生态环境的协同发展。

四是深入推进海洋经济试点示范,打造国家海洋经济高质量发展示范区。围绕省市县三级海洋经济综合发展试点。2010年以来,相继有山东、广东、浙江、福建、海南等沿海省市纳入国家区域海洋经济综合发展试点,先后批准了青岛西海岸、浙江舟山两个国家海洋经济新区。同时,还确立了15家海洋经济创新发展示范城市和14家国家海洋经济发展示范区,开展海洋经济科学发展创新示范。深圳、上海全球海洋中心城市列入国家海洋经济发展"十三五"规划,天津、宁波、舟山、大连、青岛先后提出全球或区域海洋中心城市建设,积极探索海洋经济发展新路径,创新海洋产业培育新模式,打造海洋经济发展新高地。突出政策引领,鼓励海洋渔业、滨海旅游、船舶制造、海洋化工等传统海洋产业转型提升,加大对传统海洋产业领域的技术改造和产品研发投入,推动陆海产业链联动发展区域示范,鼓励地方开展业态创新、模式创新、路径创新,拓展提升传统海洋产业价值链。实施国家海洋经济新动能培育行动,打造国家海洋新兴产业培育示范基地,加快海洋信息技术、海洋生物医药、海洋新能源、海洋新材料等产业的培育壮大进程,建设国家海洋经济新区、海洋特色产业集聚区、海洋生态文明建设示范区等一批试点示范工程,完善海洋产业培育、壮大和集聚载体,重构国家现代海洋产业体系,打造服务民生、环境友好、陆海协同、高质高效的国家海洋经济高质量发展示范区。

2. 我国海洋经济发展概况

改革开放以来,经过40多年的快速发展,我国已成为世界海洋经济大国,主要海洋产业规模领跑全球,在海洋渔业、港口航运、滨海旅游及船舶海工等产业领域优势明显。据自然资源部《中国海洋经济统计公报》[①]:2021年,全国海洋生产总值突破9万亿元,全国国内生产总值占比7.9%,沿海11个省(市、区)占比14.96%,连续5年呈波动下滑态势,海洋经济增速滞后于国民经济发展(表9-4)。

表9-4 我国海洋产业增加值及对GDP贡献年度变化

	2016	2017	2018	2019	2020	2021
全国GOP/亿元	70 507	77 611	83 415	89 415	80 010	90 385
主要海洋产业/亿元	28 646	31 735	33 609	35 724	29 641	34 050
全国GDP/亿元	746 395	832 036	919 281	986 515	1 013 567	1 143 670
全国GDP占比/%	9.45	9.33	9.07	9.06	7.89	7.90
沿海省市GDP占比/%	17.38	17.37	17.15	17.18	14.91	14.96

---

① 自然资源部海洋战略规划与经济司:《2021年中国海洋经济统计公报》,中华人民共和国自然资源部官网,2022年4月6日,http://gi.mnr.gov.cn/202204/t20220406_2732610.html,2023年1月18日。

"十三五"期间,我国海洋经济发展总体保持增长态势。2019 年,全国主要海洋产业实现增加值 35 724 亿元,占海洋生产总值的 40%。滨海旅游业、海洋交通运输业和海洋渔业依然是我国海洋经济发展的三大支柱产业,增加值占比合计超过 80%。其中,滨海旅游业占比持续增长,2019 年首次突破 50%,到 2020、2021 两年受疫情影响,占比下降到 45% 左右;海洋交通运输业和海洋渔业占比均出现小幅下滑。海洋新兴产业规模依然有限,总量占比不到 3%,但保持较快增速(图 9-2)。"十三五"以来,滨海旅游业作为我国第一大海洋产业,年均增速保持在 13.6%,占有绝对领先优势。海洋交通运输业和海洋渔业则保持小幅增长,但未来发展存在很多不确定性。海洋矿业、海洋油气业、海洋电力业、海洋生物医药业年均增速均超过 10%,特别是海洋矿业超过 30%,市场需求强劲。海盐业、海洋船舶工业、海洋工程建筑业则出现负增长,未来发展不容乐观。(表 9-5)

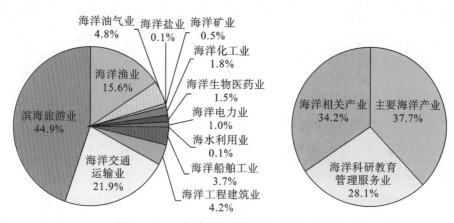

图 9-2　2021 年我国主要海洋产业增加值构成

表 9-5　我国海洋产业贡献构成(2016—2021)

	2016 年增加值/亿元	2017 年增加值/亿元	2018 年增加值/亿元	2019 年增加值/亿元	2020 年增加值/亿元	2021 年增加值/亿元
海洋产业	43 283	48 234	52 965	57 315	52 953	59 488
主要海洋产业	28 646	31 735	33 609	35 724	29 641	34 050
海洋渔业	4 641	4 676	4 801	4 715	4 712	5 297
海洋油气业	869	1 126	1 477	1 541	1 494	1 618

（续表）

	2016 年增加值/亿元	2017 年增加值/亿元	2018 年增加值/亿元	2019 年增加值/亿元	2020 年增加值/亿元	2021 年增加值/亿元
海洋矿业	69	66	71	194	190	180
海洋盐业	39	40	39	31	33	34
海洋化工业	1 017	1 044	1 119	1 157	532	617
海洋生物医药业	336	385	413	443	451	494
海洋电力业	126	138	172	199	237	329
海水利用业	15	14	17	18	19	24
海洋船舶工业	1 312	1 455	997	1 182	1 147	1 264
海洋工程建筑业	2 172	1 841	1 905	1 732	1 190	1 432
海洋交通运输业	6 004	6 312	6 522	6 427	5 711	7 466
滨海旅游业	12 047	14 636	16 078	18 086	13 924	15 297
海洋科教管理服务业	14 637	16 499	19 356	21 591	23 313	25 438
海洋相关产业	27 224	29 377	30 449	32 100	27 056	30 897

数据来源：自然资源部，海洋经济统计公报，2016—2021。

从省（市、区）发展来看，广东一枝独秀，全面领跑全国海洋经济发展。山东紧随其后，上海、浙江、江苏、辽宁、天津稳步发展，河北、广西、海南相对落后，地区差异明显。2019 年[①]，海洋经济已成为海南、福建、上海、天津的重要经济增长点，海洋生产总值 GDP 占比均超过 25%，海南、福建接近 30%，海洋经济重要性不言而喻。广东、山东、辽宁、浙江 4 个海洋大省的海洋生产总值占比保持在 10%～20%，规模效应突出。只有江苏、河北、广西 3 个省区的海洋经济贡献低于 10%，未来发展潜力有待进一步挖掘（图 9-3）。

[①] 2020、2021 年受疫情影响严重，故选择正常年份 2019 年作比较分析。

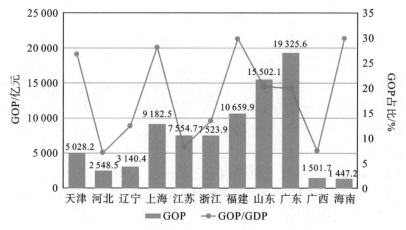

图 9-3　我国沿海省市区海洋经济贡献对比（2019）

（三）重点海洋城市与深圳的比较分析

针对发展海洋经济，推动海洋强国建设，《海洋经济"十四五"发展规划》等相关文件将现代海洋城市建设作为推进海洋经济高质量发展的重要抓手。青岛、舟山等城市又率先在国内制定了现代海洋城市建设目标及行动方案。同时，在各地海洋强省建设战略指引下，沿海主要城市，包括广州、福州、宁波、连云港、烟台、秦皇岛、大连等都不同程度地制定了海洋强市建设规划或实施意见，为推进地方海洋经济发展提供了战略指导。

从重点沿海城市发展现实来看，不同的城市间存在较大差异，包括资源禀赋、产业基础、科技创新能力及生态环境质量等，但其基本的海洋发展战略定位及海洋产业发展重点大同小异，存在不同程度的趋同发展和同质竞争问题。现代渔业、滨海旅游、海洋交通运输业是绝大多数沿海城市海洋经济发展的主导产业，海盐及盐化工、海洋工程建筑业、船舶与海工装备制造等存在较大差异，海洋生物医药、海洋新能源与海水综合利用等新兴产业均为各城市重点培育的对象。资源禀赋、海洋产业规模效应与海洋科技创新能力是造成沿海城市间出现差距的主要原因。

1. 重点海洋城市海洋经济发展现状

（1）上海

2020 年，上海海洋生产总值 9 707 亿元，占全市 GDP 比重为 25.1％[①]。上

---

① 上海市水务局（上海市海洋局）《上海市海洋"十四五"规划》，上海市水务局（上海市海洋局）官网，2021 年 12 月 8 日，http://swj.sh.gov.cn/shshyhjjcybzx-zcfg/20220105/fcbb787716d0435faacbfee367a481bc.html，2023 年 1 月 18 日。

海的海洋交通运输、海洋船舶和高端装备制造、海洋旅游业对海洋经济贡献很大,逐渐形成了"两核三带多点"(临港海洋产业发展核、长兴海洋产业发展核、杭州湾北岸产业带、长江口南岸产业带、崇明生态旅游带,北外滩、陆家嘴航运服务业等多点)的海洋产业空间布局。其中,临港、长兴两大海洋产业"发展核"成效显著;海洋交通运输和航运服务、海洋船舶和高端装备制造、海洋旅游业等现代服务业和先进制造业核心优势明显,海洋生物医药、海洋可再生能源利用等新兴产业持续培育壮大。

当前,上海积极推进长三角海洋经济高质量一体化发展,探索创建全球海洋中心城市,深化浦东新区和崇明区长兴岛两个国家级海洋经济示范区建设,力促海洋经济高质量发展。

一是强化海洋特色园区合作。上海浦东新区、宁波市、南通市、舟山市共同签署《长三角区域海洋产业园区(基地)战略合作》协议,上海临港海洋高新技术产业化基地、宁波梅山海洋战略性新兴产业示范基地、江苏省通州湾江海联动开发示范区、舟山群岛新区海洋产业集聚区、彩虹鱼(舟山)海洋战略性新兴产业示范园等四地的五个涉海园区开展广泛合作,将共同建立跨区域且能够运筹涉海类人才、科技、金融、项目、市场等广泛资源紧密合作的协同平台,努力实现区域间海洋产业的协同发展。

二是加快推进崇明海洋经济发展示范区建设。以开展海工装备产业发展模式和海洋产业投融资体制创新为发展目标,重点完成以下任务:一是积极服务以军工第一造船基地为代表的先进海洋装备制造区建设;二是积极服务以先进船舶海洋工程与港口机械装备制造为方向的创新示范工作;三是推动以海洋产业与航天技术为重点的科创基地建设;四是推动以渔业供应链金融体系为特色的横沙渔港综合营运服务发展模式建设;五是促进以工业旅游和全岛旅游资源整合为内涵的海洋文化旅游圈建设。

三是全面打造浦东海洋经济创新发展示范城市。浦东临港地区作为主要承载区,已经成为海洋经济高质量发展高地,引领带动深远海高端装备、海洋生物药物等领域的创新突破和集聚孵化。其主要举措包括:一是建设上海自贸区新片区,聚焦特殊经济功能,更加突出开放的深化、功能的强化、布局的优化、动力的转化,探索制度创新变革。二是建设上海海洋经济开发性金融综合金融服务平台,形成海洋经济开发性金融项目库,充分发挥开发性金融对海洋经济的中长期投融资优势、综合金融服务优势和资金引导作用,并探索建立"海洋创投基金",不断完善中小微项目统贷功能、重大项目直贷功能,增强金融对海洋高质量发展的支持力度。三是精准对接金融、科技与产业,积极打造金融科技的孵化器和加速器,建设金融科技的产业生态区,激发创新活力。为充分发挥金融服务实体经济的能力,浦东将设立 50 亿元的科创母基金,聚焦做大做强浦东的重点优势产业,包括"中国芯""创新药""智能造"等。四是宝山区积极发展邮轮全产业链,带动邮轮港向邮轮城发展。持续引进全球最新、最大、最豪华旗舰型邮轮,推动邮轮经济向上下游延伸。上游加快推进上海国际邮轮产业园建设,与中船集团、芬坎蒂尼探索共同出资设立平台型管理公司,打造豪华邮轮产业向上游延伸的重要平台。中游吸引邮轮总部型企业入驻,中船计划在宝山设立邮轮全球运营、邮轮船票直销、培训三大中心。下游打造上海邮轮服务品牌,改革创新制度集成突破。

（2）青岛

2021 年青岛海洋生产总值为 4 684.84 亿元,总量居全国沿海同类城市第一位,同比增长 17.1%,占青岛 GDP 比重 30% 以上[①]。青岛在海工装备、海水淡化、现代渔业等方面表现突出,拥有海洋试点国家实验室、国家深海基地等近 30 个国内一流海洋科研机构,占全国 1/3 以上,拥有涉海两院院士 24 位,占全国总数的近 70%,在海洋科创平台和人才方面具有明显领先优势。船舶海工装备制造业是青岛重点打造的优势特色产业,目前已形成了西海岸海西湾、西海岸古镇口融合区、即墨蓝谷 3 个各具特色的产业集聚区。在海洋生物医药方面,青岛位列国内"第一梯队",国内上市的大部分海洋医药企业,如甘糖酯、降糖宁散、海麒舒肝等均来自青岛,青岛也明确将海洋生物医药列为"海洋产业转型跨越硬仗"中重点探索的领域。

专栏 2-1　青岛"十四五"时期海洋经济发展定位

国际海洋科技创新中心。依托国字号海洋创新平台,加强海洋领域基础研究,突破一批前沿交叉技术和共性关键技术,完善海洋科技成果交易转化、海洋高技术产业示范等机制,建设海洋科技成果转化"生态圈",增强参与全球海洋科技创新竞争能力。

国际航运贸易金融创新中心。完善现代航运服务体系,优化贸易结构,建设引领国际时尚的涉海消费品贸易市场。建设中日韩跨境电商零售交易分拨中心、上合组织国家地方特色商品进口体验交易中心。提升与全球枢纽节点地位相匹配的航运中心综合服务功能,打造沿黄流域、上合组织国家面向亚太市场的出海口。深化国家服务贸易创新发展试点,发展服务于航运贸易的专业化融资、保险、结算业务。

国家深远海开发战略保障基地。统筹各类陆海资源以及海外合作港口、产业园区等,

---

① 王晶:《青岛:政策组合拳赋能海洋高质量发展》,自然资源部官网,2022 年 4 月 22 日,https://www.mnr.gov.cn/dt/hy/202204/t20220422_2734618.html,2023 年 1 月 18 日。

（续上页专栏）

> **专栏 2-1 青岛"十四五"时期海洋经济发展定位**
>
> 提升海洋产业和科技创新保障支撑能力，构建近海保障、远海协同的社会化服务体系。建设远洋渔业陆基保障基地、深远海科考船后勤服务基地，提升海底探测、深海采矿等重大装备保障能力，完善综合后勤保障体系。
>
> 深度参与全球海洋治理示范区。集聚海洋国际组织或机构，加强海洋公共服务、海事管理、海上搜救、海洋防灾减灾、海上综合执法等领域国际合作，探索建设海洋命运共同体示范区。深度参与联合国海洋科学促进可持续发展十年计划，建设国际海洋合作中心。积极参与北极"冰上丝绸之路"开拓、南极治理等国际行动。
>
> 海洋经济区域协调发展示范区。依托胶东经济圈一体化发展，推进胶东经济圈海洋经济协同高质量发展。加快建设国内知名的海洋生物医药研产基地和船舶海工装备产业基地、全国重要的海水利用基地，开展胶东经济圈区域内的海洋产业协作和统筹布局。全面深化各区域海洋科技合作，推动科技成果跨区域转移转化，建设海洋经济区域协调发展示范区，打造胶东经济圈海洋经济高质量发展新样本。

（3）厦门

2020 年厦门海洋生产总值 1 405.29 亿元，占地区生产总值 22%[①]。厦门海洋生物种业、海洋生物制药和功能食品产业群已基本形成，生物医药港成为东南沿海最大的生物与新医药产业基地，海洋电子信息、海洋仪器装备领域一批关键技术和设备取得技术突破，船舶防污涂料、海工装备制造领域形成新的特色产品。滨海旅游产业快速发展，金砖会议、国际海洋周的旅游溢出效应不断显现，优质旅游资源得到进一步整合，"厦金游""湿地游""环岛游"的知名度和吸引力持续提升。

（4）大连

2020 年大连海洋生产总值 1 008 亿元，海洋产业结构进一步优化[②]。大连海工装备及造船业在国内保持领先，海洋盐业化工等产业久负盛名。近年来，大连海洋经济聚焦打造本地特色海洋产业，如海上风电、海洋牧场、海洋智能装备等，目前庄河海域风电场等重点项目有序推进，大连国家级海洋牧场示范区增至 25 处，居全国首位，海洋牧场面积达 500 余万亩[③]，"蓝色粮仓"已具规模。

① 厦门市海洋发展局：《厦门市海洋经济发展"十四五"规划》，厦门市人民政府官网，2021 年 8 月 16 日，http://www.xm.gov.cn/zwgk/flfg/sfbwj/202108/t20210826_2577194.htm，2023 年 1 月 18 日。

② 大连市自然资源局：《大连市海洋经济发展"十四五"规划》，大连市人民政府官网，2022 年 7 月 20 日，https://www.dl.gov.cn/art/2022/7/20/art_3868_2034812.html，2023 年 1 月 18 日。

③ 辽宁日报：《大连养海万顷打造海上"绿水青山"》，辽宁省人民政府官网，2022 年 1 月 19 日，http://www.ln.gov.cn/ywdt/jrln/wzxx2018/202201/t20220119_4493371.html，2023 年 1 月 18 日。

以水下机器人为代表的智能装备与"蓝色粮仓"有机结合,大连理工大学与大连金普新区管委会、鹏城实验室签约共同建设国内首个海洋智能装备评测与试验基地,围绕水下机器人等海洋装备智能关键技术开展协同创新,布局新兴的信息技术和海洋智能装备产业链。

（5）宁波

2020 年,宁波海洋生产总值 1 674 亿元,占全市地区生产总值比重为 13.5％,占全省海洋生产总值比重约为 18％[①]。宁波在海上风电、海洋物流、远洋渔业等方面具有一定优势。近年来,宁波先后引进培育了西工大宁波研究院、北大宁波海洋药物研究院、中电科（宁波）海洋电子研究院、宁波海洋研究院等一批涉海科研院所,进一步壮大海洋科研力量。宁波舟山港 2021 年港口集装箱吞吐量为 3 108 万标准箱,继续位居全球第三,港口货物吞吐量 12.24 亿吨,连续 13 年位居全球首位[②]。

（6）广州

2020 年,广州海洋生产总值 3 146.1 亿元,占全市 GDP 比重为 12.6％[③]。广州海洋交通运输、船舶与海工装备制造、滨海旅游等产业发展优势突出。2020 年广州港货物吞吐量 6.36 亿吨、集装箱吞吐量 2 351 万标箱,分别排名全球第四和第五,完成滚装商品汽车吞吐量 150 万辆,位居国内港口第一位[④]。广州全市有船舶企业 40 多家[⑤],是全国三大造船基地之一,以龙穴造船基地为核心,形成了造船、修船、海洋工程、游轮及船舶相关产业集聚区。广州南沙出入境邮轮自 2016 年起连续保持在国内邮轮产业"第一梯队"。

（7）天津

2019 年,天津海洋生产总值 5 268 亿元,占全市 GDP 比重为 37.4％[⑥]。天

---

① 宁波市人民政府:《宁波市海洋经济发展"十四五"规划》,宁波市人民政府官网,2021 年 9 月 27 日,http://www.ningbo.gov.cn/art/2021/12/10/art_1229547954_3852148.html,2023 年 1 月 18 日。

② 宁波晚报:《2021 年宁波舟山港货物吞吐量突破 12 亿吨 连续 13 年位居全球第一》,宁波市贸促会官网,2022 年 1 月 17 日,http://www.ccpitnb.org/art/2022/1/17/art_5626_634422.html,2023 年 1 月 18 日。

③ 广州市人民政府办公厅:《广州市海洋经济发展"十四五"规划》,广州市人民政府官网,2022 年 8 月 29 日,https://www.gz.gov.cn/zwgk/ghjh/fzgh/ssw/content/post_8529961.html,2023 年 1 月 18 日。

④ 广州市人民政府办公厅:《广州市海洋经济发展"十四五"规划》,广州市人民政府官网,2022 年 8 月 29 日,https://www.gz.gov.cn/zwgk/ghjh/fzgh/ssw/content/post_8529961.html,2023 年 1 月 18 日。

⑤ 广州市人民政府办公厅:《广州市海洋经济发展"十四五"规划》,广州市人民政府官网,2022 年 8 月 29 日,https://www.gz.gov.cn/zwgk/ghjh/fzgh/ssw/content/post_8529961.html,2023 年 1 月 18 日。

⑥ 天津市人民政府办公厅:《天津市海洋经济发展"十四五"规划》,天津市人民政府官网,2021 年 6 月 30 日,https://www.tj.gov.cn/zwgk/szfwj/tjsrmzfbgt/202107/t20210705_5496422.html,2023 年 1 月 18 日。

津海洋油气、海洋化工等传统海洋产业占据主导地位,新兴产业方面海水淡化领先全国,海工装备和租赁业务发展势头良好。天津是我国最早开展海水淡化科技创新、装备制造及场景应用的城市,拥有一批从事海水淡化技术研发、装备制造、应用的高校、科研院所和企业,2016 年至 2020 年间,累计申请海水淡化相关专利近 200 项,多项技术跨入国际先进行列。天津海水淡化装机规模达 30.6 万吨/日,占全国的 19.4%①。同时,以天津港保税区临港片区为核心的海洋工程装备制造基地初步形成,海工装备产业逐步向高端化发展。海工租赁产业也加速聚集天津,国际航运船舶和海工平台租赁业务分别占全国的 80% 和100%。

2. 重点海洋城市与深圳的比较

(1)关于海洋经济发展定位

立足"十四五"时期和未来一段时期,重点沿海城市海洋经济发展的目标定位对比见表 9-6。

表 9-6 "十四五"时期主要沿海城市海洋经济发展定位

城市	发展定位
上海	国际航运中心;国际一流的船舶与海洋工程装备设计、研发、制造基地
天津	北方国际航运枢纽;全国海水淡化产业先进制造研发基地、海水淡化技术创新高地;国际一流的综合性国家级海洋文化交流平台
青岛	高水平海洋科技创新平台;国内知名的海洋药物与生物制品研发基地;世界一流港口
厦门	区域性国际航运物流中心;闽台海洋产业对接先行区;海洋药物与生物制品研发生产基地
大连	东北亚国际航运枢纽;全国重要的海洋装备制造中心;高品质海珍品生长繁育保护中心;滨海旅游度假中心
宁波	世界一流强港;国际海洋港航、科研、教育中心;国际海洋文化交流中心
广州	世界海洋创新之都
深圳	全国海洋经济高质量发展引领区、全球海洋科技创新高地

注:参考国家《"十四五"海洋经济发展规划》。

① 天津市人民政府办公厅:《天津市海洋经济发展"十四五"规划》,天津市人民政府官网,2021 年 6 月30 日,https://www.tj.gov.cn/zwgk/szfwj/tjsrmzfbgt/202107/t20210705_5496422.html,2023 年 1月 18 日。

（2）关于海洋经济发展目标（GOP 比较）

立足"十四五"时期和未来一段时期，重点沿海城市海洋生产总值也设定不同数值。对比见表 9-7。

表 9-7　主要沿海城市海洋生产总值设定目标比较

城市	2020 年/亿元	2025 年/亿元
上海	9 707	15 000
天津	4 024	7 687
青岛	3 580	5 021
厦门	1 405	3 000
大连	1 008	2 300
宁波	1 674	3 200
广州	3 146	5 250
深圳	2 596	4 000

（3）关于优势海洋产业

重点沿海城市优势海洋产业门类对比见表 9-8。可以发现，各沿海城市优势海洋产业门类多为传统海洋产业，新兴门类比较少。

表 9-8　主要沿海城市优势海洋产业的比较

城市	优势海洋产业
上海	**海洋工程装备制造**、海洋交通运输、海洋旅游、现代海洋服务
天津	**海水淡化和综合利用**、海洋工程装备制造、海洋油气
青岛	**海洋科研教育管理服务**、**海洋药物和生物制品**、现代海洋渔业、海洋工程装备制造
厦门	**海洋药物和生物制品**、海洋旅游、海洋交通运输
大连	海洋渔业、**海洋船舶**、**海洋工程装备制造**、海洋交通运输、海洋旅游
宁波	**海洋交通运输**、现代海洋渔业、海洋工程装备制造、海洋旅游
广州	海洋交通运输、**海洋船舶工业**、**海洋工程装备制造**、**海洋电子信息**、海洋药物和生物制品、海洋旅游
深圳	**海洋交通运输**、**海洋旅游**、海洋油气、海洋工程装备制造、现代海洋服务

注：标黑产业门类为在全国范围内具有较大比较优势。

(4)关于单位岸线海洋生产总值

重点沿海城市单位岸线海洋生产总值对比见表 9-9。可以发现,深圳单位岸线海洋生产总值距离上海、天津、广州等还有较大差距。

表 9-9　重点沿海城市单位岸线海洋生产总值比较

城市	2020 年海洋生产总值 /亿元	大陆海岸线长度 /km	单位岸线海洋生产总值 /(亿元/千米)
上海	9 707	172.31	56.33
天津	4 024	153.67	26.19
青岛	3 580	730.64	4.90
厦门	1 405	194	7.24
大连	1 008	1 371	0.74
宁波	1 674	788	2.12
广州	3 146	157.1	20.03
深圳	2 596	260.5	9.97

(四)基本结论

从规模上和对地方经济带动上,在头部沿海城市中深圳处于中游,虽高于大连、宁波、厦门,但仅相当于广州、青岛、天津、上海的 80%、74%、65%、26%,与其综合经济实力极不相称。也说明深圳海洋经济发展的空间还很大。

现有优势产业主要集中在海洋交通运输、海洋旅游、海洋油气、海洋工程装备制造等,在国内有一定的竞争力但优势并不突出。天津、青岛、大连、厦门等区域海洋中心城市在海洋经济"十四五"规划中纷纷将上述产业进行部署安排。近些年,深圳海洋生物医药、电子信息产业、现代服务业等发展迅猛,是沿海地区最快、最全面地转型进入中高端产业的城市之一。深圳的海洋生产总值构成中,海洋金融服务业、海洋信息服务业和海洋技术服务业的增加值占全市海洋生产总值的比重已超过 20%,可为建设全球海洋经济引领区打下较为坚实的基础。

从全球范围看,主要沿海国家对海洋经济发展的依赖性与关注度日渐提升,全球海洋产业发展迎来新的战略机遇期。在产业方面,海洋可再生能源、无人船舶、智能养殖、绿色航运、海洋生物医药等发展等崭露头角,成为各国关注重点。深圳在面临国内沿海城市竞争的同时,必须要紧盯全球海洋治理最新发展实践和产业发展趋势,提前布局。从目前看,可瞄准海洋能源装备、无人船舶动力系统、智能养殖等产业链的重点环节进行积极谋划,在绿色航运、海洋生物制药等优势领域取得新突破。

三、建设全国海洋经济高质量发展引领区的思路和任务

(一)总体思路

以习近平新时代中国特色社会主义思想为指导,以加快建设海洋强国战略为引领,紧紧围绕建设"全国海洋经济高质量发展引领区"目标,借力"双循环"新发展格局构建,全面贯彻新发展理念,坚定向海图强道路不移。对于产业发展重点,坚持地方特色,继续以海洋第二产业作为重点发展的内容,以海洋高技术产业为主体,选择关键环节、关键产品,走由小而大,由大而强,由强而精的道路。继续不遗余力地发展现代服务业,借助互联网、云计算、大数据技术,通过"传统＋创新""产业＋金融服务"等培植新业态新模式。切实增强海洋科技创新能力,提升海洋治理现代化水平,搭建蓝色经济和海洋经济国际合作交流平台,不断巩固粤港澳大湾区的国际地位,不断丰富深圳全球海洋中心城市的建设成效,引领全国海洋经济实现高质量发展。

(二)重点领域

国家《海洋经济发展"十四五"规划》指出,支持深圳着力打造全国海洋经济高质量发展引领区,赋予了深圳新的使命任务。深圳作为海洋经济高质量发展引领区,结合其扎实的海洋经济基础、强大的创新能力、宽松的制度环境,应在海洋要素集聚、海洋科技创新、开放合作、生态文明、陆海统筹等方面形成引领作用,着力打造:①全球海洋高端资源要素重要聚集地;②全球海洋科技创新和成果转化高地;③具有国际吸引力、竞争力、影响力的全球海洋中心城市;④全国海洋生态文明建设样板区;⑤全球陆海统筹治理体系管理典范。

1. 引领海洋高端要素集聚

海洋高端要素是海洋经济高质量发展的重要基础。引领区将引领海洋高端要素资源集聚作为其引领区建设的重要组成部分,促进深圳各类海洋要素的高效流动、高效配置、高效增值,打造全球海洋高端资源要素重要集聚地。同时,加强与粤港澳大湾区的要素资源优势互补和协同发展,对接香港、带动周边、链接全球。

2. 引领海洋科技创新发展

海洋科技创新是海洋经济高质量发展的重要动力。引领区将引领海洋科

技创新平台建设和体系建设,以科技创新为动力手段,激发引领海洋科技系统的成果产出、形成海洋经济系统发展动力。立足深圳海洋科技基础能力,结合企业、高校、科研单位研发重点,选择若干领域自主创新,突破海洋开发利用与管控的关键核心技术,集中力量实施重大科技创新工程,推进海洋科技成果转化和产业化,打造全球海洋科技创新和成果转化高地。

3. 引领海洋新业态新模式

充分发挥信息产业出传统优势,引智下海、引资下海,推动陆域产业、陆上技术满足海洋场景的应用需求,重点打造海洋信息产业样板区。充分认识到海洋药物的发展空间,科学制定蓝色医药发展规划,擦亮国际生物谷—海洋生物产业园的招牌。跟踪海洋新资源开发热点,积极探索海洋能源项目开发与建设,打造多能互补、多产联动、多场景应用示范工程,培育未来海洋产业体系。

4. 引领海洋经济开放合作

开展更大范围、更宽领域、更深层次的对外开放,深度参与全球海洋经济竞争与合作,是推动海洋经济高质量发展的必由之路。深圳作为粤港澳大湾区经济体量最大的城市,应紧紧把握国内国际双循环重要节点的区位优势,持续深化与"一带一路"沿线国家和地区务实合作,围绕构建互利共赢的蓝色伙伴关系,拓展涉海开放合作领域,推进海洋领域国际产能合作、技术输出和国际高精尖技术引进,打造面向东南亚合作的前沿要地,建设成为具有国际吸引力、竞争力、影响力的全球海洋中心城市。

5. 引领海洋生态文明建设

探索海洋产业生态化和海洋生态产业化,是实现海洋生态产品价值实现的主要途径,是海洋经济高质量发展的最佳体现。海洋生态系统关系人类福祉,是健康地球和社会福祉的基石。深圳应推进沿海亲海岸线建设、海洋碳汇工程建设等新产业、新业态、新模式发展,推动海洋生态保护和可持续发展,坚定不移走人海和谐、合作共赢的发展道路,使得海更蓝、滩更净、岸更绿、湾更美,打造全国海洋生态文明建设样板区。

6. 引领陆海治理体系统筹

运转高效的海洋经济管理体系是海洋经济高质量发展的保障。坚持"以海定陆"为原则统筹海岸带地区的经济、资源、环境、社会、科技,实现海洋经济与海岸带经济的协调发展。深圳应创新陆海统筹管理体制,健全由空间规划、差异化绩效考核构成的空间协同体系,推进陆海基础设施建设,在陆海战略规划、陆海资源联动管理等方面先行先试,打造全球陆海统筹治理体系管理典范。

7. 引领海洋经济发展重大改革

积极谋划推进各种改革创新举措。比如,"扩大邮轮服务开放及实行跨境旅游通关便利化""15 天入境免签","争取国家支持开放航运管理领域"。以上涉及出入境管理、外汇管理、航运管理等事权,推动有难度,但一旦有所进展将起到巨大示范效应。

(三)重点任务

1. 高质量构建引领型现代海洋产业体系

目前,深圳海洋产业发展存在的问题:传统海洋产业大而不强,新兴海洋产业发展不足。这在全国范围内也是一个典型问题。基于此,构建海洋经济高质量发展引领区,必须优化海洋产业结构。一方面,需要巩固提升如海洋交通运输业、滨海旅游业、海洋油气业、海洋渔业等已有一定发展基础的传统海洋产业的发展水平,抓紧培育一些支柱型的海洋产业集群。更为重要的是,要瞄准全球海洋科技产业发展的方向和局势,积极布局高端海洋工程装备、海洋电子信息、海洋生物医药、海洋可再生能源等新兴产业,培育壮大海洋新兴产业的发展规模,持续推进海洋重点产业链"补链""强链"工作,推动海洋新兴产业发展迈向全球价值链的中高端,打造一批世界级、现代化的海洋产业集群。此外,还要有序培育天然气水合物、深海采矿等未来产业,抢占海洋未来产业发展制高点。

2. 高标准打造引领型海洋核心技术策源地

围绕深海进入、深海探测、深海开发等方面谋划和推动若干海洋领域国家大科学装置建设,增强深圳海洋科技创新策源的功能。持续推进深海科考中心、海上综合测试场、海洋大学等海洋重大科技创新平台建设,打造一批标志性引领型示范型重大科技创新平台。积极构建与国内外知名涉海高校、龙头企业、科研院所之间的合作关系,探索央地合作、政企合作新模式,对接引进一批优质项目,鼓励建设一批新型研发机构。积极培育海洋科技型企业,特别是要大力培育海洋科技领军型企业、高成长企业,以企业为主体,有效推动海洋成果转化与产业化,构建更高层次的海洋科技创新体系。坚持改革开放,着力筑巢引凤,加快汇聚海洋人才,打造海洋人才集聚高地。

3. 高能级拓展海洋经济开放合作

充分利用国际国内两个市场、两种资源,在更大范围、更宽领域、更深层次推进开放合作。支持和引导企业加强对东盟国家、"一带一路"沿线国家相关市场的开拓力度,加快"走出去、引进来"的步伐。充分发挥前海深港现代服务业合作区、河套深港科技创新合作区等国家级科技战略平台作用,加大与粤港澳大湾区其他城市、国内沿海城市等在海洋科技、海洋产业等领域的合作。支持本土企业通过引进境外战略投资者等方式开展合资合作,规划建设一批海洋资源开发、海洋电子信息、海工装备、水产品精加工深加工的项目以及科技研发平台。

4.高效率深化海洋经济管理体制机制改革

进一步明确各涉海经济部门之间的职责边界,创新海洋经济管理的制度模式,全方位、全过程地加强海洋经济管理与执法能力。加强海洋经济统筹协调能力,充分发挥深圳全球海洋中心城市发展委员会领导作用,建立健全多部门联动高效、协作有力的工作格局。建立健全海洋经济治理制度,推进海洋治理现代化。完善健全海岸带空间管控和生态保护修复制度、海洋资源高效利用制度、海洋科技创新体制机制及海域管理体制机制等,加强海洋防灾减灾能力建设,丰富海洋公共产品,提高海洋经济运行监测和评估能力,构建适应海洋经济高质量发展的政策制度体系。

四、建设体现高质量发展要求的现代海洋产业体系

2021年,深圳海洋生产总值为3 011.81亿元(图9-4),同比增长16％,海洋生产总值占深圳GDP比重约为9.8％。其中,海洋第一产业增加值4.59亿元,第二产业增加值978.69亿元,第三产业增加值2 028.53亿元,分别占全市海洋经济生产总值的0.2％、32.5％、67.3％。海洋产业发展总体呈现"三、二、一"的稳定结构(图9-5)。其中,传统优势产业高度集聚,形成招商局系列、中集系列、中海油系列和华侨城等一批年营业额超百亿的核心企业;新兴产业快速发展,海洋电子信息、海洋生物医药等战略性新兴产业发展提速明显,产业创新能力持续提升。

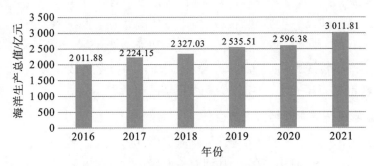

图9-4 2016—2021年深圳海洋生产总值变化

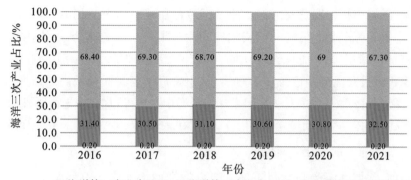

图 9-5　2016—2021 年深圳海洋三次产业占比变化

(一)深圳海洋产业发展综合实力

1. 不断加强的产业协同能力

近年来,深圳海洋产业协同发展能力显著提升。在海洋油气领域,"钻—采—储—运"勘采服务体系已初步形成。中广核、中集集团等海洋新能源开发总包和装备制造总部企业深入海上风电和深海钻采领域,对产业发展起到较强的拉动作用。在海工装备领域,目前深圳已具备大规模建造海上钻井平台的能力,智能制造企业纷纷"下海",产业链覆盖设计研发、制造和应用等上中下游环节,初步形成了规模超百亿元的海洋高端装备产业集群①。在海洋电子信息领域,有赖于体量庞大、体系完整、科技领先的海洋电子信息制造产业基础,海洋电子信息设备、海洋信息系统与信息技术服务不断取得关键技术突破,产业链条加速向海洋领域延伸嫁接②。在海洋生物医药领域,涌现了一批以华大海洋为代表的科技创新企业,集研发、中试、产业化于一体的创新发展链条逐步形成,产业集聚效应初步发挥。

2. 持续集聚的产业创新要素

受深圳海洋产业发展空间制约等因素影响,其海洋产业链大多集中在设计研发、配套研发等上游环节,产业链中游相对缺乏且出现产业环节外溢等现象③。

---

① 丁骋伟:《基于高质量发展视角下的深圳海洋产业集群发展对策研究》,《特区经济》2022 年第 1 期,第 13～16 页。

② 丁骋伟:《基于高质量发展视角下的深圳海洋产业集群发展对策研究》,《特区经济》2022 年第 1 期,第 13～16 页。

③ 丁骋伟:《基于高质量发展视角下的深圳海洋产业集群发展对策研究》,《特区经济》2022 年第 1 期,第 13～16 页。

近年来,随着一些大型龙头总部企业及区域性功能总部企业相继引入,市场拓展、技术服务等产业链下游环节资源实现逐步集聚。目前,深圳正依托海洋新城、蛇口国际海洋城等加快建设一批海洋产业基地,深圳大学、南方科技大学等高校也积极投身优势特色海洋学科建设,集聚近千名海洋领域高级研究人员。此外,深圳积极推动海洋大学与国家深海科考中心建设,加快本土科研机构与国内知名高校的合作,推动设立中国海洋大学深圳研究院、中集海洋科技集团等①。

3.加快布局的产业空间载体

目前,深圳海洋产业空间布局主要以深圳西部海岸—中部海岸—东部海岸—深汕合作区为主轴,以福田区、盐田区、南山区、宝安区、大鹏新区、深汕特别合作区、前海合作区等为主要承载区,合理布局海洋新城、蛇口国际海洋城、盐田临港产业带、坝光国际生物谷、新大龙岐湾、深汕小漠港、深汕海洋智慧港等涉海重点片区②,建成深圳蛇口海洋工程装备制造基地、大鹏新区海洋生物产业园等一批海洋相关基地,逐步形成"一轴贯通、多区联动"海洋产业空间协同发展新格局。

表 9-10　深圳海洋产业布局

序号	行政区	重点发展领域
1	福田区	重点发展海洋生物医药业、海洋现代服务业等,以总部研发及高端服务为主,打造海洋金融服务集聚区。
2	盐田区	重点发展海洋交通运输业、滨海旅游业、海洋生物医药业、海洋现代服务业等,兼顾总部研发和部分生产制造,打造国际航运枢纽。
3	南山区	重点发展海洋交通运输业、滨海旅游业、海洋能源与矿产业、海洋工程和装备业、海洋电子信息业、海洋生物医药业等,以总部研发为主,打造蓝色经济总部集聚区和技术创新核心区。
4	宝安区	重点发展滨海旅游业、海洋能源与矿产业、海洋工程和装备业、海洋电子信息业等,兼顾总部研发和部分生产制造功能,打造海洋新兴产业创新发展示范区。
5	大鹏新区	重点发展海洋渔业、海洋生物医药业、滨海旅游业等,适当发展海洋工程和装备业、海洋能源与矿产业等,兼顾总部研发和部分生产制造功能,打造海洋基础研究先导区以及海洋人才培养基地。

---

① 丁骋伟:《基于高质量发展视角下的深圳海洋产业集群发展对策研究》,《特区经济》2022 年第 1 期,第 13～16 页。

② 深圳市规划和自然资源局(市海洋渔业局):《2020 年度深圳市海洋发展报告》,2021 年 12 月。

（续表）

序号	行政区	重点发展领域
6	深汕特别合作区	重点发展海洋交通运输业、滨海旅游业、海洋渔业、海洋工程和装备业、海洋能源与矿产业等，以生产制造为主，兼顾部分研发功能，打造深圳海洋产业拓展区。
7	前海合作区	重点发展海洋工程和装备、海洋电子信息、海洋能源与矿产、海洋现代服务业等，以总部研发和高端服务为主，打造海洋现代服务业集聚区和科技创新高地。

	专栏 4-1　重点海洋空间载体
01	海洋新城： 海洋新城位于宝安区的大空港半岛区，以海洋科技创新和海洋现代服务业为主导产业，为深圳打造全球海洋中心城市提供了强有力的空间支撑。2017 年 12 月，世界级"蓝色经济"创新区"中欧蓝色产业园"落户宝安海洋新城，预计在 2025 年，"中欧蓝色产业园"将建成海洋高端智能设备、海洋电子信息（大数据）、海洋新能源、海洋生态环保、海洋专业服务等五大海洋产业集群。依托海洋新城以及深圳国家自主创新示范区的立新湖片区、福海—沙井片区建设，沿滨海创新发展轴，深化与未来大空港、前海蛇口自贸区、深圳湾创新集群区以及东莞市滨海湾新区的协同联动，重点加强海洋高端设备制造技术、海洋电子信息技术、海洋新材料技术的协同创新与推广应用，打造海洋产业重大关键技术的供给源头、区域产业集聚发展的创新高地、成果转化与创新创业的众创平台，形成引领海洋中心城市建设的强大动力。
02	蛇口国际海洋科技创新区： 蛇口国际海洋科技创新区是南山区高标准打造的"三大示范工程"之一，其致力于加快构建"一带三山四湾六区"协同发展新格局，包括赤湾海洋科技创新区、太子湾国际海洋治理综合服务区、蛇口滨海人文休闲区、歌剧院国际艺术文化区、国际一流枢纽港区；布局海上运动区、游艇自由行服务区、离岸经济功能浮岛等近海海域创新利用试验区；打造"3＋4＋X"现代海洋产业体系，即提升发展海洋交通运输、邮轮经济、海洋油气开发三大优势产业，重点培育和发展海洋高端装备、海洋电子信息、海洋高端服务、海洋文化旅游四大核心产业；创新布局海洋新能源、海洋新材料、极地开发等海洋潜力产业。同时，蛇口国际海洋城还将探索建立"园区＋基金"专业运营机制，加快建设赤湾海洋科技产业园，培育孵化一批海洋创新型企业，构建与招商局集团、南山开发集团、中海油集团、中国船舶集团等合作伙伴关系，积极对接和建设中船深圳海洋工程研究院、中国交通通信信息中心、中国海检集团等一批重点项目，发挥龙头企业引领带动作用，加快促进产业链上下游企业聚集，推动产业发展。

（续上页专栏）

<table>
<tr><th colspan="2">专栏 4-1 重点海洋空间载体</th></tr>
<tr><td>03</td><td>坝光国际生物谷：
深圳国际生物谷是"广深科技创新走廊"十大创新平台之一,坝光核心启动区被纳入国家自主创新示范区范围,是深圳生物医药、生命健康、海洋等新兴产业未来的重要布局点。深圳国际生物谷海洋生物产业园正在开展三期规划改造,现有入园项目55 个,其中 3 个院士团队、5 家重点大学科研院所及多家知名企业,形成了以海洋生物育种、海洋高端装备、海洋生物能源开发及海洋生物资源综合开发与利用为主导的研发孵化功能区。依托坝光国际生物谷核心启动区建设,坝光创新集群区聚焦生物、海洋、生命健康等产业领域,引进一批国家级研究平台、高水平医学机构、特色学院等创新载体和机构,高标准建设国家基因库,加快国家海洋大学、国家深海科考中心等项目落地建设,布局健康医疗大数据和样本库、生物样品和细胞库、海洋生物种质资源库等一批具有国际影响力的科学数据中心,开展生命信息、基因技术、精准医疗、生物医药、高端康养、海洋生物技术、安全健康食品等技术研发与产业化应用,重点打造集海洋基础研究、应用研究、产业化平台于一体的海洋科技创新高地。</td></tr>
<tr><td>04</td><td>新大龙岐湾：
龙岐湾滨海地区位于深圳大鹏新区中部东侧海岸,处于大鹏半岛咽喉之地,是"纯深圳、最大鹏"的山海活力内湾的核心组成部分。龙岐湾作为东进战略湾区合作的前沿和陆海联运的综合服务中枢,提供辐射区域,涵盖城市公共服务、旅游休闲服务、社区配套服务与交通集散功能的公共产品,构筑东部黄金海岸旅游带上的国际化滨海公共中心,打造具有国际性品牌号召力、区域吸引力和产业带动力的综合性城市旅游产品,共筑尺度亲切、服务完善、动静皆宜、游业居一体的滨海风情小镇。</td></tr>
</table>

（二）深圳海洋产业发展存在的共性问题

1.海洋科技成果转化能力尚需加强

虽然深圳海洋产业创新要素持续集聚,但海洋领域的自主创新能力尚不强,还未形成海洋产业创新生态,作为主要创新主体的高校和科研机构大多基于科研兴趣或前沿热点开展研究,尚未完全形成以需求为导向、以市场为依归的研发模式,研发产品与市场需求不匹配,造成政产学研脱节,市场需求对接不足[1]。此外,海洋科技领域的研发、中试和产业化 3 个阶段分别由不同产业部门

---

[1] 丁骋伟：《基于高质量发展视角下的深圳海洋产业集群发展对策研究》,《特区经济》2022 年第 1 期,第 13～16 页。

管理，由于目前尚未建立起跨部门产业扶持机制，有可能会造成高校和研发机构的海洋科技研发项目在中试和产业化阶段出现资金投入断档现象，使海洋科技成果停留在"概念成果"阶段[①]。

2. 优势产业向海拓展能力有待提升

随着新一轮科技革命和产业变革在全球范围内兴起，海洋科技发展日新月异，海洋产业价值链加速向高端迈进，海洋产业与数字经济、信息技术等融合发展趋势更加显著，"海洋＋"催生众多海洋领域新业态、新产品。对于深圳而言，目前电子信息、高端装备制造等优势产业向海拓展仍处于初级阶段，高科技产业"下海"仍然面临困难，产业潜力在需求和供给两端均未得到充分释放[②]，产业研发、中试、测试等配套支撑能力不足，产业集群培育环境尚需继续完善。

3. 产业服务体系不够完善

深圳海洋科技资源较为分散，现有海洋科研基础设施和公共服务平台实际共享率不高，综合性试验场和专业性涉海科技服务供给均存在不足，缺乏开放、链条完整、装备条件先进的中试线和涉海企业孵化器、加速器、众创空间等[③]。此外，涉海金融服务支撑体系尚需深化和完善，目前深圳该产业相关机构层次偏低，未能在交易机制及涉海金融产品开发等方面进行有效创新，为海洋产业提供资金支持的风险评估能力也不足。对于海洋科技中介机构来说，它们无法享受税收优惠，融资渠道也非常有限，特别是中小科技中介机构，更难以获得金融机构的资金支持。

(三)深圳重点海洋产业发展现状与存在短板

目前，深圳已形成了以海洋交通运输业、滨海旅游业、海洋能源与矿产业等传统优势产业为支柱，以海洋工程和装备业、海洋电子信息业、海洋生物医药业等新兴产业为引领的海洋产业发展格局。2021 年，八大重点海洋产业增加值合计 2 864.6 亿元，占全市海洋生产总值的 95.4%（表 9-11）。

---

① 丁骋伟:《基于高质量发展视角下的深圳海洋产业集群发展对策研究》,《特区经济》2022 年第 1 期,第 13～16 页。

② 丁骋伟:《基于高质量发展视角下的深圳海洋产业集群发展对策研究》,《特区经济》2022 年第 1 期,第 13～16 页。

③ 丁骋伟:《基于高质量发展视角下的深圳海洋产业集群发展对策研究》,《特区经济》2022 年第 1 期,第 13～16 页。

表 9-11　2021 年深圳主要海洋产业产值

产业类别	2021 年增加值/亿元	占全市海洋生产总值比重/%
海洋交通运输业	731.1	24.3
滨海旅游业	641.2	21.3
海洋能源与矿产业	280	9.6
海洋渔业	15.6	0.5
主要传统产业总产值(合计)	1 667.9	55.7
海洋工程和装备制造业	564.1	18.7
海洋生物医药业	86	2.9
海洋电子信息业	150.6	5
海洋现代服务业	396	13.1
主要新兴产业总产值(合计)	1 196.7	39.7

1. 海洋交通运输业

（1）基本情况

随着国内外航运市场逐步复苏，在我国统筹疫情防控和经济社会发展取得显著成效的背景下，国内海洋交通运输业产能实现快速修复，深圳海洋交通运输业总体呈现先降后升、逐步恢复的态势。2021 年，海洋交通运输业增加值731.1 亿元，占全市海洋生产总值的 24.3%。

深圳港区作为全球第四大集装箱枢纽港、全国服务最优集装箱港、华南地区超大型集装箱船舶首选港，是国家综合交通运输体系的重要枢纽，其中国际班轮航线 241 条，覆盖了世界十二大航区主要港口，通达 100 多个国家地区 300多个港口，与鹿特丹港等 26 个港口建立友好港关系，深圳港区对于促进深圳国际贸易发展、深层次参与全球物流与供应链体系、落实国家"一带一路"倡议具有重要支撑作用[①]。依托深圳港区，深圳拥有发达的海洋交通运输产业。截至2020 年，深圳海洋交通运输企业共有 11 847 家，占涉海企业总数的 60.5%，其中位列前三名的宝安区、罗湖区、龙岗区分别拥有 3 079 家、1 947 家和 1 499 家海洋交通运输企业，占比分别为 26%、16.4%、12.7%（图 9-6）。

---

① 深圳市规划和自然资源局(市海洋渔业局)：《2020 年度深圳市海洋发展研究报告》，2021 年 12 月。

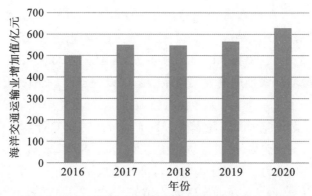

图 9-6 2016—2020 年深圳海洋交通运输业增加值变化

（2）存在短板

由于深圳港基础设施提供航运服务的半径较小，直接辐射区域均集中在珠三角地区，珠三角以外仅有 12%，与广州港腹地高度重叠，竞争日趋白热化；而上海作为全国影响力最大的国际航运中心，辐射范围沿长江黄金水道远至成渝经济圈。据物流业权威杂志 *Transport Topics* 发布的 2021 年全球海运货代 50 强榜单，在 10 家上榜的中国企业中，深圳仅有 1 家，而上海有 3 家、香港有 4 家。此外，深圳也缺乏马士基、地中海、达飞等大型国际船运公司，而这些企业均在北京、上海设立中国总部。

2. 滨海旅游业

（1）基本情况

受新冠疫情影响，滨海旅游业受到较大冲击，滨海旅游人数锐减，邮轮旅游全面停滞。2021 年，滨海旅游业实现增加值 641.2 亿元，占全市海洋生产总值的 21.3%（图 9-7）。

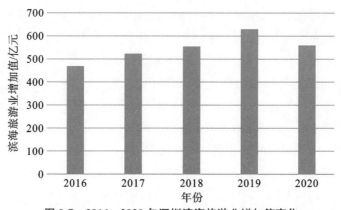

图 9-7 2016—2020 年深圳滨海旅游业增加值变化

截至 2020 年,深圳涉海企业达到 19 000 余家,其中涉及海洋旅游企业 4 940 家,占涉海企业总数的 25.2%。位列前三的罗湖区、福田区、南山区分别拥有海洋旅游企业 1 160 家、806 家和 769 家,分别占比 23.5%、16.3%、15.6%。

近年来,深圳加快推进重大文体旅游基础设施建设,不断提升海洋文体旅游公共服务水平,入选全球十大最佳旅行城市,获批设立中国邮轮旅游发展实验区,建成开通太子湾国际邮轮母港。目前深圳正以邮轮母港为核心,全力打造集旅游运营、餐饮购物、免税贸易、酒店文娱、港口地产、金融服务等于一体的邮轮产业链,未来致力于将太子湾邮轮母港打造成中国南方最大的邮轮母港和通连全球的"海上门户"。深圳海洋博物馆等"新时代十大文化设施"规划建设全面启动,南头古城、大鹏所城等"海洋特色文化街区"改造提升取得重大进展,形成一批滨海特色小镇,打造了国际黄金海岸旅游带。

(2)存在短板

由于深圳滨海旅游业起步较晚,产业发展也面临着一定的竞争与挑战。例如,上海滨海旅游增加值高达 1 500.5 亿元,全国九大邮轮母港中上海独占两个(上海吴淞口国际邮轮母港、上海港国际客运中心),泊位数及客流量均超过蛇口邮轮母港。此外,深圳滨海旅游发展与经济社会发展的整体水平和深圳在全国的地位及影响尚不匹配,具体来说,滨海旅游基础设施网络还不健全、代表现代化国际化创新型城市形象的标志性海洋旅游设施数量偏少、滨海旅游公共服务质量不够高、在国内外有较大影响力和辐射力的旅游活动品牌和高端海洋赛事数量不多、滨海旅游产业核心竞争力不够强等。

3. 海洋能源与矿产业

(1)基本情况

海洋能源与矿产业包括海洋油气业、海洋可再生能源利用业、海洋矿业等海洋产业。受疫情影响,国际油价持续走低,深圳海洋能源与矿产业受到冲击,全年实现增加值 280 亿元,占全市海洋生产总值的 9.6%。

截至 2020 年,深圳海洋油气企业 31 家,占涉海企业总数的 0.2%。深圳海洋油气企业主要集中于南山区、宝安区、福田区、光明区、坪山区和盐田区,其中南山区拥有海洋油气企业 26 家,占海洋油气企业总数的 83.9%,其余各区各拥有海洋油气企业 1 家,占海洋油气企业总数的 3.2%。

南海拥有中国最大的海洋油气储存区,是我国今后油气勘探开发业务的主战场。深圳作为距离南海最近的中心城市,正努力建设南海资源开发服务保障基地。可再生能源方面,深圳已拥有中广核、中集集团等海洋新能源企业。以中广核为代表的深圳能源企业,大力推动海上风电项目的投资建设,并带动了中山、汕尾等地上下游产业,加速形成区域联动发展的新格局。招商重工建造的 130 米打桩船"三航桩 20",极大提升了海上风电施工领域的话语权,为我国海洋资源开发提供助力。中集集团聚焦"清洁能源",将新能源变电、储能装备作为集装箱板块未来重点的业务拓展方向,建造完成大批量运输 LNG 的罐式集装箱、海上风电安装作业平台。

(2)存在短板

在海洋能源领域,深水油气田自主开发实力不足,水下生产设备和零部件极度依赖进口。海上风电等产业链存在配套研发等关键环节缺失,天然气水合物、深海采矿等新兴领域尚在培育初期。

4. 海洋渔业

(1)基本情况

目前深圳共有 11 家远洋渔业企业,拥有 167 艘远洋渔船,占广东省 60% 以上,作业范围远达中西太平洋、南太平洋、西南大西洋和印度洋,初步形成了以金枪鱼延绳钓作业为主、围拖网作业为辅的远洋渔业生产体系,冰鲜金枪鱼占据全省和全国重要地位。远洋渔业产值位居全省前列,远洋捕捞量占全市总捕捞量 85%,占广东省远洋渔获量 55.88%。2021 年,深圳海洋渔业增加值 15.6 亿元,占全市海洋生产总值的 0.5%。

2020 年,本地渔业人口总数为 1 600 人,其中约 70% 分布在大鹏新区,在册的港澳流动渔民为 2 780 人。海洋渔产业企业 62 家,占涉海企业总数的 0.3%。海洋渔业企业数量排名前三的区分别为大鹏新区、南山区、宝安区、龙岗区,分别拥有海洋渔业企业 15 家、10 家、9 家、9 家,分别占比 24.2%、16.1%、14.5%、14.5%。

(2)存在短板

在远洋渔业领域,产业发展以联成远洋渔业、深圳水产为主开展远洋捕捞,但远洋渔港、冷链物流及加工等配套设施匮乏。在海水养殖领域,育种养殖技术上有所欠缺,育苗、育种等上游环节实力较弱。而大连通过原种守护与良种创制,已建成国家级、省级水产原良种场 24 家,通过国家认定新品种 14 个,实现水产品产量达 240 万吨,渔业经济总产值超 700 亿元。

5. 海洋工程和装备业

(1)基本情况

深圳海洋工程和装备业已具备一定产业规模,建成孖洲岛为主体的海工装备及船舶修造基地,初步形成了设计研发、总装建造和应用的上中下游的海工装备产业链条。2021 年,深圳海洋工程和装备业产业增加值 564.1 亿元,占全市海洋经济生产总值的18.7%。在研发设计领域,以中集集团、招商局重工等海工装备龙头企业为代表,自主设计、研发了一批海洋工程高端装备,如中集集团自主设计、建造的"蓝鲸系列"超深水半潜式钻井平台成功完成了世界首次海域天然气水合物试采,招商局重工(深圳)研制的MT系列多用途饱和潜水支持船填补了国内空白。在装备制造和配套领域,除海洋石油钻井平台、特种工程船舶等大型工程装备制造外。在应用服务领域,深海油服在深水安装技术等方面取得了一系列技术突破。

截至2020年,深圳海洋工程和装备制造企业100家,占涉海企业总数的0.5%。海洋工程和装备制造企业数量排名前三的区分别为南山区、宝安区、龙岗区,分别拥有企业35家、19家、17家,分别占比35%、19%、17%。

(2)存在短板

海洋工程装备上游研发设计和核心配套水平不足,缺乏中船708所、康斯伯格等具有国际竞争力的企业,前端基础研发设计和关键配套等产业链高附加值环节实力较大连、青岛差距明显。

6.海洋电子信息业

(1)基本情况

依托电子信息产业的雄厚基础,深圳海洋电子信息业全年实现增加值150.6亿元,占全市海洋生产总值的5%。

陆地电子信息技术进军海洋领域。研祥智能、中兴通讯等电子信息龙头企业已进军海洋通信、船舶导航等海洋领域。研祥智能依托国家特种计算机工程技术研究中心,积极拓展船舶电子技术研究和应用示范,船载高性能计算平台、船舶监控平台、无人船设备等已实现产业化应用。中兴通讯成功将卫星通信技术和陆地移动通信技术融合,推出自主可控的海洋宽带卫星通信解决方案,填补深海覆盖盲区的空白。

海洋电子信息领域高新技术成果涌现。深圳培育了一批海洋电子信息领域的高新技术公司。依托中国海油、武汉大学等单位,中海北斗(深圳)导航技术有限公司实现了高精度PNTRC技术和时空大数据技术在高精度导航与位置服务方面国产化替代。深圳智慧海洋科技有限公司正在研发11 000 m全球通信技术,可为深海勘测和采矿提供有力支撑。

截至2020年,深圳拥有海洋电子信息企业1 578家,占涉海企业总数的8.1%。海洋电子信息企业数量排名前三的区分别为南山区、福田区、宝安区,分别拥有海洋电子信息企业524家、279家、238家,分别占比33.2%、17.7%、15.1%。航天科工的子公司亚太卫星2020年成功发射深圳星,发展海洋观测探测、海洋通信、海洋电子元器件等基础良好。

（2）存在短板

深圳海洋电子信息产业虽然在船舶电子、海洋观测探测、海洋通信、海洋电子元器件等基础良好，但发展能级有待大幅提升，产业亟须向产业链高附加值环节发力。例如，就国内海洋信息通信行业而言，约90%的设备不同程度依赖国外进口，亟须建立覆盖"陆海空"的完整且自主可控的卫星通信系统，来保障海上的通信安全。

7. 海洋生物医药业

（1）基本情况

近年来，深圳积极搭建海洋生物医药产学研合作平台和孵化推广基地，依托大鹏海洋生物产业园、坝光国际生物谷核心启动区等产业园区集聚了一大批国内外海洋生物医药领域高端人才和科研团队，涌现了华大基因、健康元、海王、迈瑞、北科生物等一批优秀创新型企业，深圳海洋生物医药行业初步形成以高校、科研院所为源泉，以生物医药、生物医学、生物制造等为重点发展领域，以高新技术园区为基地，以创新企业为主体的强劲发展态势。2016—2021年，海洋生物医药产业增加值从48.23亿元增长到86亿元，年均增长12.2%。

截至2020年，深圳海洋生物医药企业80家，占涉海企业总数的0.4%。海洋生物医药企业数量排名前三的区分别为南山区、福田区、宝安区、大鹏新区、盐田区，分别拥有海洋生物医药企业22家、11家、9家、9家、9家，分别占比27.5%、13.8%、11.3%、11.3%、11.3%。

（2）发展短板

海洋生物医药产业发展处于初期培育阶段，整体规模较小，海王生物、华大海洋等企业虽有在研创新药、但距上市销售还有很大距离；青岛是全国最大的海洋生物医药集聚地，拥有明月海藻、正大制药、海尔生物等一批重点企业，有3款创新药（藻酸双酯钠、甘露醇烟酸酯、盐藻糖硫酸酯）已经上市。

8. 现代海洋服务业

（1）基本情况

依托良好的金融产业基础与金融发展环境，深圳涉海金融等海洋现代服务业正逐渐兴起，涌现出银行、保险、基金、租赁、信托、创投等各类金融业态。2021年，深圳涉海金融等海洋现代服务业增加值396亿元，占全市海洋生产总值的13.1%。

深圳积极推动设立了前海中船智慧海洋创新基金，募资规模已超过30亿元，完成了首个项目投资，支持深圳海洋优势产业向纵深发展及海洋基础设施建设。此外,深圳市交通运输局设立深圳航运基金,支持航运产业协同快速高质发展,引导深圳航运产业绿色、智慧和高端发展,参与全国和全球航运市场的资源配置和资产布局,提升深圳对全国乃至全球航运市场的辐射力和影响力。

截至 2020 年,深圳海洋现代服务企业 144 家,占涉海企业总数的 0.7%。海洋现代服务企业数量排名前三的区分别为福田区、南山区、罗湖区,分别拥有海洋现代服务企业 62 家、45 家、32 家,分别占比 43.1%、31.3%、22.2%。

(2)存在短板

在高端航运服务领域,港航基础设施水平有待提升,航运融资、航运保险、海事法律等高端航运服务能力不足;产业体系有待增强,适合海洋产业发展需求和特点的涉海金融产品较少,多元化金融支持机制尚未建立。例如,航运服务业主要服务船公司,深圳基本没有这类服务对象,导致高端服务业态没有发展基础。船舶租赁是船公司获取船资产的重要方式,深圳仅有 4 家企业、远低于北京(26 家)和上海(19 家),且深圳最大的船舶融资公司——国银租赁的核心运营团队驻在上海;货运险保费收入不足 10 亿元,仅为上海的 1/3;深圳尚无外国船级社分支机构入驻,而上海已落户挪威船级社、美国船级社等 8 家外国船级社,广州 6 家、青岛 6 家、大连 6 家、宁波 4 家(表 9-12)。

表 9-12　各地船级社数量对比

城市	数量	船级社名称
上海	9 家	CCS,DNV,GL,LR,NK,ABS,KR,RINA,BV 中国总部
广州	7 家	CCS,NK,ABS,KR,DNV,LR,BV
青岛	7 家	CCS,NK,ABS,KR,DNV,LR,BV
大连	7 家	CCS,NK,ABS,KR,DNV,LR,BV
宁波	5 家	CCS,ABS,KR,DNV,LR
舟山	4 家	CCS,NK,DNV,LR
南京	4 家	CCS,KR,DNV,LR
北京	3 家	CCS 总部,DNV,LR
天津	2 家	CCS,DNV
深圳	1 家	CCS

注:中国船级社 CCS、挪威船级社 DNV、德国劳氏船级社 GL、劳氏船级社 LR、日本船级社 NK、美国船级社 ABS、韩国船级社 KR、意大利船级社 RINA、必维船级社 BV。

(四)深圳重点海洋产业发展路径

1.推动传统产业转型升级增加新活力

(1)海洋交通运输业

未来深圳将以提升海洋交通运输综合竞争力为主要目标,对标世界先进国家航运中心,夯实航运基础设施,促进航运要素集聚,发展高端航运服务业,与香港、广州形成优势互补、互惠共赢的港口、航运、物流和配套服务体系,努力建成航运资源高度集聚、航运服务功能健全、航运市场环境优良、现代物流服务高效、具有全球航运资源配置能力的国际高端航运中心。

作为国际航运枢纽,深圳应积极融入广东全省港口协同发展格局,充分发挥其区位优势,携手港澳共建世界一流港口群。同时,利用自身在电子信息产业方面的基础和优势地位,推动海洋交通运输业与互联网、物联网、大数据等现代信息技术的融合发展,做智慧港口建设的标杆。具体路径包括:

第一,提高港口、航道等基础设施水平。加强多港区协同一体化发展,形成西部、东部、深汕"一体三翼"的总体格局。提升航道通航能力,提高锚地使用效率。推动深圳港从单一型港口向"贸易、能源、邮轮"综合性强港转型升级,建设世界一流的超大国际集装箱枢纽港,打造全球领先的国际 LNG 枢纽港、滚装运输核心港,国际中转集拼港、特色产品枢纽港、跨境电商基地港、国际邮轮枢纽港。强化港城融合,提升航运高端资源配置功能,将深圳港打造成为全球供应链核心。

第二,打造全球领先的智慧、绿色港口发展标杆。综合运用物联网、云计算、大数据等新一代信息技术,推进港口公共数据共享、零碳零污染港口、智慧船舶应用等多项示范工程,实现港口无纸化、全自动化运作及智能化高效管理。

第三,推动建立以深圳港为核心的全球海运骨干网络。鼓励龙头企业加大沿线港口布局力度,发挥"一带"与"一路"连接枢纽功能,加强中欧班列与深圳港联动,打造"东盟—深圳—中亚—欧洲"双向海铁联运大通道。大力推动海铁联运,促进深圳港辐射范围向内陆腹地延伸,吸引内陆货源向深圳港集结,推动启运港退税政策实施,打造一体化服务平台。

第四,建设粤港澳大湾区组合港,实现一体化发展。积极深化深港航运合作,推进组合联营机制,提供智慧港口技术支持。鼓励深圳港口运营企业深度参与湾区主要支线港口投资运营,提升通关效率,推动货物流转和物流信息互联互通,搭建贸易便利化服务平台与一体化物流网络。推进与香港形成互惠共赢的港航物流及配套服务体系。

第五,提升航运综合服务能力。鼓励船舶、国际知名船级社等航运要素集聚深圳,拓展航运金融、船舶检测、保税及燃料加注、航运法务等高附加值航运服务。推进与香港形成互惠共赢的港航物流及配套服务体系,推动前海建设国际高端航运服务中心。鼓励金融机构提供更安全快捷的航运资金结算服务,探索开展航运运价衍生品和燃油期货等业务,加快发展航运保险推动产品改革,探索建立海洋巨灾保险和再保险机制。推动开展船舶换装、国际中转业务。支持企业组建现代化远洋船队。

第六,深化航运制度改革创新。探索研究推进国际船舶登记和配套制度改革,推动设立国际船舶登记中心。深化海事"放管服"改革,进一步推动启运港退税政策实施。支持建设深圳国际仲裁院海事仲裁中心,提升深圳国际仲裁员综合服务能力,打造服务全球的国际商事法律及争议解决服务中心。支持建设深港国际海员评估中心,开展国际海员培训合作、评估等,探索推动深港海员互认制度。

	专栏 4-2　海洋交通运输业高质量发展重点任务
01	在珠三角港口群,深圳港应充分发挥其核心地位,与广州港共同带动珠海港、东莞港、惠州港、佛山港、中山港等周边港口发展,构建对接港澳、联通西江、服务泛珠三角地区的世界级港口群。
02	加快深圳盐田深水港区以及公共航道、锚地建设。
03	深圳港以发展集装箱运输为主,并深化智慧港口建设,通过与惠州港联动发展,打造世界最大的具有全球智慧集装箱资源配置能力的港口。

(2)滨海旅游业

深圳应对标纽约、伦敦、东京、新加坡等世界一流海洋城市,高标准规划,高水平建设,通过打造西部都市活力海岸带、中部科技动力海岸带、东部生态魅力海岸带,努力建成国际一流、生态优美、环境宜人、富有文化底蕴的世界级滨海旅游景区和度假区。具体路径包括:

第一,加强滨海旅游配套基础设施建设,提升餐饮、住宿、游览、购物和娱乐等服务能力,强化海洋特色空间塑造。加快海洋博物馆、深圳歌剧院、国深博物馆、海事博物馆、小梅沙海洋馆等文化设施建设;推进西涌、盐田梅沙、深圳河入海口湿地、海滨文化公园二期、前海石公园等海岸带的治理建设;开展沙滩浴场、海岸公园规划建设。推动大鹏所城综合整治和风貌提升,加强文化旅游区特色风貌塑造、业态活化优化、文物保护,推进大鹏全域旅游建设。

第二,打造深圳海上旅游特色品牌,优化升级"海上看深圳"旅游项目,提升海洋旅游体验。推动海洋旅游产品由资源观光型向深度体验型转变，推动"海洋—海岛—海岸"旅游立体开发。大力发展国际邮轮旅游、游艇旅游，完善邮轮旅游产业链和产品供给体系，支持国际邮轮母港与世界著名邮轮公司合作，增加国际班轮航线，推进中国邮轮旅游发展试验区建设，打造集邮轮、旅游、文化、商贸、物流为一体的创新型智慧邮轮母港，增加国际班轮航线，打造"海上看湾区"、五星旗邮轮船队等项目。探索推进粤港澳国际游艇旅游自由港建设，推进滨海地区旅游口岸和设施建设，推动建设公共游艇码头，研究在大亚湾坝光、新大等片区科学规划选址建设海上休闲和客运码头。探索构建环大鹏湾/印洲塘生态旅游圈和跨境海上交通体系，推出深港东部滨海休闲度假等一程多站跨境旅游产品，推进沙头角深港国际消费旅游合作区建设。促进与珠海、惠州等地的海岛旅游合作，加强旅游码头互联互通。推进智慧旅游建设，搭建深圳市全域智慧旅游平台，打造世界级滨海旅游目的地。

第三，发展海洋体育活动。大力发展水上运动和体育赛事，持续举办"中国杯"帆船赛，引进、创办世界帆船对抗巡回赛总决赛暨世界湾区帆船赛，积极申办世界水翼帆板锦标赛亚洲分站等世界级赛事。提升海洋体育活动普及率，建设盐田海洋体育"一中心三基地"、大鹏国家级水上（海上）国民休闲运动中心。

第四，丰富海洋文化活动及宣传。依托海博会创设深圳海洋周，丰富海洋文化民俗节庆活动，举办沙滩电影节、音乐节、运动会等海洋文化活动，提升城市海洋韵味。开展特色的海洋文化科普教育和对外交流。支持深圳特色海洋文化内容要素申报市、省、国家级非物质文化遗产项目。

第五，提升"旅游+"的引导能力和供给水平，推动旅游与多产业融合，拓展工业旅游、科技旅游、体育旅游、研学旅游等融合发展的新业态，支持开发集文化创意、度假休闲、康体养生等主题于一体的文化旅游综合体。

专栏 4-3　滨海旅游业高质量发展重点任务	
01	重点发展深圳西通、大小梅沙等黄金海岸旅游，着力打造深圳大鹏半岛滨海旅游产业平台，推进深圳欢乐海岸、东部华侨城等景区景点建设，沙头角深港国际旅游消费合作区建设等，促进新大旅游项目、金沙湾国际乐园、融创冰雪综合体等新引进项目落地。
02	加快深圳太子湾邮轮母港建设，高标准建设中国邮轮旅游发展试验区，支持大鹏半岛探索建设国际游艇旅游自由港。
03	借助科技与设计创新平台，打造高品质旅游购物品牌，使"深圳礼物"的名片效应深入人心。

(3)海洋能源与矿产业

未来深圳应秉承绿色发展理念,围绕以下5个方向开展工作。一是推动海洋油气开发,二是加快海洋矿产勘探开采和技术研发,三是着力打造海上风电产业集群,四是推进天然气水合物产业化进程,五是加强海洋新能源产业技术储备,重点路径包括:

第一,推动海洋油气开发。充分依托油气和矿产开发基础,加强南海资源开发综合保障。推动海洋油气增储上产,支持油气增储上产重大项目,加大深层深水、高压低渗油气田勘探开发力度,保障国家能源安全。支持海洋油气开发向数字化、智能化转型。加大绿色低碳技术研究,探索开展海上二氧化碳封存试验工程,推动海上油田绿色低碳开发。积极争取油气龙头企业在深圳设立区域总部,带动相关产业共同发展。积极推动建设LNG应急调峰站、接收站、动力船舶等项目,提升天然气供应保障和应急储备能力,带动LNG储运设施产业链发展,探索建设天然气交易中心和LNG期货交易中心。

第二,加快海洋矿产勘探开采和技术研发。开展深远海资源能源调查,支持新技术和智能装备的研发;聚焦深海矿产资源精细化、智能化勘探技术与装备研究;积极推进多金属结核等海底矿产资源勘、采、储、运的关键技术。开展深海矿产资源绿色、安全、经济开发与环境的相互影响评价技术。

第三,加快建设珠三角海上风电研发服务基地。推进深汕海上风电项目开发建设,积极参与汕尾市红海湾海上风电项目合作开发。依托龙头企业组建海洋新能源研发团队、工程实验室和研发中心,推动海上风电项目规模化开发,着力使海上风电项目开发与海洋牧场、海上制氢、观光旅游、海洋综合试验场相结合,进一步完善海上风电产业链,补齐产业链供应链短板。支持开展新型浮式风机及基础、智能运维平台等研发与应用示范,支持研发具有自主知识产权的海洋新能源开发技术和装备。同时,利用前海自贸区发展海上风电金融产品,培育和创新海上风电设备融资租赁及保险、基金等海上风电金融业务。

第四,加强天然气水合物基础理论和开采关键技术研究,开展深海天然气水合物智能化探测与开发及环境监测技术和装备的研制、海试与应用示范。积极参与前期基础研究,突破钻采共性关键技术,加强低成本钻探、试采装备研发,提前布局国际专利和标准体系。探索天然气水合物勘探开采环境保护机制。加快推进天然气水合物商业化开采进程。

第五,加强海洋新能源产业技术储备,开展海洋能精细化调查与评估,布局海洋新能源技术研发与试验,探索海上风、浪、流等新型海上能源的发电、转化、储能等离岸能源子系统等前沿技术研发。引导海洋新能源研发、设计、测试、施工、运维等上下游相关机构集聚发展,孵化海洋能开发、装备制造及测试服务企业。试制深海浮式平台多能互补联合制氢实验性系统,开展新型装备的海上试验和应用示范。支持海洋油气开发企业探索发展海洋新能源产业,推动新能源与油气产业协同发展,打造一批海上能源综合服务商。围绕天然气水合物等探测开采和实时监测、防沙等关键技术和装备开展技术攻关,支持海洋能综合利用技术和装备开发。

(4)海洋渔业

未来深圳应对接国家渔业发展战略,按照储近用远的思路,打造以远洋水产品捕捞、加工、交易、消费为核心,以渔业增殖专业服务和生态养殖为突破口,以休闲观光、体验式渔业新业态为增长点的现代渔业产业集群。重点路径包括:

一是引导捕捞向深远海拓展。落实伏季休渔,严控近海捕捞强度。支持龙头企业发挥带动作用,形成集团化作业能力,提高渔获探捕水平和远洋作业效率,加强产品质量认证。完善远洋码头、超低温冷库等公益性设施,优化通关进关流程。鼓励远洋企业拓展国内市场,布局远洋食品加工厂、研发产品线、开设线下门店,逐步提高远洋渔获在深上岸、储藏、加工、消费比例。积极发展远洋服务、贸易、保险、法律咨询等高端产业业态,打造区域性水产品交易、会展、定级、定价的综合信息平台。

二是加快养殖方式转型升级。落实《深圳市养殖水域滩涂规划》,合理划定养殖水域分区,全面实施养殖证制度。优化水产养殖空间布局,清理非法养殖,加强养殖尾水处理设施建设。完善退出补偿机制,引导本地传统网箱养殖转型升级或有序退出。推广生态健康养殖模式,持续推动异地养殖业发展,强化养殖过程监管,实施疫苗免疫、生态防控等措施。以深汕特别合作区为重点,建设一批国家级水产健康养殖和生态养殖示范区。支持在大鹏新区、深汕特别合作区开展深远海智能养殖试点,加快实现规模化、产业化。探索"深远海养殖＋风电""深远海养殖＋休闲海钓""深远海养殖＋运输加工"3类产业融合发展新模式。

三是深入参与"粤海粮仓"建设。有序推动沿海深水网箱产业集聚区、海洋牧场示范区建设。持续推进深水网箱养殖,以抗风浪网箱养殖为纽带,建立健全深水网箱制造、安置、苗种繁育、大规格鱼种培育、成鱼养殖、饲料营养、设施配套等环节的产业链条,实现规模化、集约化、产业化经营。

四是实施水产种业振兴计划。加强水产种质资源保护,开展水产种质资源全面调查与鉴评,建设南海水生生物种质资源库,加大"沙井蚝"、斑节对虾等深圳水域原有优良种保育选育力度。增强水产种业源头创新能力,组织种业联合攻关,开展品种研发、病害控制、技术推广、产业孵化和产品中试,实施重要水产物种良种选育工程,搭建分子选育等技术应用与转化平台。高标准筹建深圳现代渔业(种业)创新园,探索组建中国蓝色种业研究院(深圳)。依托大鹏新区、深汕特别合作区的种业发展,建设"研发—中试—生产"相结合的水产优质种苗繁育基地,培育和引进优势特色种业龙头企业,完善种业扶持政策和保障体系,形成种业创新发展氛围,打造我国水产种业创新发展高地。

五是实现智慧渔业重点突破。推动深圳电子信息产业优质产品在捕捞作业、水产养殖等领域应用,推动动力定位系统、动力设备、控制系统和循环系统等配套产品设计与开发。加快工厂化、网箱等养殖模式的数字化改造,大力推广全过程的自动化、智慧化技术应用。支持深圳市北斗卫星应用产业联盟成员企业、电子信息企业等开展海洋电子设备及系统开发。结合渔船更新,推广卫星通信、定位导航、鱼群探测等船用终端和数字化装备,提高捕捞业生产效率。

六是发展特色化水产精深加工。培育渔业龙头企业和渔业产业知名品牌,延伸海洋渔业产业链条,提高海产品附加值。依托深圳国际生物谷、深圳国际食品谷、盐田生物与生命健康产业基地、坪山生命健康产业园、深汕科技生态园等,加强基于渔产品的化妆品、保健食品、医药产品研发与应用示范,促进渔业精深加工高技术产业发展与升级,形成深圳渔业大健康产业集群,增强渔业中高端产品供给能力。

七是促进休闲渔业健康发展。创新用地用海方式,以渔港、渔村、养殖种质基地等为陆域载体,休闲渔船、新型养殖平台、人工鱼礁等为海上载体,推进海上垂钓采集、旅游导向类休闲渔业发展。改变现有零散经营局面,引导形成以企业经营为主体、个体挂靠为补充的休闲渔业运营模式,落实安全生产责任和保险制度。研究将休闲渔业项目与渔排清理、减船转产相结合。划定海上休闲渔业发展试点区,会同深圳海事、交通等部门,建立健全休闲渔业行业管理规范。

2.培植海洋新兴产业提高发展接续力

(1)海洋工程和装备业

深圳应围绕打造世界级海洋工程装备制造产业集群,加快实践以下路径:

第一,推动海工装备产业转型升级与智能化,增强海工装备的总装研发、设计建造能力和智能化水平,加快向中高端海工产品和项目总承包转型。加大涉海龙头企业对接力度,整合高端海工创新资源落户深圳,提升前端设计、核心部件、关键工艺研发等产业链战略环节研发水平。推动研发设计、高端制造、检验测试、科技服务等产业链重点环节错位集聚发展。积极推动深海技术装备的国产化替代;促进深海技术装备标准与评价体系研究与建设。推动海工装备与大数据、人工智能、5G 等新一代信息技术深度融合,挖掘智能勘探、智能开采、智能修造、智能航运等重点场景,发展一批特色智能海洋工程装备。吸纳全球科技创新资源,集聚海洋装备创新中小企业,建设"粤港澳大湾区+海南"船舶与海洋工程装备创新示范产业集群。

第二,围绕海洋油气、海上风电等新能源、深海资源开发等应用场景,整体提升海洋工程装备技术水平。加强海洋油气开发核心关键设备、零部件及系统等关建薄弱环节的研发制造。围绕油气钻井平台、海底资源勘探与开发(采矿)应用,提升工程装备设计、加工制造工艺、关键配套设备等环节的研发与产业化水平。从装备领域切入,深度参与万亿海上风电市场产业链。开展海上风电涉及的叶片、芯片、轴承等核心部件研发攻关,提高控制系统关键设备环节优势,开展漂浮式海上风电关键技术研究,提升核心技术自主可控水平。围绕海上特殊作业需求,加强运维无人机、巡检机器人、清洗机器人等智能装备研发。瞄准天然气水合物、海底矿产等深海远洋新型资源,提高勘探开发技术水平,抢占海洋能源资源科技制高点。

第三,突破多功能潜水器、深海传感器、深海矿产资源探测、海上智能集群探测系统、海洋智能监测等关键技术,支持新技术、新材料在海洋装备领域的示范应用。

第四,加快发展应用于海上风电场建设与运维、深远海养殖、海上旅游休闲等场景的新型海洋工程装备。

第五,聚焦产业链高附加值服务环节,培育具备国际竞争力的行业领军海工企业,推进海工自主品牌产品开发和产业化。提升海工装备"工程总承包+前端系统设计+工艺研发+设备配套+测试认证+工程服务"等环节运营服务与市场拓展能力。探索央地合作、政企合作,加大涉海龙头企业对接力度,集聚高端海工创新研发资源,推动一批新型研发机构落地,打造海工装备领域共性关键技术研发、成果转化和商业化应用的新载体。针对海洋工程作业环境复杂化、大型化、协同化的趋势,加速海工装备关键技术突破,提升核心部件、关键工艺研发水平,强化产业化能力。围绕海工装备测试认证等关键基础技术研究需求,推动相关基础设施建设,布局建设海洋工程装备检测认证平台,构建高端装备试验、验证、评估及认证服务体系。

第六,推动高端海洋装备核心配套产业国产化,发展海洋装备安全保障和智能运维技术。

第七,提升海工配套运营服务与市场拓展能力。以自主研发、核心配套为重点,重点突破电气系统、水下生产及控制系统、动力系统等海洋工程关键系统和辅助设备的研发创新,推动关键配套设备和系统智能化、绿色化发展,联合下游企业开展示范应用,提升海工装备关键配套系统市场拓展能力。加快建设海洋工程装备检测认证平台,构建高端海工装备试验、验证、评估及认证服务体系。推进深远海多功能船舶研发设计及技术攻关。

(2)海洋电子信息业

深圳应继续加大力度推动电子信息产业向海洋方面延伸,促进电子信息技术在海工装备、船舶等领域的应用,开展海洋观测、海洋通信、水面及水下组网等技术创新,加快海洋电子信息技术成果转化,提升海洋大数据获取、分析、应用能力。同时,还要加快现代数字技术与海洋产业深度融合。具体举措包括:

第一,拓展电子信息多领域应用场景。支持电子信息企业向海洋领域拓展,推动海洋信息技术与海工装备等产业深度融合。以应用场景为牵引,突破相关核心技术,重点发展水下通信、海洋卫星通信、导航、遥感等领域,延伸应用场景,拓展产品应用市场。推动海洋信息采集立体化、传输一体化、处理与呈现智能化、管控全过程可视化。打造新型海洋电子信息产业示范园区和孵化基地,培育海洋电子信息产业与创新生态链。推进建设海洋电子信息产业研究院。

第二,支持大型电子信息企业向海洋领域拓展,推动高端海洋电子装备国产化。聚焦深海及水下通信传感器、无人机、智能船、水声通信设备、海洋专用芯片、海洋遥感与导航终端等关键智能设备的研发攻关,推动海洋电子设备国产化进程。支持船舶及海洋工程装备智能终端、船载通信导航、监测探测设备的研制、开发与示范应用。加快全球海洋北斗精准时空服务系统、SAR卫星星座、海岸带监视星座、南海油气卫星遥感监视系统等平台建设。推动海洋工程装备和船舶智能化发展,服务海洋资源开发、交通运输、公共服务等领域。

第三,推动服务于航行保障、海上搜救、环境监测、生态调节、资源管理的海上新型基础设施建设,突破海空、水下通信、海洋大数据等核心技术。突破遥感探测、导航、海洋卫星通信核心技术,布局网络服务平台。加快高通量宽带卫星及通信导航、海洋新型遥感探测等海上态势感知手段和关键技术攻关,服务海洋管控与治理。积极推进水下无线通信、深海海底观测、水下传感网络、海底电磁及雷达探测、水下目标探测定位与自动识别等关键领域技术研发,积极参与相关行业标准的研究与制定。支持海底数据中心关键核心技术突破,在海底布放高能耗数据中心。

第四,深入推进粤港澳大湾区"智慧海洋"工程,打造"智慧＋海洋产业",建设智慧港口、智慧航运、智慧渔业和智慧旅游等,加速海洋产业数字化发展。

第五,开展海洋数据资产化研究,开发和挖掘海洋信息咨询、海洋目标监测、海洋资源开发、渔场渔情预报、海洋防灾减灾、航运保障、海洋生态环境保护等海洋大数据应用服务。

第六，以海洋制造业为重点，加快物联网、大数据、虚拟仿真、系统协同、人工智能等技术的应用。

第七，提升海洋工程装备电子设备的研发制造能力。

第八，强化企业数字化技术改造，全面提升传统制造方式自动化、网络化和智能化水平。

专栏 4-4　　海洋电子信息业高质量发展重点任务	
01	依托深圳电子信息产业基础，与广州、东莞、惠州共同打造珠三角海洋电子信息产业集聚区。
02	培育一批涉海电子信息装备技术和龙头企业，突破水生探测、深海传感器、水下机器人、无人和载人深潜、水下通信定位等关键技术，积极发展卫星、无人机、智能船、海洋遥感与导航等海上态势感知手段和关键技术。

(3)海洋生物医药业

深圳应重点开展海洋生物基因、海洋生物医药领域的技术研发和产业化，持续搭建海洋生物医药产学研合作平台和孵化推广基地，实现在基础研究、资源获取、药物创新等环节的突破，推动海洋生物医药产业创新发展。具体举措包括：

一是发展具有自主知识产权的海洋生物技术，重点开展海洋生物基因、功能性食品、生物活性物质、疫苗和海洋创新药物等关键技术攻关。聚焦海洋生物资源的获取与海洋药物筛选，建立海洋生物基因种质、活性物质等国家级生物资源库，引进海洋天然产物、菌种库等外部数据库，搭建多类型、综合性蓝色生物基础资源和数据中心平台。积极引进从事海洋药物发现、海洋化学药物和生物制品研发，以及国内外药物研发知名企业和人才团队，努力突破基因工程、生物酶、生物综合修复等海洋生物核心技术。强化疫苗及基于生物基因工程的创新药物技术攻关，着力开发海洋创新药物。

二是鼓励开发海洋高端生物制品和海洋保健品、海洋食品，支持替代进口的海洋药物技术和产品。深化海洋生物活性物质提取、结构和功能研究，重点解决产品高效制备、合成和质量控制等生产关键技术，加快临床试验进程，开发新型药品和生物制剂。提升种质资源保护和利用、海洋生物遗传育种与健康养殖、海洋生物资源高值化利用与食品安全、深海生物资源开发等领域的研发和成果转化能力，赋能种源经济、创新型功能食品、保健食品、化妆品等产业。加大药字号、食字号、健字号申请支持力度,提升海洋生物医药和大健康产业竞争力。

三是推动海洋生物产业要素集聚,构筑海洋生物医药资源获取—技术研发—制品产业化的全产业链条,聚焦海洋药物研发、海洋制品及保健食品开发,加快培育具有国际竞争力的海洋生物医药龙头企业。围绕海洋生物资源利用和医药研发领域建设特色生物资源库、菌种库、天然化合物库、蛋白库等,推进海洋生物医药关键技术研究与产业化。加快工程技术中心、创新孵化器、孵化推广基地、大鹏海洋生物产业园三期建设。建设海洋生物资源利用技术创新中心和海洋微生物保藏中心。建设海洋药物发现、分析测试与评价、研发信息、中试孵化服务、临床研究等海洋药物研发公共服务平台。

四是完善生物医药产业研发、中试、检测检验、应用、生产及反馈链条,重点搭建海洋生物医药产业中试服务平台,发展智能超算、生物实测、药物靶点、动物疾病模型等交叉融合的药物筛选及评价技术,加快推动基础科研向科技成果转化和应用,缩短从海洋生物资源到海洋药物上市的研发周期,推动海洋生物医药成果加快落地。加速海洋生物资源利用,扩展海洋生物活性物质、精准营养补剂、海洋功能性食品等新产品,带动海洋生物产业加速发展。

五是鼓励开展海洋生物医药生产工艺技术研究,打造创业创新基地示范中心。

专栏 4-5　海洋生物医药业高质量发展重点任务	
01	以深圳国家生物产业基地为核心,加快推进深圳国际生物谷大鹏海洋生物园建设。
02	建设海洋生物医药中试平台和海洋生物基因种质资源库,加快深圳海洋生物医药研究技术管理平台和创新孵化器建设。
03	重点开展基于生物技术和基因工程的抗肿瘤、抗病毒、抗心血管疾病海洋生物药物研发;推动海洋原料药健康发展;加快海洋生物来源的多糖、肽类生物制品和功能性食品的深度开发和成果转化;推动海洋生物来源创新药物研发关键技术突破和成药性评价以及海洋生物来源油脂、生物毒素等功能分子的生物制品关键技术突破和产品研发;加快海洋生物高效疫苗研发及成果转化。

(4)现代海洋服务业

深圳应加快发展蓝色金融产业和航运专业服务业,加大对海洋产业的支撑保障力度,支持企业拓展国际业务,探索多层次资本市场支持海洋经济,探索推动海洋金融对外开放,逐步形成海洋金融中心。同时,围绕深圳国际航运枢纽建设,充分发挥深圳证券市场对优秀涉海企业的集聚作用,积极推动航运金融、航运保险、航运交易、航运经纪、海事仲裁、航运资讯与咨询、航运研究与教育培训、航运文化创意与传播等发展,提升现代航运服务国际影响力与核心竞争力。具体举措包括:

第一,鼓励有条件的金融机构设立海洋金融事业部,开展海域使用权和在建船舶、远洋船舶等抵押贷款、质押贷款。

第二,推动设立国际海洋开发银行,聚焦海洋资源开发、科技发展、基础设施互联互通、生态环境保护等多领域,建立专门支持海洋经济可持续发展的国际化金融机构。积极争取以深圳前海为中心创建"中国蓝色金融改革试验区"。对接深交所等资本交易平台,支持涉海企业在境内外多层次资本市场上市、融资,引导吸引各类资本加大对涉海企业股权投资。

第三,加速构建涉海多元金融体系,形成以信贷、票证和上市融资为主体,以政府基金为特色,以风险投资为补充,以信用担保和政策性保险为辅助的多元金融体系,对海洋战略性新兴产业中小创新企业提供金融服务。引导金融机构设立专营部门,促进与企业、政府的信息交互,加强对涉海企业的支持。加大对涉海企业上市的培育力度。加快海洋基金组建,提高基金退出时的让利比例。

第四,探索开发期权期货、排污权交易等海洋相关金融产品。鼓励发展海工装备和船舶融资租赁,扶持涉海融资租赁公司做大做强。

第五,建设国家级交易平台,提升全球海洋资源交易服务能力。探索设立海洋资源交易中心,开展海洋自然资源和资产类资源交易,包括海域和海岛使用权、海洋渔业资源开发利用、海工装备资源交易、涉海企事业产权交易、海洋碳汇等,打造海洋全要素资源交易平台。探索建立海洋资源收储、市场化定价、市场准入与信用评价等机制和配套法律制度。推进跨区域的海洋资源交易合作,不断提升国际海洋资源定价主导权。发展交易上下游业务以及海洋科技交易服务创新,构建多元化、跨区域、国际化的交易体系,打造全国海洋交易示范标杆。

第六,加快推进深圳国际航运保险创新发展。支持保险企业设立海洋保险事业部或运营中心,引导中国船东互保协会等设立深圳分部或办事处。支持深圳航运保险全球服务网络搭建,引导本土航运保险服务机构与境外保险公司合作。探索航运网络安全保险、碳交易信用保险和环境污染责任险等新兴航运保险。支持组建深圳航运保险协会,推广航运保险条款,推出航运保险指数,推进建设国际航运保险定价中心。

第七,支持前海深港现代服务业合作区加快建设现代海洋服务业集聚区,全面推进国际船舶登记制度深化改革创新。加快设立前海国际船舶登记中心。对"中国前海"登记的国际航行船舶开展税收、船员、外资股比、船舶检验、船舶回归登记手续等方面进行全面改革创新。聚力打造深圳特区本地国际航运高端智库。

第八,重点建设深圳特区特色的船舶管理平台。重点吸引全球前 20 大船舶管理公司落户深圳或者设置分支机构。结合深圳特区特色船队建设任务,围绕深圳特区本地特色船队发展管理的重大需求,重点建设本地特色的船舶管理平台,打造极具深圳特区特色的船舶管理运营中心。

第九,拓展现代航运服务业产业链,提升全球航运资源配置能力。

五、建设全球海洋科技创新高地

围绕建设全球海洋科技创新高地的核心目标,聚焦世界海洋科技前沿,立足深圳海洋科技发展现状,剖析海洋科技发展存在的短板弱项,提出强化海洋领域基础研究、应用研究与成果转化的主攻方向与发展思路。

(一)国际海洋科技发展趋势

基于过去十几年相关国际组织和主要海洋国家发布的研究计划、规划和战略研究报告,根据报告发布的国家和机构组织重要性以及涉及的科学技术问题,本研究认为未来海洋科技发展主要集中在海洋可持续发展研究、海洋暖化研究、海洋酸化研究、海洋塑料污染、海洋可再生能源、北极研究、深海大洋探测、技术装备研发等领域。

第一,聚焦近海环境问题,在海洋可持续发展方面进行部署。2015 年 9 月,联合国发布《改变我们的世界——联合国 2030 可持续发展议程》,确定了由 17 个目标和 169 个具体指标组成的 2030 年可持续发展目标(SDGs),其中 SDG14 为涉海目标。2017 年 6 月联合国海洋大会的召开,不仅发布了全球海洋科学发展现状报告,还提议将 2021—2030 确定为海洋可持续发展的十年。基于此,应围绕联合国 2030 年可持续发展目标和海洋可持续发展十年提议,加强支撑我国海洋可持续发展的海洋科学研究部署,组织研究力量进行联合国 2030 可持续发展目标中海洋目标的数据监测和科学评估工作。

第二,围绕全球重大海洋问题,在综合性国际研究计划方面进行部署。全球性海洋环境问题对促进海洋可持续发展具有长远战略意义。海洋暖化、海洋酸化、海洋塑料污染、海洋低氧等问题不仅继续成为年度海洋科学领域关注的焦点,而且也必将成为未来若干年的关键科学问题。我国在全球变化中海洋作用以及海洋变化方面进行了较多的部署和投入,但在海洋酸化和海洋塑料污染方面的研究部署不足,研究成果影响较小。

第三,在北极研究方面进行部署,拓展我国在北极地区的影响力。近年来各国对北极海洋研究进行了密集部署,使北极持续成为海洋研究的年度焦点。我国作为北极事务观察国,在北极的影响力越来越大,在北极研究方面也具有扎实基础。未来几年是部署北极研究的关键期。因此,需要集中国内研究优势,进行跨部门、跨领域的合作,在北极建设研究机构和观测站,围绕北极问题实施综合性的重大国际研究计划。

第四,在深海大洋科学考察和研究方面进行了部署。随着海洋技术的创新发展,向深海和远洋进军将是未来几年的重点方向。努力提高深海远海的探测考察能力,是建设海洋强国的重要战略保障。加强海洋重大设备装备建设、构建综合性海洋信息平台、发展多源数据融合技术、完善仪器和数据的标准化和共享机制是我国海洋科技领域未来几年的艰巨任务,必将产生重大突破和深远影响。同时,各国对海底资源和海洋可再生能源研究的持续投入,必将迎来相关技术的重大突破进展,届时将改变全球资源能源格局。

总的来看,海洋暖化、海洋酸化、海洋塑料污染都是海洋环境在近期以及未来若干年的重要海洋科学问题,3个问题相互联系、相互作用;而深海研究、北极研究、海洋可再生能源研究则是国际上海洋科技战略部署的3个重要领域,将引起新一轮的海洋科技竞争;海洋可持续发展研究和技术装备研发是推动海洋科技持续发展的两个基础性课题,各海洋国家都把这两个问题置于十分重要的位置。

(二)国内重点海洋城市海洋科技发展基本情况

青岛。青岛拥有全国30%以上海洋教学和科研机构、50%的涉海科研人员、70%涉海高级专家和院士,聚集了国家海洋科学与技术实验室、中国科学院海洋大科学中心、国家深海基地等一批"国之重器",形成了以中国海洋大学、中国科学院海洋研究所等"国家队"为龙头的海洋重大科技创新集群。针对工程技术创新薄弱环节,积极聚集海洋高端创新资源,显著支撑海工装备产业链延伸。中船重工海洋装备研究院、中船重工702所、中船重工712所、哈工程青岛船舶科技园等集聚青岛西海岸新区,创新研发聚焦高技术船舶、水下机器人、水声信息技术、海洋新材料等。青岛市拥有国家海洋技术转移中心,是全国唯一的兼具行业领域和区域特色的海洋科技成果转化核心区和技术转移集聚区;目前已形成海洋生物、海洋仪器仪表、海洋新材料、海洋工程等多个专业领域的分中心。

广州。广州集聚了华南地区大部分涉海机构、龙头企业和科技人才,拥有中国科学院南海海洋研究所、广州船舶及海洋工程设计研究院、南海海洋工程勘察与环境研究所等国家和省属涉海科研院所 17 家,华南理工大学、中山大学、华南师范大学等涉海高校,拥有华南地区唯一一所独立建制的海事本科院校广州航海学院。南方海洋科学与工程广东省实验室(广州)、广州工业智能研究院、广东智能无人系统研究院、广州先进技术研究所及广东腐蚀科学与技术创新研究院等涉海创新平台也纷纷落户广州,还汇聚了南海岛礁国家技术创新中心、天然气水合物勘查开发国家工程研究中心等国家级创新平台、创新成果。近年来,广州以粤港澳大湾区综合性国家科学中心建设为契机,依托南沙科学城积极布局建设冷泉生态系统、极端海洋科考设施、大洋钻探船等涉海大科学装置。据统计,近年来广东省自然资源厅组织实施的省促进经济高质量发展专项资金(六大海洋产业方向)101 个项目中,来自广州的承担频次为 175,远高于深圳的 43。

厦门。厦门着力打造科技创新平台,建成了国际最大的深海生物基因库、全国最大的海洋药源生物种质资源库和国内首个海洋"双创基地"。其中,国内首个海洋"众创空间"——南方海洋创业创新基地充分发挥产业集聚和孵化引导作用,目前已辅导若干团队注册成立企业,部分孵化区企业实现产品化生产并投入市场。

天津。近年来,天津的海洋科技研发能力不断提高,海洋科技平台建设不断加快,临港海洋高端装备产业示范基地获批成为全国科技兴海产业示范基地。2016—2020 年,天津形成涉海发明专利、实用新型专利等知识产权约 400 项,省部级以上海洋重点实验室、工程中心、研发中心达到 35 家,建设科技兴海示范工程 39 个,培育产生海洋领域亿元以上科技型企业 58 家。

宁波。宁波海洋科技发展基础较好,拥有中科院宁波材料所、宁波大学、宁波海洋研究院、中电科(宁波)海洋电子研究院等 18 家涉海科研机构,拥有 3 家国家企业技术中心,15 家省级重点实验室和工程技术中心,20 家市级认定企业技术中心。

大连。截至 2020 年底,大连市共有涉海领域工程技术研究中心 40 个,其中国家级技术研究中心 1 个、省级技术中心 25 个、市级技术中心 14 个;涉海领域重点实验室 46 个,其中国家级实验室 3 个、省级实验室 25 个、市级实验室 18 个;涉海领域省级产业技术创新平台 10 个。

(三)深圳海洋科技发展现状

目前,深圳已初步建立起以产业为导向、以企业为主体、市场主导、政府引导、开放合作的海洋科技创新载体体系。截至 2020 年底,已建设涉海创新载体共 61 个(名单见附件 3),其中国家级载体 3 个、省级载体 17 个、市级载体 41 个,集聚了近千名海洋领域高级研究人员,获批建设省级智能海工制造业创新中心。这些创新平台主要分布在海洋生物、海洋高端装备制造、海洋电子信息等重点领域,有力提升了企业自主创新能力,提高了海洋科技创新能力和成果转化能力,推动深圳海洋经济向引领式创新和全面创新迈进。

为支持海洋科技发展,深圳已经形成的"一类科研资金、五大专项、二十四个类别"的全市科技计划架构,在同等条件下,对海洋领域的科技项目给予了适当倾斜支持,以鼓励高新技术企业和各类机构向海开展科技研发,推动全球海洋中心城市建设[①]。

(四)深圳海洋科技发展存在的问题

近年来,深圳海洋科技事业取得长足的进步,海洋科技创新能力不断提高,海洋创新载体持续增加,但仍存在一些不足,主要体现在以下几个方面。

一是海洋学科体系有待完善。深圳海洋相关学科体系仍需健全,涉及领域相对有限,教研人员数量相对较少,海洋学科设置的系统性、海洋研究方向的精细度等方面仍需进一步提升,与青岛等地差距较大。

二是源头创新能力不强。相比上海、青岛等传统海洋强市,深圳海洋科技创新起步较晚,涉海科研机构和高校、创新平台等创新资源"小而散",层次不高且影响力有限。比如,哈尔滨、上海、青岛 3 个城市获批的涉海国家级创新载体均在 10 家以上,而深圳暂无。"十三五"期间,深圳仅承担 3 项海洋领域国家科技攻关任务,远不及青岛 42 项、上海 26 项、北京 18 项、广州 13 项。

三是海洋科研投入较为不足。在海洋科研经费投入方面,青岛、上海、大连排在前三,广州和天津分别列第四和第五位。其中,青岛、上海在涉海科研机构及高校数量方面优势明显。而深圳由于早期缺少科研院所布局,在海洋技术领域和海洋人才储备方面长期处于劣势,从而导致在海洋科研经费投入方面和国内其他重点海洋城市存在较大差距。

四是海洋科技产出较为缺乏。深圳在海洋领域专利发明方面虽取得一些

---

① 深圳市科技创新委《市海洋局来访有关座谈材料》。

成果,但相较于青岛、上海等城市在专利数量中存在一定弱势,究其原因主要是在高端海洋科研机构数量的匮乏,对海洋高端人才吸引力不足。海洋关键核心技术的自给率较低。

五是国际合作不够深入和全面。深圳要打造全球海洋中心城市,海洋科技国际合作研究是重要的内容。深圳参与的国际大型海洋科学合作计划数量仍显偏少,参与程度偏低,而且不是这些计划的倡导者和创建者,发挥的作用还十分有限,与打造全球海洋中心城市的内在要求仍存在较大的差距。

(五)深圳建设全球海洋科技创新高地的对策建议

海洋科技具有领域广泛、赛道多样、市场化程度低等特点,未来不确定性较高,应充分发挥科技创新整体优势,全面激发对海洋经济发展的核心支撑作用。

一是加快高端创新资源集聚。围绕深海进入、深海探测、深海开发三方面谋划和推动国家大科学装置建设,有力支撑我国涉海科研机构深海装备体系、技术体系、人才队伍体系建设和深远海科学研究,增强深圳海洋科技创新策源的功能。围绕建设国家级深海科研平台,加快国家深海科考中心,争取形成世界一流的深海科学和技术研究能力。积极构建与国内外知名涉海高校、龙头企业、科研院所之间的合作关系,吸引国内外科研院所在深设立分支机构,推进海洋大学高起点、高标准、高水平建设,建立符合国际发展前沿、国家海洋学科发展要求和深圳需求特色的学科体系。有序推进重大科技基础设施预研项目,布局建设试验水池及科考船。

二是加强海洋科技人才队伍建设。健全海洋科技人才扶持计划,研究制定海洋人才引进专项政策,加快汇聚海洋领域人才,打造海洋人才的集聚高地。在推进国际人才管理综合改革工作中,按照构建国际化的人才评价和服务保障体系的要求,修订涉海高层次人才政策,优化人才认定方式和标准,向单位下放人才评价权限。研究完善深圳高层次海洋科技人才认定及激励服务的体制机制。

三是加大海洋科研的投入。支持世界知名海工、医药、电子信息等涉海企业与国家级创新载体或国际重要实验室在深圳建设联合海洋实验室,对符合条件的联合实验室按照运营实际投入经费的50%,予以一定资金支持。激发各类境内外合作组织在海洋科技创新中的平台和纽带作用,支持在深圳设立促进粤港澳海洋科技创新合作、促进海洋科技创新开放合作的社会组织,支持发起涉海国际科技组织等,对符合条件的予以一次性资金落户支持。

四是高效促进海洋科技成果转化。实施海洋产业重大科技创新工程,重点组建海洋工程装备、海洋船舶及配套、海洋新能源、海洋生物医药、海洋电子信息等一批技术创新战略联盟，争取集中攻克一批海洋关键核心技术，大力培育海洋科技领军型企业、高成长企业，加速海洋科技创新成果实现产业化，高水平建设国家海洋高技术产业基地试点城市。

五是搭建产业支撑服务平台。尽快启动海上试验场规划建设，探索海上试验场共享运营机制，面向深圳创新型企业提供公共服务。支持依托华大基因等牵头创建海洋生物资源利用技术中心，在深圳盐田或大鹏新区布局建设海洋创新药物筛选与评价平台。加强海洋产品第三方测试基础设施的建设。积极参与海洋科技国际合作交流平台建设，提升深圳的海洋科技实力与辐射带动能力。选择5～10家央企和地方国企试点设立或并购技术型海洋企业，推动更多国资企业带动社会资本直接参与海洋新技术开发。

六是强化海洋科技多层次合作。探索央地合作、政企合作新模式，对接引进一批优质项目，鼓励建设一批新型涉海研发机构。支持招商局、中国船舶、中海油等央企以及中国科学院、自然资源部属科研机构、外地高校等与本地企业组建联合创新联合体，共同开展技术攻关，吸引国家重大科技计划成果落地转化。组织高校、科研院所的优势科技力量积极参与国际重大科学研究计划，参与国际海洋科学前沿的研究。加强与海外研发机构合作，建立联合海洋科技实验室、研发中心以及技术转移中心。

六、打造海洋经济开放合作的示范样板和前沿阵地

全球海洋治理是各国和社会各界共同应对全球性海洋挑战、开展互利共赢合作的重要途径。深圳是我国南海周边的超大型城市，具备参与全球海洋治理的区位优势和基础条件。新形势下，深圳要更加积极主动地参与全球海洋事务，打造海洋国际交流合作平台，在全球海洋事务舞台上发出了更多的"深圳声音"。

(一)深圳海洋经济开放合作成效

1. 参与全球海洋事务综合能力持续提升

(1)积极筹建国际海洋组织和机构

一是筹建国际海洋开发银行。国际海洋开发银行由深圳市地方金融监管局牵头筹建，丝路规划研究中心承担筹建方案研究工作。2020年，深圳市地方金融监管局开展了国际海洋开发银行落户事项调查研究，详细讨论了银行组建的必要性、功能定位和业务模式、组建方案等内容，并组织召开专家研讨会，专

家组就银行设立的重点问题及调研提纲进行了探讨,就银行组建的必要性、功能定位、业务模式和组建方案等内容进行深入细致讨论。

二是打造全球海洋高端智库。为提升全球海洋治理能力,拓展蓝色伙伴关系网络,服务地方海洋经济发展,加快深圳全球海洋中心城市建设,深圳发起由深圳海洋渔业局牵头、综合开发研究院(中国·深圳)承担建设的全球海洋智库项目。项目按照"政府引导、市场运作、企业管理"原则,采取灵活的运营机制和市场化操作模式,聚集国内外学术水准一流、社会声誉较高并致力于海洋事业发展的权威领袖作为智库创始人,广邀国内外涉海科研机构、高校、企业、银行等机构作为智库会员单位,共同发起组建深圳全球海洋智库。目前,智库建设工作已完成前期课题研究,提出 3 种建设模式方案。

(2)有效提升国际海事纠纷处理能力

截至 2020 年底,广州海事法院深圳法庭受理的涉外、涉港澳台案件超过受理案件总数的 50%,审理的案件涉及美国、英国、法国、德国、日本、瑞士、希腊、丹麦、巴西等 60 多个国家和地区。2020 年,深圳市法庭按照最高人民法院建设一站式多元解纷机制的要求,与深圳市前海国际商事调解中心、深圳市国际货运代理协会、深圳市港口协会等机构搭建多元解纷平台,成功调撤多起案件。

(3)试点国际船舶登记制度改革

2019 年 8 月以来,深圳前海管理局以上报综合授权改革试点事项的方式,推动"中国前海"国际船舶登记制度改革。2020 年 10 月,中共中央办公厅、国务院办公厅印发《深圳建设中国特色社会主义先行示范区综合改革试点实施方案》和深圳首批 40 项授权事项清单,提出探索完善国际船舶登记制度,包括取消船舶登记企业外资准入限制,放开国际船舶入级检验和法定检验,所有船员免办就业证等具体措施,国际船舶登记进一步开放。2020 年新增国际船舶登记数量 4 艘,较 2019 年同期增长翻倍,合作区国际船舶登记制度创新优势逐步显现,将助推航运业向国际高水平开放形态迈进,提升深圳在国际航运领域的参与度。

(4)积极参与国际海洋科学研究项目

深圳积极参与海洋科学研究国际合作项目。南方科技大学参与实施了"地球透镜—海洋(Earthscope-Oceans)"国际合作项目第三代计划,并参与开展了国际联合三维地震台阵海陆联测。

<table>
<tr><td colspan="2">专栏 6-1　国际海洋科学研究项目</td></tr>
<tr><td rowspan="1">01</td><td>地球透镜—海洋项目：
南方科技大学讲席教授陈永顺带领的海洋地球物理团队使用潜浮式地震仪(MER-MAID)组建全球海洋地震台网，引领实施"地球透镜—海洋(Earthscope-Oceans)"国际合作项目第三代计划。团队与法国(Géoazur)、日本(Kobe/JAMSTEC)和美国(Princeton)相关研究机构合作，以法属波利尼西亚的火山岛作为实验场地，进行南太平洋羽流成像和建模(SPPIM)的第一次大规模实验。截至 2020 年，团队已经推出了 50 个潜浮式地震仪(MERMAID)。该国际合作项目计划在全球大洋中布放 300～500 套潜浮式地震仪，组成潜浮式地震仪观测网络收集全球地震资料。目前，利用观测网络并结合全球陆地台站记录，团队首次获得地球内部结构的高精度图像，填补全球大洋在地震观测领域空白。</td></tr>
<tr><td>02</td><td>三维地震台阵探测项目：
三维地震台阵探测项目由国际知名海洋地球物理学家 Jason Phipps Morgan 讲席教授牵头，南方科技大学参与。该项目以新西兰北岛典型俯冲带火山弧为实验场地，开展国际联合三维地震台阵海陆联测。通过获取上地幔高精度三维地震波速度结构，揭示俯冲流体与地幔楔相互作用机制。目前，该项目在加深理解西太平洋俯冲系统流体熔融机制方面取得创新成果，为俯冲系统三维地震学研究海陆联合地震台阵探测提供示范。</td></tr>
</table>

2. 搭建海洋经济国际合作交流平台

（1）中国海洋经济博览会

中国海洋经济博览会（简称海博会）会址常设在深圳市，是我国唯一的国家级海洋经济展会，是加快海洋科技创新、提高海洋资源开发能力、培育壮大海洋战略性新兴产业、促进海上互联互通和海洋领域务实合作的重要国际性平台。深圳市已成功举办 2019 年、2020 年、2021 年三届海博会。目前，海博会已得到国内外专家学者及企业家的高度肯定，成为对外展示中国海洋经济发展成就的重要窗口，有力促进了世界沿海国家在海洋经济领域的开放合作和共赢共享。

（2）国际海洋油气大会暨展览会

国际海洋油气大会暨展览会是中国规模最大的海洋油气行业的顶级盛会。2020 年，第十九届中国国际海洋油气决策者大会暨展览会在深圳举行，来自中海油研究总院、中海油深圳分公司、中海油湛江分公司、海油工程、中海油能源发展股份有限公司、斯伦贝谢、贝克休斯、哈里伯顿、SBM Offshore 等企业超过

300 位行业决策者和专家参加会议。此次大会由决策者集团主办,聚焦探讨数字化解决方案的落地同时最大化实现转型效益,并减少组织的内耗等负面影响,重点探讨了应对后疫情时期低油价新常态形势下的策略、深水油气最新发展趋势、数字化转型之战、新科技推动海洋工程行业转型等重要议题。

(3)中欧蓝色产业园

2020 年,中欧蓝色产业园进入全球招商前期准备阶段。中欧蓝色产业园是深圳海洋新城最先启动的板块,是深圳建设全球海洋中心城市的重要引擎。该园区将引入"3＋X"的蓝色产业,以海洋电子信息与大数据、海洋高端智能装备、海洋现代专业服务为三大主导产业,加强与欧洲市场合作。

3.助力"21 世纪海上丝绸之路"建设

作为中国对外开放的窗口,深圳企业"引进来,走出去"成就斐然。一方面,鼓励企业"走出去",积极参与"一带一路"沿线国家港口、园区的规划建设和运营,参与国际海洋能源合作。另一方面,加强国际一流涉海企业和核心技术"引进来",积极与海洋经济发达国家开展合作。例如,深圳稳步推进国家远洋渔业基地(国际金枪鱼交易中心)建设,着力构建"全球资源＋中国消费"的远洋渔业格局。

(二)深港海洋经济合作切入点

一是依托前海深港现代服务业合作区,充分发挥"特区中的特区"的政策与区位优势。2021 年 9 月 6 日,中共中央、国务院印发的《全面深化前海深港现代服务业合作区改革开放方案》提出进一步扩展前海合作区发展空间,合作区总面积由 14.92 km² 扩展至 120.56 km²,并且还明确了"打造全面深化改革创新试验平台"和"建设高水平对外开放门户枢纽"的战略定位。基于此,深圳应牢牢把握"扩区"机遇,更好发挥前海合作区的示范引领作用,提升深港合作层级,建立健全与港澳产业协同联动、市场互联互通、创新驱动支撑的发展模式,着力提升区域综合竞争力,建成全球资源配置能力强、创新策源能力强、协同发展带动能力强的高质量发展引擎。以"扩区"为契机,深圳应紧紧围绕打造全面深化改革创新试验平台的定位要求,携手港澳推进海洋现代服务业创新发展,加快海洋科技发展体制机制改革创新,打造国际一流营商环境;紧紧围绕建设高水平对外开放门户枢纽的定位要求,不断深化与港澳服务贸易自由化,扩大涉海金融服务业对外开放,提升涉海法律事务对外开放水平,高水平参与涉海国际合作,把粤港澳三地优势海洋资源有效结合起来,充分激活合作区建设以"点"带"面"的引领效应、示范效应,将前海深港现代服务业合作区建设成为全国海洋现代服务业的重要基地和具有强大辐射能力的海洋生产性服务业中心。

二是进行知识研发型自由港模式探索。深入研究自由港政策,力争形成符合国际惯例的自由港海关监管制度,从制度设计、业务运营层面积极推动深圳与香港在海洋领域的合作。

三是构建港深国际航运服务平台,引进航运业务管理中心、单证管理中心、结算中心、航运中介等在前海设立机构,发展海洋总部经济。

四是加强深港海洋科技合作平台建设。依托大鹏集中承载区,布局建设若干深港海洋科技合作平台,争取适用深港科技创新合作区优惠政策,加快完善香港高端人才往来集中承载区的口岸通关基础设施,进一步便利"香港生活、内地工作"模式,着力汇聚香港海洋高端科技创新要素。

五是在深港合作中注重发挥香港的超级联系人作用。充分利用香港与国际接轨的营商环境和科研机制,联手香港机构在香港设立一批海洋专业领域的国际化枢纽型组织,引导国外研究机构、国际性组织等经由香港与深圳加强合作,吸引更多海洋领域的国际高端科技要素汇聚集中承载区。

六是深港合作创新海洋金融产品。依托香港航运金融优势,积极推广船舶融资租赁、出口信贷及担保、债券、股权融资、私募基金(PE)、有限合作基金(MLP)等,通过深港合作,积极发展海工装备、海上风电、油气设备和开发、天然气水合物等领域的金融服务。支持前海自贸试验片区开展船舶融资、船舶保险、船级社、经纪及港口服务等业务。鼓励保险公司巩固船舶保险、货运险、理赔保险等传统业务,开发创新型险种,提升战略性海洋新兴产业等涉海保险服务水平。

(三)深圳海洋经济扩大开放合作的路径

深圳背靠超大规模的国内市场,面向广阔的国际资源和国际市场,能够很好地起到沟通国内国际市场的作用,有利于在更大范围、更宽领域、更深层次上拓展海洋经济开放合作,成为国内国际双循环的重要节点。

第一,在服务投资方面,在前海蛇口自贸片区、前海深港现代服务业合作区先行先试,探索扩大知识密集型服务业开放,进一步完善"准入前国民待遇+负面清单"管理制度。

第二,在服务贸易方面,对接国际高标准贸易投资通行规则,依托前海蛇口自贸区、深港科技创新合作区,打造全球港口链,支持转口贸易、离岸贸易、数字产品贸易等新业态、新模式,探索深港在涉海金融服务、海洋科技、创新创业、人才引进等领域的合作交流,以扩大开放驱动全球创新要素集聚,打造互联互通营商环境。

第三，适时将前海蛇口自贸片区政策扩展到全市，着力推进自由贸易试验城市和自由贸易港建设。加强深港澳多领域融合互动发展，将深港打造为广深港澳科技创新走廊的核心支点、粤港澳大湾区金融与海洋产业深度对接合作的重要平台，支持深港共建全球海洋中心城市。

未来，深圳应进一步发挥前海深港现代服务业合作区、河套深港科技创新合作区等国家级科技战略平台作用，持续对接和引进海洋高端创新资源，进一步推动海洋高新技术产业的对外开放合作，支持本土企业通过引进国外战略投资者等方式开展合资合作，规划建设一批海洋资源开发、海洋电子信息、海工装备、水产品精深加工项目及科技研发平台。同时，深圳还应充分发挥区位优势，支持和引导企业加强对东盟国家和"一带一路"沿线国家相关市场的开拓力度，加快海洋领域"走出去、引进来"步伐。

七、深化海洋经济管理体制机制改革

深圳作为我国首个海洋综合管理示范区，应发挥经济特区立法权优势和综合配套改革试验区政策优势，先行先试、积极探索，深化海洋领域改革和管理体制创新，不断完善政策法规体系，不断提升海洋综合管理水平。

(一)深圳海洋经济管理体制机制创新成效

1.海洋法治建设进一步加强

近年来，深圳海洋立法涉及的领域包括海域污染防治、海域保护与利用、沙滩管理、海底天然气管道安全生产和保护等方面。深圳发布了《深圳经济特区海域使用管理条例》的，修订了《深圳市海上交通安全条例》，积极推动《深圳经济特区海域污染防治条例》《深圳市海上交通安全条例》《深圳市水上体育娱乐活动安全管理办法》等法规的制修订列入立法计划，争取《深圳经济特区国际船舶条例》立法立项。

(1)《深圳经济特区海域使用管理条例》正式施行

经深圳市第六届人民代表大会常务委员会第三十七次会议通过，《深圳经济特区海域使用管理条例》于2020年5月正式实施，为深圳海域保护、使用和管理提供重要的法律支撑。《深圳经济特区海域使用管理条例》包含总则、海域使用规划管理、海岸线保护管理、海域使用权的取得、海域使用权管理、监督检查、法律责任、附则，共8章91条。《深圳经济特区海域使用管理条例》的出台加强了海洋生态文明建设，加强对海域资源资产的保护，促进了海域的合理开发使用。该条例主要在以下方面进行了制度创新。

一是创新海洋生态环境保护制度。坚持节约优先、保护优先、自然恢复为主的原则,把海洋生态环境保护制度嵌入海域使用的各个环节,规定涉及海域使用和海岸线利用的有关专项规划,应当与海洋生态环境保护规划相衔接并不得与其相冲突;严格管控围填海用海,除国家批准建设的重大项目外,全面禁止围填海;建立海洋资源调查、监测和评估制度,对海洋资源和生态状况进行综合评价;建立沙滩、红树林、珊瑚礁资源保护制度;严格禁止直接向海域排放油类废水、非法倾倒废弃物等9类破坏海洋生态环境的行为,并设定严格的罚则。

二是分类严保自然海岸线。按国家关于严格保护自然岸线的要求,设立专章创新保护海岸线的规定,实行海岸线分类保护制度,根据海岸线的自然资源条件和开发程度,分为严格保护、限制开发和优化利用3类,并就各类岸线管理作出具体规定;明确自然岸线保有率控制目标不低于40%;严格限制建设项目占用自然岸线,不能满足自然岸线占补平衡要求的建设项目用海申请不予批准。

三是健全海域使用规划体系。遵循"规划统筹,先规划、后使用"原则,以深圳市国土空间总体规划为统筹和支撑,以重点海域详细规划为审批依据的层次分明的规划体系,强化海岸带综合保护与利用规划在海岸带地区的引领和统筹,实现海岸带地区功能布局、配套设施、道路交通等方面的协同发展。

四是规范海域使用秩序。明确了海域使用权取得的具体情形,将公共设施项目、重大建设项目等用海项目纳入申请批准使用海域目录,其他用海项目应依法采取招标、拍卖、挂牌方式出让海域使用权;规定了海域使用权出让的负面清单,明确规定不符合深圳市规划要求、可能破坏海域资源、自然景观和生态平衡等7种情形不得通过审批或者招拍挂方式出让海域使用权;明确4类无须取得海域使用权的情形,同时要求该类用海情形应当确定管理责任人,划定管理范围并签订管理协议;创新海洋工程建设管理制度,新设了海洋工程规划许可、消防设计审核、施工许可等几类必要的许可事项,并进一步加强海洋工程竣工验收管理。

(2)《深圳市海上交通安全条例》完成修订

《深圳市海上交通安全条例》于2020年7月6日颁布施行。该条例共7章71条,对海上交通安全管理部门、管理影响通航安全活动的措施、交通管制区的划定、调整和撤销等内容进行了修改,进一步提升了深圳海域海上交通安全管理和服务水平,提升深圳港区的竞争力和吸引力。

2. 海洋规划体系不断完善

深圳积极研究编制各类海洋规划,促进海洋空间与海洋产业、环境保护之间的协调。

一是编制发布《深圳市海洋发展规划(2020—2035年)》。该规划作为深圳建设全球海洋中心城市的顶层设计和纲领性规划,提出建设"全球海洋中心城市"的阶段目标及分项的指标体系,构建全市统一的海洋发展价值认同,并从海洋科技、经济、人才、生态、文化、国内合作、国际治理等方面进行战略路径研究,规划成果将指导未来深圳海洋事务的各项建设,为未来海洋制度设计、空间资源配置、政府管理服务、参与国际海洋治理事务等提供重要参考依据。

二是启动编制了深圳国土空间规划涉海规划内容。积极探索开展新时期国土空间规划陆海统筹与海域分区管控研究,提出通过海陆全域"大国土""大资源"的规划管控和资源配置,实现陆海空间利用、生态保育修复和防灾减灾的一体化,更好服务社会经济发展和生态文明建设。

三是加快实施《深圳市海岸带综合保护与利用规划(2018—2035年)》。深圳以海岸带作为陆海统筹的重要空间载体,强化上述规划在海岸带地区的引领和统筹作用,制定海岸带区域城市设计、地下空间、海堤建设及海岸带图则编制技术导则,编制海洋新城、土洋—官湖等海岸带重点片区详细规划,力求实现海岸带地区功能布局、配套设施、道路交通等方面的协同发展。

四是持续编制各类海洋相关专项规划。包括已经印发的《深圳市海洋环境保护规划(2018—2035年)》、编制完成的《深圳市现代渔业发展规划(2020—2035年)》和《深圳市养殖水域滩涂规划(2020—2030年)》,以及启动编制的《深圳市渔港空间布局规划》,此外,深圳还组织实施了相关规划的前期研究工作,比如珠江口西部岛群规划研究,赖氏洲岛、州仔岛的单岛规划研究。

3.海洋管理政策持续创新优化

一是积极推进《深圳经济特区海域使用管理条例》相关配套政策的出台。近年来,深圳致力于健全海洋管理机制,规范海域使用管理,陆续出台《深圳市申请批准使用海域目录》《海域使用权招标拍卖挂牌出让管理办法》《海域使用权出让合同范本》《深圳海域管理范围划定管理办法》等规范性文件,正在起草《深圳市海域资源市场化配置机制研究及管理规定》《深圳市海域定级和海域使用金征收标准》,并加速推进填海项目海域使用权转换国有建设用地使用权管理规定、海域立体分层确权管理制度、涉海工程建设规划许可和竣工验收技术规范等政策研究。通过上述配套政策的制订完善,确保《深圳经济特区海域使用管理条例》落到实处,进一步加强海域管理法制体系建设,全面提升深圳海域法制化管理水平。

二是完善海洋经济数据统计管理制度。深圳组织制定了《2020年深圳市海洋经济统计制度》《深圳市海洋经济生产总值核算技术方案》《深圳市涉海企业名录库建设更新技术方案》和《深圳市规划和自然资源局海洋经济统计数据资料管理流程(暂行)》等一系列文件,规范海洋经济统计分析工作。

三是强化产业扶持政策激励引导作用。开展深圳海洋产业扶持政策研究,在初步形成的 26 条创新举措基础上,起草《深圳市关于全面加快发展海洋经济推动涉海科技产业高质量发展的若干措施》(征求意见稿),旨在协同创新链、产业链、人才链、政策链和资金链,推动涉海科技产业快速发展。

四是推动深圳市现代渔业转型发展。深圳印发实施了《深圳市政策性渔业保险实施方案》,惠及港澳流动渔民 1 900 余人、深圳本地渔民 880 余人,保障额度 4.8 亿多元。制定《深圳市农业发展专项资金(渔业类)资助操作规程》,推动农发资金合法合规落到实处。

4. 海洋综合执法水平大幅提升

一是推动执法机制改革,成立海洋综合执法队伍。2019 年 4 月 22 日,深圳海洋综合执法支队正式挂牌成立,不仅是广东首家完成机构改革任务的市级海洋综合执法队伍,也是全国第一个挂牌成立的海洋综合执法队伍。海洋综合执法支队的成立,有助于创新海洋综合执法模式,推进执法监管模式改革。

二是加强海陆执法联动,建立完善联合执法机制。深圳海洋综合执法支队与深圳市公安局刑警支队建立了"行刑衔接"机制,双方积极推动"行刑衔接"工作的常态化开展;与深圳海警局签订执法协作备忘录,双方建立日常沟通对接、执法线索通报、案件移送、执法联动等多项执法协作机制,形成海上监管合力;定期联合海警、公安和辖区街道,重拳整治利用涉渔"三无"船舶走私偷渡的违法行为;与香港渔农署联合执法并建立信息共享机制,对越界偷捕保持高压整治态势。

三是增强海洋执法装备保障能力。目前,深圳共有执法船艇 34 艘。2022 年,深圳海洋综合管理执法能力最强、吨位最大、科技含量最高的 3 000 吨级海洋维权执法船完工入列,有力提升了参与南海海洋维权活动装备保障能力。

(二)深圳海洋经济管理体制机制改革路径

1. 完善陆海统筹管理机制

把海洋与陆域作为一个综合体,对空间、资源、环境、发展需要进行统筹协调、整体管理。准确把握陆域和海域空间治理的整体性和独特性,以"三区三线"为重点,促进陆域和海域各类空间要素有机衔接,强化空间用途管制,整合形成陆海协调一致、功能清晰的空间管控分区。在管理上,充分发挥深圳全球海洋中心城市发展委员会的领导作用,建立健全由市发改、市规划和自然资源局综合统筹,工信、科创、交通、金融等多部门联动的工作机制,着力构建多部门联动高效、协作有力的工作格局。同时在政策保障、技术应用、信息共享、执法监察等方面,实现陆海决策和执行一体化。同时,深圳还应积极探索陆海使用权的立体分层设权,强化海岸带地区的立体开发。支持深圳率先提升城市空间统筹管理水平,推动在建设用地地上、地表和地下分别设立使用权,探索按照海域的水面、水体、海床、底土分别设立使用权,促进空间合理开发利用。在产业布局上,推动陆海产业元素的良性互动,加快电子信息等优势行业"下海"速度,实现经济资源互补,优化陆海产业结构。

2. 强化市场机制作用

深圳具备高度市场化的发展环境。在经济领域,深圳民营企业占全市对外贸易的 45%、税收的 50%、GDP 的 60%、职工就业的 80%、企业数量的 90% 以上。下一步,应在涉海金融支持、海洋产业市场准入、海洋经济领域资源配置等方面赋予民营企业与国有企业更加平等的国民待遇,通过法治环境建设让民营企业家对未来有良好稳定预期,推进国有企业改革,使其退出该退出的市场,消除罩在民营企业头上的"天花板",赋予"竞争中性""所有制中立"更丰富的价值内涵,让"竞争中性""所有制中立"成为增量改革的先声。探索建立健全正面清单制度,学习借鉴青岛、厦门等地出台更多的优惠政策,激励民营企业积极投资海洋高新技术研发和海洋产业发展。

3. 加大科技体制改革力度

支持深圳牵头设计新型科技举国体制,瞄准攻坚关键核心技术布局国家实验室,解决海洋技术"卡脖子"问题,着力补短板,更大力度支持深港共建海洋领域青年创新创业基地和创新孵化器。推进海洋领域创新政策支持向基础科研转变,加大海洋领域基础科研经费投入力度。改革科研经费管理体制,放活科研经费使用,充分给予课题负责人对科研经费使用的自主权,激发科研人员的创新活力和积极性,吸引海洋领域高端人才集聚深圳。

4. 建立健全海洋生态修复制度

健全海岸带空间管控和生态保护修复制度、海洋资源高效利用制度,完善海域管理体制机制等,建立陆海统筹的海洋污染防控机制。建议广东省创新生态环境保护理念和模式,实施深莞惠港生态用地整体保护,把东莞、惠州、香港等周边城市的生态用地与深圳生态用地作为一个整体,共同完善城市生态保障系统。将近海海域及沿海红树林作为重要的生态空间,纳入深圳城市生态保障系统范围,从而更大拓展深圳存量生态保障能力。在海洋领域尽快建立生态产品价值实现机制,增强优质海洋生态产品供给能力。

八、政策建议

立足深圳海洋经济发展存在的实际问题,为保障现代海洋产业体系、科技创新高地、开放合作等重点领域建设和发展路径的顺利实施,本研究有针对性地选择我国重点沿海地市在推动海洋经济高质量发展方面可供深圳参考借鉴的先进经验,因地制宜地提出适用于深圳的政策建议,以期为全国海洋经济高质量发展引领区政策体系的制定提供参考。

(一)全面做好用海要素保障,高效服务重大项目用海

把握好建设"全国海洋经济高质量发展引领区"的战略机遇,争取国家给予深圳更大的用林用海和生态保护红线等审批权限,如授予深圳调整和占用生态保护红线审批权限、红树林占用的审批权限、国批项目范围新增用海立体审批。探索海域使用直通车,落实海域使用证分证验收制度。尽快推动海洋新城等具备条件的用海项目"海转地"土地确权具体操作办法落地。在全市范围内划定立体用海重点区域,提出立体用海兼容性规定,支持重点项目立体用海。推动围填海项目分期竣工验收,按照"海转地"土地路径换发"土地白证",加快填海成陆地块开发建设,在填海形成土地正式开发前,探索 1.5 级开发,合理利用土地资源。优化科研用海布局,保障海洋科技成果中试转化等重点项目用海。

(二)率先建设海洋命运共同体示范区,引领全国沿海城市深度参与全球海洋治理

当前,部分沿海地市将参与全球海洋治理和涉海规则制定作为对外开放合作的重点内容,并将其作为发展定位之一。例如,青岛将"深度参与全球海洋治理示范区",厦门将"国际海洋治理典范城市"作为"十四五"海洋经济发展目标。深圳拥有前海深港现代服务业合作区、前海蛇口自贸片区等一系列重大开放发展平台,有优势、有能力、有条件率先建设海洋命运共同体示范区。

建议深圳主要在率先落实可持续发展 2030 海洋议程、海洋生态文明建设、打造全球海洋科技创新中心、区域海洋经济高水平开放合作等方面先行先试,在全国范围内率先建设海洋命运共同体示范区。一是积极落实可持续发展 2030 海洋议程。2022 年联合国海洋大会将"扩大基于科学和创新的海洋行动,以实现可持续发展目标 14:储备、伙伴关系和解决方案""联合国海洋科学促进

可持续发展的十年(2021—2030年)"作为主要议题。深圳要抢抓这一契机,加强顶层设计,抓紧制定深圳参与"海洋十年"专项计划,积极发展蓝色金融、蓝色基金、蓝碳交易等工作,积极筹办国际性海洋碳汇会议,探索贡献深圳方案,推动在"一带一路"沿线国家的复制和推广,力争国际级海洋计划、项目、活动落户深圳。二是打造一批重大涉海开放平台。参考借鉴东亚海洋合作平台的运作模式,挖掘深圳国际会展中心利用潜力,巩固中国海洋经济博览会影响力,加强海洋领域的国际对话合作,打造一批具有全球影响力的交易博览、海洋展会和论坛。三是加快建设海洋高端智库群。借鉴青岛蓝色硅谷建设模式,吸引全球一流学科专家组建海洋咨询专家库,构建特色鲜明的全球高端海洋智库体系。

(三)加快建设海洋科技创新重大平台,打造全球海洋科技创新中心

当前,深圳在海洋科技创新方面存在许多制约因素和突出问题,例如,科技与产业"两张皮"的现象仍比较突出;优势海洋学科、优势技术领域与优势海洋产业之间难以聚合,科研与生产活动难以耦合。建议参考借鉴广州南沙新区、青岛蓝色硅谷建设海洋科技创新重大平台的经验做法,加快建立"基础研究+技术攻关+成果产业化+科技金融+人才支撑"全过程海洋科技创新生态体系,形成顶级大学、科研机构和企业均受益的产学研用创新链条,持续提升海洋科技支撑能力。梳理海洋产业领域的重大关键技术清单,通过海洋科技创新平台整合珠三角资源集中力量进行突破和攻克,积极布局深地、深海、天然气水合物、深海采矿等未来产业,带动海洋产业深远化、智能化、绿色化发展,抢占海洋未来产业发展制高点。

(四)优化政策"工具箱",实现深圳海洋综合性产业政策"质的提升"

借鉴青岛、厦门等地的经验做法,建议深圳继续深化海洋经济供给侧结构性改革,立足深圳海洋经济发展存在的政策"堵点、难点、痛点"问题,针对涉海科技产业发展关键环节共性需求和薄弱环节,梳理涉海部门海洋经济相关政策,优化细化《深圳市促进海洋经济高质量发展的若干措施》,在市级海洋主管部门专项资金中提升海洋经济扶持力度,提高海洋综合性产业政策"含金量",形成各部门分工协同的支持政策体系和政策合力,实现海洋产业创新链、产业链、人才链、政策链和资金链协同发展。

建议深圳不断优化海洋领域营商环境,出台更多有利于海洋产业发展的财政补贴政策,为涉海企业提供激励。例如,允许海洋科研类事业法人单位以及

民办非企业科研类单位享有进口自用仪器设备购买免税资质;无偿补助或贷款贴息资助涉海企业进行污染治理改造工程;利用财政资金补贴涉海企业核心技术的转型升级费用;对涉海企业的研发进行投资等。还可通过税收减免等方式推动海洋设备、技术融资租赁公司的建立和发展,培育海洋经济融资租赁市场。通过拓宽涉海企业的融资渠道,缓解海洋经济发展过程中融资不足的问题。此外,在 CEPA 和粤港澳合作框架下,在深圳推行专业资格单边认可港澳资格政策,准许具有港澳职业资格的海洋科技人才直接登记备案后创业就业。

(五)创新涉海投融资模式,壮大现代海洋服务业

学习上海在发展涉海金融方面的经验,建议深圳要进一步鼓励涉海金融创新,以涉海企业投资为主体,支持国内外各类投资者参与海洋开发,尽快形成政府引导、企业主体、社会参与的多元化海洋投资体制。积极发展服务海洋经济发展的股权投资、信托投资、风险投资等各类投融资模式,鼓励引导各类金融机构及民间资本进入海洋领域,建立健全多元化海洋投融资机制。支持发展涉海融资租赁业,拓展海洋工程装备、高端专业设备等领域租赁品种和经营范围。鼓励涉海企业通过股票、债券、投资基金等方式融资。

充分发挥前海深港现代服务业合作区的优势,加强与香港在国际航运、海洋金融方面的合作,依托香港高增值海运、金融服务和国际自由贸易港的优势,积极引导海洋金融、港口航运开放合作。促进传统海洋交通运输业向航运金融、航运保险等高端服务业发展,推动船舶检验、船舶交易、国际船舶管理、船舶融资租赁、租船运输、船舶代理、运费期货交易、航运保险、海事法律、海员培训与派遣等领域全面发展。在疫情可防可控和国家恢复境外游的前提下,进一步加强滨海旅游业发展引导,加快旅游基础设施建设,加快旅游产品升级换代,加强海洋旅游宣传推广,营造良好旅游消费环境,做大做强内循环,逐步恢复原有热门邮轮航线,积极推动疫情常态化防控下滨海旅游业复苏。

(六)创新体制机制,提升海洋经济治理效能

当前,海洋领域深化改革和扩大开放的力度不足。一是基于特殊政策区扩大开放的进展不快。前海深港现代服务业合作区、前海蛇口自贸片区等区域的政策优势尚未充分体现在海洋经济发展中。二是当前深圳港进入高基数、低增长阶段,集装箱运输规模持续徘徊,对于区域海洋经济的带动作用有待进一步加强。三是带动内陆地区向海发展的龙头作用不突出,对粤东、粤西地区的辐射带动作用有待进一步增强。

　　建议深圳用足用好经济特区立法权,制定《深圳市海洋经济高质量发展促进条例》。针对制约海洋经济高质量发展的政策、制度等瓶颈问题,为规范海洋资源开发利用和保护,促进海洋经济健康稳定发展提供法治保障。同时,对接国际高标准贸易投资通行规则,依托前海蛇口自贸区、深港科技创新合作区,打造全球港口链,支持转口贸易、离岸贸易、数字产品贸易等新业态、新模式,探索深港在涉海金融服务、海洋科技、创新创业、人才引进等领域的合作交流,以扩大开放驱动全球创新要素集聚,打造互联互通互认营商环境。